临近空间高超声速飞行器控制系统基本原理

秦伟伟　刘　刚　赵　欣　王俊提　何　兵　编著

北京航空航天大学出版社

内 容 简 介

临近空间高超声速飞行器是一个新兴的研究领域,随着人类探索能力的不断提升,该领域将会出现更多创新性的理论、方法和技术。本书是临近空间高超声速武器设计与运用的专业教材,重点介绍临近空间高超声速飞行器控制系统的基本原理和相关专业基础知识,内容包括临近空间高超声速飞行器的发展历史及现状、临近空间大气环境特征、控制系统原理及分析、激光捷联惯性导航系统、姿态控制系统、制导系统、弹星地通信基本原理以及高超声速飞行器鲁棒控制八部分。

本书适用于航空航天、空间工程、测控工程专业本科生高年级和研究生的专业学习,也可供有关科研人员参考使用。

图书在版编目(CIP)数据

临近空间高超声速飞行器控制系统基本原理 / 秦伟伟等编著. -- 北京 : 北京航空航天大学出版社,2018.1

ISBN 978 - 7 - 5124 - 2582 - 8

Ⅰ. ① 临… Ⅱ. ① 秦… Ⅲ. ① 高超音速飞行器－飞行控制系统－高等学校－教材 Ⅳ. ① V47

中国版本图书馆 CIP 数据核字(2017)第 262995 号

临近空间高超声速飞行器控制系统基本原理

秦伟伟 刘 刚 赵 欣 王俊提 何 兵 编著

责任编辑 赵延永

*

北京航空航天大学出版社出版发行

北京市海淀区学院路 37 号(邮编 100191) http://www.buaapress.com.cn
发行部电话:(010)82317024 传真:(010)82328026
读者信箱:goodtextbook@126.com 邮购电话:(010)82316936
北京建宏印刷有限公司印刷 各地书店经销

*

开本:787×1 092 1/16 印张:16 字数:410 千字
2019 年 1 月第 1 版 2022 年 7 月第 2 次印刷 印数:1 001～1 300 册
ISBN 978 - 7 - 5124 - 2582 - 8 定价:48.00 元

前　　言

临近空间高超声速飞行器兼具航天器与航空器的优点,融合了当今诸多航空航天的前沿技术,是未来飞行器的重要发展方向,受到全世界各军事强国的青睐。以临近空间高超声速飞行器技术为基础的高超声速飞行器武器系统,必将成为导弹武器装备体系中的"撒手锏"利器。本书紧跟临近空间高超声速飞行器前沿技术,以高超声速飞行器控制系统为主要内容,结合课题组近年来的教学与科学研究情况编撰而成。

本书力求遵循由浅入深、由易到难、由简到繁、循序渐进的教学规律,较为系统地介绍国内外高超声速飞行器控制系统技术。第 1 章临近空间高超声速飞行器概述,介绍临近空间高超声速飞行器的定义及国内外发展现状。第 2 章介绍临近空间大气环境,分析临近空间对高超声速飞行器的影响。第 3 章控制系统原理及分析,重点介绍临近空间飞行器的控制系统方案及结构。第 4 章激光捷联惯性导航系统,重点介绍临近空间飞行器常采用的激光捷联惯组的基本原理,激光陀螺仪与加速度计以及组合导航的特点及原理。第 5 章姿态控制系统,重点介绍高超声速飞行器的姿态控制系统方案、主要性能要求以及姿态控制系统的工作过程及原理。第 6 章临近空间飞行器制导系统,详细分析高超声速飞行器的制导原理、各飞行阶段的运动数学模型,并介绍轨迹优化及最优末制导律设计方法。第 7 章重点介绍临近空间飞行器弹星地通信原理及特点。第 8 章介绍了课题组近年来的最新研究成果,即临近空间高超声速飞行器鲁棒控制技术,重点介绍考虑控制约束的鲁棒模型预测控制算法。

焚膏油以继晷,恒兀兀以穷年。本书是笔者所在的教学科研团队在高超声速飞行器控制系统领域历年教学与科研实践工作的基础上,结合国内外相关文献而编写的。主要编写人员有秦伟伟、刘刚、赵欣、王俊提等,由刘刚教授统筹。其中,第 1 章由秦伟伟、刘刚编写,第 2 章由刘刚编写,第 3、5、6 章由秦伟伟编写,第 4 章由赵欣编写,第 7 章由王俊提编写,第 8 章由秦伟伟编写。全书由秦伟伟统稿,王俊提负责审修、赵欣负责校对。同时,课题组何兵副教授、王庆文讲师和博士研究生胡琛、李振华、林浩申、安喜彬等,以及硕士研究生潘点恒、张广豪、叶多福、张凯杰、马霄龙等同学在材料收集、学术讨论、图表绘制和公式编写上做了大量工作。

本书的编写工作得到了火箭军工程大学训练部教务处、空间工程系领导以及 701 教研室领导和同事的鼎力支持和无私帮助。同时,本书在编写过程中得到了火箭军工程大学汪立新教授和刘洁瑜教授的大力支持和帮助。本书在编写过程中参考了《高超声速飞行器制导与控制技术》《吸气式高超声速飞行器控制技术》《导弹惯性制导技术》等书中部分内容,在此对这些作者表示衷心的感谢,并对文中引用的参考文献的作者表示感谢。此外,本书介绍的部分研究工作得到了国家自然科学基金项目"面向全飞行包线的高超声速飞行器复杂动态建模及主动鲁棒控制"(批准号:61503392)和"高超声速飞行器超紧耦合自主可靠导航方法研究"(批准号:61503393)的资助。

受限于笔者之能力,本书难免有不妥之处,恳请读者批评指正,以使之完善提高。

作　者

2018 年 12 月于西安

目　　录

第1章 绪 论

2004 年 11 月 16 日,美国航空航天局临近空间高超声速无人驾驶飞机 X-43A 试飞成功,在大约 30 000 m 的临近空间,以 9.8 马赫数的高超声速飞行了大约 10 s。这短暂辉煌的 10 s,不仅见证了一个新世界纪录的诞生,而且标志着人类飞行器制造和设计进入了一个新纪元,甚至有美国科学家称 X-43A 的试飞成功是"莱特兄弟首次飞行以来航空技术的最重大的突破"。临近空间高超声速飞行器兼有航天器与航空器的优点,融合了人类诸多航空航天的前沿技术,是未来飞行器的一个重要发展方向。本书所讨论的临近空间高超声速飞行器,泛指飞行马赫数大于 5 的高超声速飞行器,不仅包括以吸气式发动机为动力的巡航式高超声速飞行器,还包括无动力的助推滑翔式高超声速飞行器等。

1.1 临近空间高超声速飞行器

临近空间是指传统的航天与航空之间的空白区域,一般认为在 20~100 km 之间的空间领域,包括平流层的大部分区域、中间层和热层的部分区域。而临近空间高超声速飞行器是指主要在临近空间内飞行,并且完成特定任务的马赫数大于 5 的飞行器。临近空间飞行器比低轨卫星更接近地球,能提供比卫星更精确的情报信息。同时,它几乎不受气候的影响,具有很强的隐蔽性,与通常的航空器相比,降低了遭受地面炮火攻击的可能性,经济成本亦能承受。

1.1.1 高超声速飞行器技术的起源

1938 年,奥地利科学家欧根·桑格尔(Eugen Sanger)首次提出临近空间助推高超声速飞行器研究方案,并于 1944 年发表了长篇研究报告《火箭助推远程轰炸机》,设计了第一种理想化的高超声速飞行器方案,即银鸟(silvervogel)助推环球轰炸机模型,如图 1.1 所示。

在这种想象式方案中,飞行器是一种机身底部平坦、半尖拱形的带翼飞行器。飞行器由一台具有 100 t 推力的火箭发动机助推加速进入飞行轨道。飞行器采取滑橇加速式水平飞行、跳跃式再入飞行轨道。这种飞行器装配了一款内部工作压力达到 $1.013\,25 \times 10^5$ Pa 的火箭发动机。实际上能达到这么高内部工作压力的火箭发动机在当时是根本不可能实现的,直到 20 世纪 70 年代末期,美国航天飞机上使用的主发动机才达到如此高的工作压强。

银鸟是一个极具想象力、影响力的设计方案,深刻地影响了美、苏等国家的高超声速技术的发展。第二次世界大战后,欧根·桑格尔的《火箭助推远程轰炸机》被多国翻译,并引起了美国、苏联等超级大国的浓厚兴趣,争相对银鸟方案进行研究与分析,揭开了人类高超声速技术研究的序幕。

1945 年,我国科学家钱学森先生在论文《论高超声速相似律》中,首次提出了"高超声速"(Hypersonic)的术语,意指飞行马赫数大于 5。1949 年,钱学森在美国加州理工学院喷气推进实验室设计的高超声速火箭飞机,也是采用一种助推滑翔弹道,与欧根·桑格尔飞行器不同的是再入滑翔弹道。钱学森火箭飞机采用几乎没有被动的平坦滑翔下降弹道,称为再入平坦滑

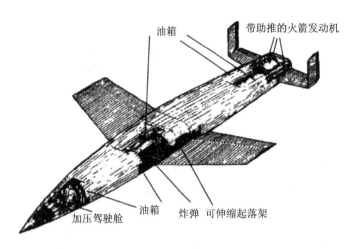

图 1.1　银鸟火箭助推环球轰炸机模型

翔弹道,如图 1.2 所示。他在 1962 年出版的《星际航行概述》中还具体提出了用一架装有喷气发动机的飞机作为第一级运载工具,火箭发动机作为第二级运载工具的航天运载器概念。

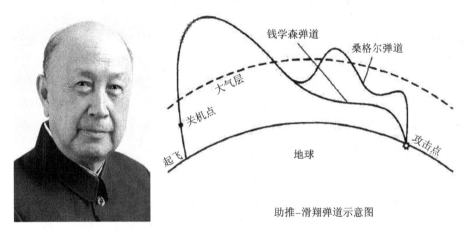

图 1.2　钱学森与"钱学森弹道"

根据经典高超声速高温气体动力学教科书和美国国家研究理事会(National Research Council)对美国空军高超声速规划的评估报告,通常定义气体流动速度马赫数大于 5,即为高超声速;以大于马赫数 5 速度飞行的飞行器称为高超声速飞行器。此时,飞行器周围流场呈现出高超声速气体动力学所具有的特性,即薄激波层、黏性干扰、熵层、高温效应和低密度效应。20 世纪五六十年代远程弹道导弹的出现、载人飞船的成功返回以及 X-15 试验机飞行速度超过马赫数 6 等事件,标志着人类开始进入高超声速时代,如图 1.3 所示。

图 1.3　几类经典的高超声速飞行器

1.1.2　高超声速飞行器的特点与用途

临近空间高超声速飞行器对国防和民用都具有非常重要的意义。在军事上,它具有高超声速、高机动性、大航程等特点,是应对未来近空间作战、突破导弹防御系统、实现全球快速精确打击的重要武器装备。与传统亚声速、跨声速和超声速武器相比,高超声速武器具有一些卓尔不群的特点。高超声速武器最本质的特点是飞行速度快,飞行速度快带来了作战空间大、突防能力强与杀伤威力大三个显著特点。

◆ 作战空间更大。以 $6Ma \sim 8Ma$ 速度飞行的高超声速战机可在 2 h 内飞抵世界上的任一地区,高超声速导弹可在 8 min 内飞行 800 km 以上(这一飞行速度是现役"战斧"巡航导弹的近 10 倍)。

◆ 突防能力更强。高超速武器的飞行速度可严重影响敌方预警能力的作用,大大减少敌方防空系统的反应时间,从而使其拦截成功概率大幅下降,甚至使其来不及反应即已遭灭顶之灾。据测算,俄罗斯最先进的 SA - 12 舰空导弹对 $6Ma$ 高超声速反舰飞行器的拦截概率只有 0.01。

◆ 杀伤效果更好。据估算, $8Ma$ 高超声速导弹战斗部对目标的撞击能量是 $1Ma$ 跨声速飞行器的 64 倍,从而大大提高对目标的杀伤作用。

此外,高超声速武器还具有其他一些特点,如:高超声速飞机在对危机热点地区实施快速监视侦察后可立即返回,避免引发战争的危险;高超声速飞行器和炮弹的体积一般较小,携载平台(舰艇、飞机等)可大量装备;使用高超声速武器可使人员和装备的损失降至最低,甚至实现"零伤亡";高超声速飞行器兼具弹道导弹和巡航导弹的优点,有可能对当前正在构建的弹道导弹防御系统形成挑战。

在民用方面,高超声速飞行器能够低成本地实现可重复的跨大气层飞行和天地往返,是航天运输系统的重要组成部分。

1.1.3　临近空间高超声速飞行器分类

1. 按照飞行方式进行分类

本节将选取具有代表性的高超声速飞行器,将它们分为助推滑翔再入飞行器、可重复使用运载器以及吸气式高超声速飞行器 3 大类。

(1) 助推滑翔再入飞行器

助推滑翔高超声速飞行器是一种基于助推－滑翔弹道概念的高超声速飞行器(见图 1.4),是目前国内外研究的热点。这种飞行器在经过助推和初始弹道飞行阶段获得一定的速度和高度后,在大气层上层依靠高升阻比的气动外形作高超声速滑翔式飞行。助推高超声速飞行器前段采用弹道式弹道,后端采用滑翔式弹道并配以末制导系统,结合弹道导弹和飞航导弹各自的技术优势,可兴利除弊,增大飞行器的命中精度和攻击效果。这种飞行器能克服传统飞行器抛物线导弹机动性能差的缺点,在作高超声速飞行时,仍可以依靠自身高升阻比的优势实现大范围的横向和纵向机动。若作为导弹的机动弹头,则其除具备常规高超声速飞行器的各项优势外,还具有射程远、突防能力强等优点,特别适合作为我国远程精确打击武器的备选方案。在超燃冲压发动机技术成熟后,还可以发展高超声速滑翔式飞行器,使其速度更高,突防能力更强。由于其在增大射程、突破导弹防御系统、滑翔段具备机动能力等方面的优势,助推滑翔式导弹被普遍认为在实现远程快速精确打击和力量投送方面具有广阔的应用前景。

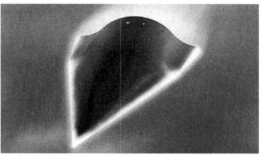

图 1.4　助推滑翔式高超声速飞行器 HTV(hypesonic technology vehicle)

(2) 可重复使用运载器

可重复使用运载器(reusable launch vehicle,RLV)是指能够把成员与货物送入预定的空间轨道,在完成任务后,再入大气层返回,最后像普通飞机那样水平着陆的天地往返运载器(见图 1.5)。

图 1.5　典型的可重复使用航天器(左为航天飞机、右为 X－37B 空天飞机)

RLV 除了它的所有结构和设备都能多次使用外,还有一个先决条件,即具有无损和定点返回能力。为了满足该条件,目前最通用的方法是:减少再入返回过程的过载、动压、热流率等载荷对飞行器结构以及机载设备的不良影响,并要求飞行器能够水平着陆。因此,RLV 必须具有足够大的升阻比,通过升力控制,可以保证再入过载、动压保持在较小的范围内,并且使得着陆段轨迹平缓到适合水平着陆的程度,飞行器的航程能力也随着升阻比的增大而明显扩大。另外,RLV 的升阻比一般都大于 1,大的升阻比气动特性使飞行器普遍具有较为复杂的面对称气动外形(如翼身组合体外形和升力体外形),复杂的气动外形加剧了飞行器热保护负担。

RLV 是航天再入返回技术与航空飞行器技术有机融合的产物,它的研制与热保护、新型材料、飞行器总体设计、超燃冲压发动机以及飞行控制等技术的发展密不可分。除航天飞机、X－37B 是较为成熟的实际运行飞行器外,RLV 大都为某几项关键技术的演示验证飞行器或者处于研制阶段的飞行器。

(3) 吸气式高超声速飞行器

吸气式高超声速飞行器是指飞行马赫数达到 5、以吸气式发动机或其组合发动机为主要动力的飞行器(见图1.6)。它在民用以及军事领域得到了广泛应用,主要机型包括:高超声速有人/无人飞行器、空天飞机、可重复使用运载器以及高超声速巡航飞行器。超燃冲压发动机技术是吸气式高超声速飞行器研制的关键核心技术,它的应用扩展了飞行器的飞行包线,使得飞行器在大气层内能够以更快的速度飞行。从理论上分析,氢燃料超燃冲压发动机的极限马赫数为12~16,碳氢燃料超燃冲压发动机的极限马赫数为9~10。超燃冲压发动机技术与火箭发动机、涡轮喷气发动机技术相结合,可以构成多种形式的组合发动机(如火箭基组合循环RBCC发动机、涡轮组合循环 TBCC 发动机),使得采用超燃冲压发动机的飞行器能够完成从低速到高速的全包线飞行,从而更具有实际应用价值。虽然吸气式高超声速飞行器在未来军民应用领域具有广阔的前景,但是由于超燃冲压发动机研制技术难度大,特别是超声速燃烧、机体/推进一体化、热保护、吸热型碳氢燃料、高超声速地面模拟和飞行试验方面都面临着巨大的挑战,导致能够满足实际应用要求的吸气式高超声速飞行器到目前为止仍未投入使用。

图 1.6 典型的吸气式高超声速飞行器——X-51A

2. 按气动布局分类

从气动布局上来看,高超声速飞行器可以采用锥形体、升力体、翼面融合体以及乘波体等气动布局。

(1)锥形体

锥形体是轴对称的,即由一条母线围绕某轴回转而成的构形,如图1.7所示,其任意一个截面都是圆形的,外形特点是尖头部、大细长比、弹性大后掠角、小展弦比。锥形体布局为高超声速飞行器中比较常见的气动布局,优点是技术比较成熟,升阻比较大。

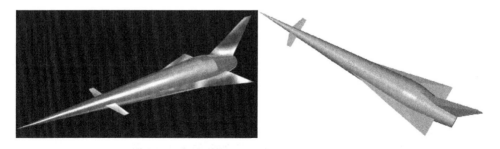

图 1.7 轴对称锥形体的几何外形(winged-cone)

(2)升力体

升力体是在没有机翼等结构的情况下仍然靠本身形成的升力稳定飞行的气动结构。升力体没有常规飞行器的机翼,而是用三维设计的翼身融合体来产生升力。这种气动布局消除了机身等部件所产生的附加阻力和机翼与机身间的干扰,提高了升阻比,从而改善了系统的总体性能。升力体的构形如图 1.8 所示,该构形具有较强的升阻比和机动性能,是空间航天器气动构形的首选方案,主要用在航天飞机、可重复使用的运载机以及空天飞机等飞行器外形设计中。自 1975 年以来,有关升力体构形飞行器的试验已进行了 225 次,包括 NASA 研究的 X-33、X-34 系列都采用升力体气动布局。

图 1.8　升力体的几何外形(X-33)

（3）翼面融合体

翼面融合体是由飞行器的机翼与机身两个部件融合而成的一体化布局,两者没有明显的界线。翼面融合体的优点是:结构质量小、内部容积大、气动阻力小,这些优点可使飞行器的飞行性能有较大改善。由于消除了机翼与机身交接处的直角,翼面融合体也有助于减少雷达反射截面积,改善隐身性能。图 1.9 为典型的翼面融合体飞行器。

图 1.9　翼面融合体的几何外形

（4）乘波体构型

乘波体构型的概念首先是 Nonweiler 在 1959 年提出来的。乘波构型是一种在其所有的前缘都具有附体激波的声速、高超声速飞行器构型。由于乘波体所产生的激波位于其升力面的下方,上下表面没有压力沟通,所以不存在飞行器下表面和上表面的流场干涉问题,上下表面可以分开处理,有效简化了飞行器的初步设计和计算过程。因此,在高超声速飞行范围内,乘波体已被公认为是最好的外形。目前来看,美国 X-43 计划是已经用于飞行验证的试验计划,以吸气式超燃冲压发动机为动力的乘波飞行器外形如图 1.10 所示。

3. 其他分类

按采用的动力装置不同,可将高超声速飞行器分为吸气式高超声速飞行器和火箭推进高超声速飞行器两类。早期的高超声速飞行器,如 X-15、X-20 都是以火箭发动机为动力的。吸气式高超声速飞行器是以超燃冲压发动机为动力,采用机体/发动机一体化结构。从目前的

图 1.10　乘波体的几何外形(X-43A)

研究情况来看,吸气式高超声速飞行器已经被广泛接受,并已成为研究的重点,如 X-43A、X-51A、空天飞机都属于这一类型。

高超声速飞行器按照其功能和使命的不同,可以分为运载器和高超声速巡航飞行器等。运载器执行入轨任务,又可以称为空天飞机。而高超声速巡航飞行器特指大气层内飞行,执行巡航任务的一类飞行器,可作为高超声速飞机、战略攻击机或者高超声速巡航飞行器等。按照入轨方式的不同,高超声速飞行器的飞行方案大致可分为单级入轨和两级入轨。单级入轨的高超声速飞行器飞行跨越亚声速、近声速、超声速、高超声速,在不同的飞行阶段,推进系统所采用的发动机是不一样的。两级入轨的高超声速飞行器由于借助了火箭的推力作用,直接加速到高超声速,在高超声速条件下,采用超声速燃烧式冲压发动机作为推进系统。但是,对于两级入轨的高超声速飞行器而言,由于在低速阶段采用了火箭的助推作用,当高超声速飞行器达到高超声速时,还需考虑运载火箭和高超声速飞行器的分离问题,目前的分离方式有前推式、背负式等。

前推式分离是利用活塞将高超声速飞行器向前推,以达到两者分离的目的。图 1.11 为 X-43A 前推式分离过程,分离时间为 0~100 ms,活塞推动高超声速飞行器向前运动,其作用点在重心之上,以提供适当低头力矩来平衡高超声速飞行器固有的抬头力矩,分离进行到约 100 ms,活塞推进达到极限长度 22.86 cm,这时俯仰和偏航角速率反馈控制开始启动,同时高超声速飞行器升降副翼向下偏转约 10°,产生低头力矩,以迅速加大两者的分离距离,避免碰撞;此外高超声速飞行器的全动翼也向下偏转一定的角度,以保证其俯仰力矩重新达到平衡;在 250 ms 之内,由于两者之间距离很近,相互的干扰十分显著;250 ms 以后干扰逐渐减弱,到 350 ms 两者的相互干扰基本可以忽略;500 ms 高超声速飞行器的闭环控制全部启动,可以按照指定的迎角和滚转角指令飞行;2.5 s 分离过程结束。

背负式分离是利用自身重力的作用,使两者自然分离。图 1.12 为高超声速飞行器背负式分离过程。背负式和推进式的分离方式有所不同。背负式依靠自身重力作用,在背部形成自然分离,即将高超声速飞行器放置在运载火箭的背部,分离前两者沿抛物线运动,其载荷因子近似为零,分离过程中高超声速飞行器迎角不断增大,偏离原抛物线轨迹运动,而运载火箭则继续沿抛物线飞行,这样在短时间内两者间的距离将迅速拉大,达到自然分离的效果。目前,俄罗斯等国家正在对高超声速飞行器背负式分离过程进行探索和研究。

图 1.11　X-43A 的前推式分离过程

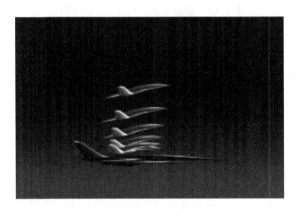

图 1.12　背负式分离过程

1.2　国内外发展概况

1.2.1　助推滑翔再入飞行器

再入飞行器主要是指弹道导弹的有效载荷——弹头。再入飞行器的发展始于对高超声速再入气动防热问题的研究,在解决了这个制约飞行器生存的问题之后,随之产生了需要从威力、命中精度和突防能力等方面提高有效载荷打击能力的问题,进而出现了机动再入飞行器。随着高超声速技术的不断进步,具有更强机动能力的通用航空飞行器(CAV)相继问世,直至出现最新的助推滑翔再入飞行器。下面以美国一系列再入飞行器的发展为线索,介绍高超声速飞行器的发展方向。

1. 再入飞行器

第 1 代再入飞行器。20 世纪 50 年代早期,由于对高超声速空气动力学缺乏足够的研究,有效载荷的大气层再入技术是洲际弹道导弹研制中最困难的问题之一,而气动加热问题又是有效载荷再入过程中最严峻的问题。1954 年,在高超声速技术各个方面研究都非常不完善的情况下,美国研制了使用铜作为防热层的再入飞行器 MK2。为了将热流率控制在一个合理的范围之内,MK2 的头锥半径非常大,这种布局设计可以提高再入时的阻力加速度,以使飞行器在进入高热流和动压区之前将飞行速度降到合理的范围之内。第 1 代再入飞行器普遍具有比较小的弹道系数 β, $\beta = W/(C_D A)$,其中 W 为飞行器质量, C_D 为飞行器阻力系数, A 为飞行器底部特征面积。

第 2 代再入飞行器。与第 1 代再入飞行器不同的地方在于,第 2 代再入飞行器的热保护层普遍采用新的高温升华型烧蚀材料——聚四氟乙烯等,通过改进热保护层材料,再入飞行器质量至少可以减少 1/3。1958 年,美国在 Able-0 计划下,第 1 个使用烧蚀型防热技术的再入飞行器飞行了 8 000 km,试验取得成功,该再入飞行器由 Avco 公司制造。随后,美国空军第 2个 Thor/Able 再入测试飞行器安装了 GE 制造的烧蚀型头锥,完成了 11 000 km 的飞行测试工作。尽管该头锥没有成功回收,但两次飞行试验证明了烧蚀型放热保护技术能完成包括再入段在内的航迹飞行器全程正常工作。1959 年 4 月 9 日,Thor/Able 再入测试飞行器的头锥被成功回收。图 1.13 为某型再入飞行器。

图 1.13　再入飞行器

2. 机动再入飞行器

当再入飞行器的生存问题解决之后,飞行器的研制重心转移到如何提高再入飞行器的突防能力。为了提高突防能力,首先应该减小飞行器的目标特性,使得敌方对再入飞行器没有足够的反应时间。再入飞行器再入过程中的雷达散射截面积主要由钝头锥造成,为了减小散射面积,再入飞行器可采用细长圆锥构型。这种气动布局具有更好的阻力,使得飞行速度更高并且减小了落点散布。但与此同时,细长锥构型也给热保护带来了不小的麻烦,需要研发新的热保护技术。再入飞行器 MK12/MK12A 的热保护技术便应运而生(见图 1.14),它的端头由三维的 C/C 改进尖头组成,该设计可以显著提高弹头环境适应性及其打击精度。

除了热保护技术外,再入飞行器与机动再入相关的技术也经历了从无到有、从低级到高级的发展过程,它与反弹道导弹拦截器之间的矛与盾的斗争成为其技术进步的内在动力。因为拦截器具有一定的机动能力,因此再入飞行器必须具备大角速率的转弯能力,才能避免被导弹拦截。转弯能力普遍采用侧向过载与法向过载来衡量,一般来讲,机动再入飞行器需要产生10~20 倍的重力加速度,才能成功躲避如美制斯普林特导弹的拦截。机动过程中产生的过载对再入飞行器的结构、控制系统以及内部载荷都会产生影响,因而需要采用新的方法设计飞行器。与此同时,还要提高再入飞行器在导弹造成的核爆环境中的生存能力。

机动再入飞行器布局可以通过机动来躲避飞行器。与之前的再入飞行器相比,它具有更高的打击精度和覆盖范围,能够以要求的终端条件对地下深埋目标进行打击。在机动再入飞

图 1.14　MK12 再入飞行器

行器总体设计中,首先面临的技术问题是选择何种执行机构(气动舵面、反作用喷管),美空军的机动弹道再入飞行器计划(maneuvering ballistic RV,MBRV)正是为了解决这个问题而提出的。20 世纪 60 年代后期,美国空军制造了 4 个机动弹道再入飞行器,在范登堡空军基地,利用大力神火箭作为运载器进行了一系列飞行试验,验证了气动控制的可行性以及在实际设计中简化的方法。图 1.15 为一类机动再入飞行器。

图 1.15　一类机动再入飞行器

3. 助推滑翔再入飞行器

助推滑翔再入飞行器(boost-glide RV,BGRV)的试验飞行是机动再入飞行器发展史上的重要里程碑。这种再入飞行器具有细长双锥体的高升阻比气动布局($L/D \approx 3.5$),采用稳定裙控制装置,通过高空水平滑翔来获得较大的覆盖能力和更长时间的大气飞行,同时需要与以往再入飞行器不同的热保护系统。比如平截头体采用辐射平衡类型的热保护系统,端头采用发汗式冷却技术进行热保护。

经过一段时间的研究发现,对于通过倾斜转弯(bank to turn,BTT)方式进行制导控制的再入飞行器,体襟翼(body flap)能够提供足够的姿态稳定与机动能力。为了验证这种体翼式布局的有效性,在气动控制试验(aerodynamic control experiment,ACE)计划下进行了一系列飞行试验。考虑到夸贾林靶场的良好的试验设备条件,这些试验的落区均选在了该靶场附近。通过对试验获得的气动数据进行对比分析,证明这类气动布局可以获得很高的机动过载。1976 年,基于之前的体襟翼设计思路以及相应的技术积累,先进机动再入飞行器(advanced MaRV,AMaRV)的原型飞行器开始研制,并在 1981 年成功完成了 3 次试验飞行。如图 1.16

所示,该飞行器具有双锥布局,迎风面进行了平切并安装了一对体襟翼,通过体襟翼完成 BTT 控制。试验结果证明了该飞行器布局设计思路的可行性,并且很多性能指标大大超出预期。

冷战结束后,再入飞行器的研制转为设计更为通用的再入飞行器,提出了使用弹道导弹运送侵彻炸弹的任务需求,要求飞行器具有一定的轨迹控制能力,满足侵彻炸弹对末端精度与条件的严格约束。除此之外,更加关注弹道导弹对全球的覆盖,这就需要升阻比更高的机动再入飞行器。为此,美国实施了高性能机动再入飞行器(high performance MaRV,HP - MaRV)的研制计划,许多先进的气动布局被提出,且很多布局设计都进行了风洞试验,图 1.16 所示的是洛克希德·马丁公司设计的 HP - MaRV 再入飞行器。在这种计划中,如跳跃轨迹、以最大升阻比进行长周期震荡滑翔轨迹以及常值高度滑翔轨迹等先进的再入轨迹设计思路得到了广泛深入的研究。

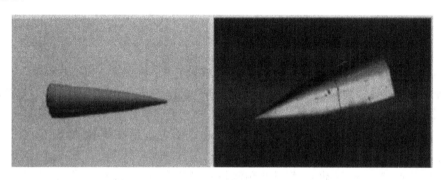

图 1.16　AMaRV 再入飞行器(左)与 HP - MaRV 再入飞行器(右)

高超声速武器概念。通用航空飞行器(CAV)的出现是机动再入弹头技术发展与军用航天飞机系统需求相结合的结果,其基本设计思想是:飞行器配置通用的导航制导与控制系统、具有通用的气动热保护壳体、能够运送多种弹药以及整体侵彻弹头,并且可以用作情报、监视与侦察平台。CAV 中的 Aero 实际上应该为 Aerothermodynamic shell,是气动热保护外壳的缩写。早期较适合成为 CAV 的飞行器主要包括波音的 AMaRV 机动再入飞行器、洛克希德·马丁公司的 HP - MaRV、美国国家航空航天局的 SHARP L1。CAV 按照升阻比的不同可以分为两大类:CAV - L 和 CAV - H,AMaRV 属于 CAV - L,该类飞行器的升阻比范围为 2～2.5,HP - MaRV 与 SHARP 同属于 CAV - H,该类型升阻比一般在 3.5～5 之间。高升阻比能够显著增大再入飞行器的覆盖区域,但是高升阻比一般要求飞行器具有较小的前缘半径,这就给热保护系统性能提出了更高的要求。与可重复运载器的热保护方法不同,CAV 使用烧蚀材料作为热保护系统。在再入过程中,飞行器的外形会发生微小变化,但是不会影响飞行控制。为了提高自身的射程覆盖能力,CAV 使用最大升阻比对应的迎角,这也与 RLV 的大迎角再入策略有很大不同。CAV 的气动外形经过严格优化,在 CAV 的任务包线内,可以完全依赖空气动力来完成整个再入过程。图 1.17 是美国 CAN 计划中的几种飞行器。

常规快速全球打击武器。随着美国全球打击战略的提出,美国国防部以及国会开始资助相关武器型号的研制计划,以支持该战略的实施。美国先前的全球打击武器系统,如洲际导弹,普遍采用核战斗部弹头,如果再继续研制该类型武器,显然不适合当今的国际政治形势。因此,研制装备常规战斗部的新型全球打击武器,成为近年来美军在机动再入飞行器方面的重点研究方向。2004 年,美国国会将原先的 FALCON(force application and launch from conti-

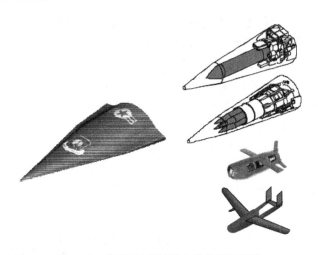

图 1.17 美国 CAV 计划中的几种飞行器

nental United States)计划中带有攻击型的部分取消,并将计划名称改为 FALCON,其中的
CAV 重新命名为高超声速技术飞行器(hypersonic technology vehicle,HTV)。HTV 飞行器
共分为 4 个阶段:HTV-1、HTV-2、HTV3-X 与 HCV,其中 HTV-1 与 HTV-2 为无动
力再入飞行器(见图 1.18)。HTV-1 由于存在制造困难最终被取消,计划直接进入第 2 阶
段,由洛克希德·马丁公司负责制造两架 HTV-2 原型机,完成两次高超声速飞行试验,以验
证包含材料、热保护系统、气动力/气动热预测技术以及先进导航制导与控制技术在内的 4 项
高超声速技术。

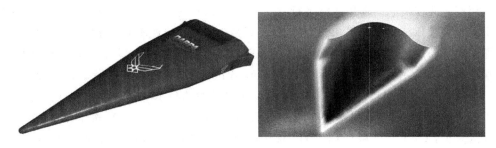

图 1.18 HTV-1、HTV-2 再入飞行器

　　HTV-2 为升力体布局高超声速飞行器,由洛克希德·马丁公司制造,在研发过程中大
量采用了 E2 弹头的设计概念与技术。该飞行器采用空气舵与反作用控制系统(reaction con-
trol system,RCS)综合的控制模式,其中的气动舵面仅为一对体襟翼。飞行器热保护系统在
HTV-1 热保护系统基础上进行了改进,主要涉及热密封结构、多层绝热航空壳体和前缘被
动烧蚀材料等技术。

　　HTV-2 分别在 2010 年与 2011 年进行了两次试验飞行,以检验牛头怪-4Lite 运载器性
能、飞行器热保护系统性能、飞行器气动特性预测以及先进的导航制导与控制系统。两次试验
虽然都没有取得完全成功,但部分工程使得项目组采集到大量高超声速实验数据,这些数据对
于揭示高超声速现象,研究高超声速条件下飞行器动力学特征等具有重要价值。美国国防高
级研究计划局(DARPA)分别给出了两次试验失败的原因。第 1 次飞行试验是在飞行规划的
迎角下,但飞行控制系统达到了操纵极限而导致失败。针对第 1 次的问题,工程设计人员通过

调整飞行器的质心位置,减小再入飞行过程中的迎角,并在再入大气层初期使用 RCS 来协助体襟翼完成姿态控制任务。完成这些修改后,第 2 次飞行试验在与载具分离 9 min 后,地面与飞行器失去联系,试验被迫结束。两次试验飞行后,项目组认为,该类飞行器送入临近空间的技术问题和高超声速气动热预测等问题已基本解决。但是在高超声速条件下完成姿态控制成为悬而未决的技术问题。图 1.19 是美国助推滑翔再入飞行器作战示意图。

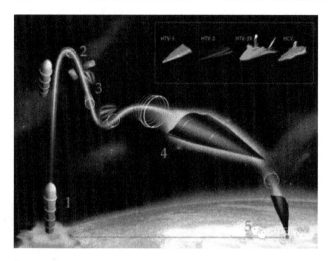

图 1.19 美国助推滑翔再入飞行器作战示意图

为了建立常规快速全球打击体系,将和平卫士弹道导弹作为运载火箭,美国空军与美国国防高级研究计划局正在研制一种高超声速滑翔载荷运载器。按照该计划,正在将 HTV - 2 武器化,作为常规打击用飞行器(conventional strike missile,CSM)。洛克希德·马丁公司制造的第 3 架 HTV - 2 将被用于该武器系统的试验。

除 HTV - 2 构型的飞行器外,2011 年 11 月 17 日试验成功的美国陆军的先进高超声速武器(advanced hypersonic weapon,AHW)也将作为 CSM 的备选方案(见图 1.20)。AHW 的试验成功对于美国进一步发展和验证高超声速助推滑翔技术、推动常规全球打击体系的建设具有重要意义。不同于 HTV - 2 的构型,AHW 采用较为传统的双锥布局,该飞行器在接近目标时,能够通过精确制导系统进行寻的制导,最终完成对目标的精确打击。

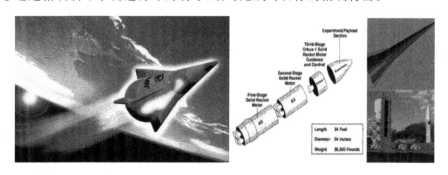

图 1.20 AHW 滑翔再入飞行器

为建立全球打击体系,除上面所说的几种滑翔再入飞行器外,还有一种名为弧光(arclight)的高超声速滑翔运载平台。该武器平台的基本设计思路为:采用现有的标准-3 火箭作为助推器,从海军的 Mark 41 垂直发射系统发射,并且保证高超声速飞行器能够攻击 4 300 km 外的目标。导弹将被部署到美军的潜艇以及水面舰艇上。

1.2.2 可重复使用运载器

可重复使用运载器(reusable launch vehicle,RLV)是航天再入返回技术与航空飞行器技术有机融合的产物。它的研制与热保护、新型材料、飞行器总体设计、超燃冲压发动机以及飞行控制等技术的发展密不可分。除航天飞机、X-37B 是较为成熟的实际运行飞行器外,RLV 大都为某几项关键技术的演示验证飞行器或者处于研制阶段的飞行器。

1. X-15 试验飞行器

X-15 高超声速研究计划是一项由美国国家航空航天局带头,空军、海军以及北美航空公司等部门参与的研究计划。该计划的试验飞行器 X-15(见图 1.21)在近 10 年的飞行中,创造了马赫数 6.7 和高度 107 960 m 的飞行记录。X-15 主要研究在有人驾驶条件下高超声速飞行的一系列问题,取得了大量有价值的成果,对"水星"号飞船、"双子星"飞船、"阿波罗"飞船以及航天飞机的研制都做出了重要贡献。

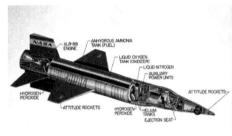

图 1.21　X-15 飞行器

X-15 是以北美航空公司制造的火箭发动机作为动力的飞行器。该飞行器使用了两种控制模式——气动舵面与反作用控制系统完成姿态控制。通过 X-15,研究了高超声速气动性能、热流率、高温与大载荷条件下飞行器结构响应特性、高超声速稳定与控制以及驾驶员的表现与生理机能等高超声速飞行问题。该飞行器对高超声速制导与控制技术的发展做出了很大的贡献:它是第 1 个在太空应用反作用控制系统进行姿态控制的飞行器;它成功完成了气动舵面控制与反作用控制两种控制模式的转换;它第 1 次将能量管理技术应用到飞行器着陆段的制导,该技术成为了航天飞机和未来 RLV 着陆段的重要支撑技术。

2. 升力体布局飞行器

升力体布局飞行器是指一类没有常规飞行器的机翼、升力是由机身产生的飞行器。该类型飞行器由于在较低的速度下能够获得较高的升阻比和较强机动能力,具有高热载荷、低热流率再入物理特性,并且在大迎角下和高超声速时,有良好的气动力特性及高效的内部体积利用率,是 RLV 很重要的一类飞行器。为了验证升力体飞行器在完成再入大气层后具有水平着陆能力,在 1963 年到 1975 年 10 多年间,美国国家航空航天局与美国空军针对 M2-F1,M2-F2,M2-F3,HL-10,X-24A 以及 X-24B 等 6 种升力体飞行器(部分见图 1.22)进行了有人驾驶的无动力进场着陆试验,所积累的研究成果直接用于后来的航天飞机研制项目中。图 1.23

是 X - 20 飞行器,也是一种外力体飞行器。

图 1.22 升力体飞行器——M2 - F1、M2 - F3、HL - 10、X - 24A 以及 X - 24B

HL - 20 是兰利研究中心在 1990 年左右提出的一种用于执行载人轨道任务的升力体布局航天飞机。它的设计优点主要有运行成本低、飞行安全性得到改进以及水平着陆等。20 世纪 80 年代中期,随着对进入太空的需求日渐增强,美国提出了一系列的地球/轨道运输系统,并进行了相应的研究。

图 1.23 升力体飞行器——X - 20 飞行器

X - 38 成员返回器是美国国家航空航天局约翰逊航天中心领导建造的从国际空间站应急返回飞行器的演示验证机。该飞行器采用与 X - 24A 相似的升力体气动布局。除美国国家航空航天局外,欧洲空间局与德国宇航中心也参与了该飞行器的研制计划。考虑到该飞行器可能搭载受伤或者失去行为能力的航天员,所以它采用了完全自主的制导方式,并且为了提高着陆安全性,该飞行器使用降落伞完成最后的着陆。

3. 航天飞机

航天飞机(见图 1.24)是指可以重复使用的、往返于地球表面与近地轨道之间、运送有效载荷的航天器。航天飞机可以搭乘运载火箭实现垂直起飞,将乘员以及货物送入预定轨道后,在轨道运行阶段可以在机载有效载荷和成员的配合下完成多种任务。返回地面时可以像普通飞机那样水平着陆,准备下一次重复使用。航天飞机作为第 1 种可重复使用的天地往返运载器,是再入技术和飞机技术的巧妙结合,也是航天运输系统由一次性使用向可重复使用跨越的一个重要里程碑。真正投入使用的航天飞机是美国的"哥伦比亚号"、"挑战者号"、"发现者"号、"亚特兰蒂斯"号以及"奋进"号,除此之外,苏联的"暴风雪"号航天飞机曾完成了1次无人驾驶的试验。2011年7月21日,美国"亚特兰蒂斯"号航天飞机在佛罗里达州肯尼迪航天中心安全着陆,标志着为期30年的航天飞机项目的终结。

图 1.24　航天飞机

4. SR-71

SR-71侦察机是以A-12侦察机为原型设计的,是美国"黑鸟"家族的第三代(A-12侦察机及其派生型,YF-12A试验战斗机,SR-71侦察机),是"黑鸟"家族中生产架数最多的一种型号(后两代分别属于第一代的改进项目)。

早在1959年,洛克希德·马丁公司为美国中央情报局研制了A-12高空高速侦察机。就在A-12侦察机研制计划实施中,"臭鼬工厂"也向美国空军提出了以A-12为基础的侦察/轰炸型方案RB-12,同时还制造了两款模型机RS-12和B-12。RS-12是A-12的按比例放大型,是一种既能执行侦察任务,又能实施核攻击的侦察/攻击飞机,其研制计划最终半途夭折。在它的编号中,R代表侦察(reconnaissance),S代表攻击(strike)。专用侦察型R-12是A-12的双座按比例放大型,它顺利地进入了实机研制阶段,最终R-12作为SR-71(见图1.25)进行生产。

图 1.25　SR-71侦察机

洛克希德・马丁公司的"臭鼬工厂"研制生产 SR - 71"黑鸟"是个技术奇迹。它采用了大量当时的先进技术,是以低可侦测性技术设计的飞机,还能以 3 马赫的高速躲避敌机与防空飞行器。SR - 71 是世界上有人驾驶的最快的飞机,并且保有两项纪录:1976 年 7 月 28 日,一架 SR - 71 创下 3 529.56 km/h 的速度纪录,以及 25 929 m 的高度纪录(只有苏联的 MiG - 25 狐蝠式高空拦截机曾经在 1977 年 8 月 31 日达到更高的 37 650 m)。它可以在约 24 km 的高空,以约 72 km/s 的速度扫视地表。SR - 71 在 1990 年退役时,其中一架从它出生的加州棕榈谷的美国空军 42 号工厂,飞到弗吉尼亚州香蒂利国家航太博物馆展示,以平均时速 3 418 km/h 飞行,全程只花了 68 min。SR - 71 也保有在 1974 年 9 月 1 日创下的从纽约到伦敦的纪录:1 h 54 min 56.4 s。

SR - 71 的机身大部分都是钛,为了降低成本,使用的是可在较低温度软化而较易加工的钛合金,完成的飞机会涂上暗蓝色(趋近黑色),以加强热辐射冷却与高空的伪装效果。为了承受持续超声速飞行时因空气摩擦产生的高温,需要采用一系列专门研制的新材料,包括耐高温燃油、密封剂、润滑油以及其他组件。钛制蒙皮的研究显示,在逐次像是退火一般的剧烈加热中,材质会逐渐强化。主翼内侧蒙皮的主要部分其实是皱纹状的。热膨胀会使平滑的蒙皮撕裂或卷曲,而将蒙皮做出皱折让它能向垂直方向伸展,避免应力过强,同时也增强纵向强度。

"黑鸟"使用的 J - 58 发动机是唯一可以持续使用加力燃烧室的军用发动机,飞行速度愈高的时候,发动机的效率也随之提升。每一具 J - 58 能够产生 145 kN 的静推力。一般喷气发动机无法持续使用加力燃烧室,而且效率在高速时会下降。能够让飞机达到 3 马赫,又必须提供亚声速的气流给发动机,对涵道设计而言是必要的。在两个进气口前端各有一个圆锥形、可移动的进气锥,在地面上或亚声速飞行下锁定在最前方的位置。自 1.6 马赫开始,进气锥会逐渐向后移动,最大到 86.7 cm。原始的进气道是类比式的设计,依据皮托管静压测量、俯仰、滚转、偏航、迎角等的输入资料,算出进气锥所需的前后移动距离。这么做可以将进气锥尖端产生的激波维持在进气口,使气流减速到 1.0 马赫的激波为止,之后的亚声速气流就可以让引擎使用。在涵道内进行激波的捕获称为"启动进气"(starting the inlet)。压气机前方会因此而产生巨大的压力。泄气孔和旁通门设置在涵道和引擎舱内,以维持进气压力,使涵道能持续地"启动"。在 3.2 马赫巡航时,进气压力的增加估计提供了 58% 的可用推力,压气机提供了 17%,而加力燃烧室提供了 25%,这时几乎就是 SR - 71 的最佳设计点。"臭鼬工厂"的进气系设计师 Ben Rich 常说压气机"使进气活跃着"(pumps to keep the inlets alive)。

1990 年 1 月 25 日,SR - 71A 全部退役以后,除了少数被封存外,大多数都是直飞其永久的归宿地——各大型博物馆或公园。

5. 第 2 代重复使用运载器技术验证机

按照美国国家航空航天局对未来重复使用运载器的分类,美国的部分可重复使用航天飞机为第 1 代重复使用运载器。20 世纪 90 年代以后,随着人类在太空探索以及制天能力等领域对进入太空需求的不断增加,各个航天大国开展了新一代重复使用运载器的研发工作,美国在这个领域的研究一直处于领先地位。

以 X - 37B(见图 1.26)为例。X - 37B 是美国正在试验的一种重复使用运载器技术验证机,可从事情报收集、小卫星发射、太空设备测试等工作。X - 37B 不仅具有飞行速度快(达 25 马赫)、滞空时间长(最长在轨时间 674 天)、发射费用低等优点,还拥有强大的侦察和攻击潜力,被军事观察家称为"空天战机的雏形"。

2010 年 4 月 22 日,可重复使用的空间飞行器技术验证机 X-37B 在美国卡纳维拉尔角发射场升空,在轨飞行了 224 天,进行了 1 次轨道机动,2010 年 12 月 3 日返回范登堡空军基地,这是太空飞机首次自主重返大气层。2011 年 3 月 5 日进行第 2 次发射,2012 年 6 月 16 日返回。2012 年 12 月 11 日,第 3 次发射,2014 年 10 月 17 日返回,共 674 天。2015 年 5 月 28 日,X-37B 再次进入太空,执行第 4 次在轨飞行任务。

X-15 应该是临近空间高超声速飞行器,但 X-37B 不是典型的临近空间高超声速飞行器。

图 1.26　美国新一代重复使用运载器——X-37B

1.2.3　吸气式高超声速飞行器

吸气式高超声速飞行器技术开始于 1955 年,早期主要进行超燃冲压发动机技术探索,开展大量的吸气式高超声速飞行器技术研究。主要有美国的超燃冲压发动机探索项目,如 ERJ、GASL、SJ、SCRAM、RE 等;超燃冲压组合循环动力项目,如美国的 Marquardt SJ 与 Aerospaceplane 等。

经过几十年的研究,该方面的技术正在不断成熟,自 20 世纪 90 年代以来,美国、俄罗斯、法国、德国、日本、印度以及澳大利亚等国已在高超声速技术方面取得了重大进展,相继进行了地面试验和飞行试验,吸气式高超声速飞行器技术已从概念和原理探索阶段进入了应用研究阶段。

1. 美国吸气式高超声速飞行器

X-30(见图 1.27)是美国国家空天计划(national aerospace plane,NASP)的高超声速概念飞行器。该飞行器采用乘波体气动布局以及机身/推进一体化设计,是由美国国家高级研究计划局(DARPA)与美国国家航空航天局共同研制的一种具有单级入轨能力的水平起飞、水平着陆的吸气式高超声速飞行器。该飞行器能在 30 km 的高度上巡航飞行,以 5 倍声速连续飞行 12 000 km,从美国纽约横跨太平洋只要两个小时,又被称为东方快车。由于该飞行器的研制目标过于超前,许多关键技术的成熟度太低,加之研制成本太高以及预算支持等原因,NASP 计划最终于 1995 年结束。虽然该技术没有达到最初的目标,但是通过该技术带动了美国高超声速技术的全面发展,取得了大量研究成果,积累了大量的高超声速飞行器的工程研制经验。

X-43A(见图 1.28)是美国国家航空航天局组织的 Hyper-X 高超声速研究计划中的无人超燃冲压发动机试验飞行器。2001 年 6 月 2 日,第 1 架 X-43A 首次飞行失败。2004 年

图 1.27　X - 30 飞行器三视图

3 月 27 日第 2 架 X - 43A 成功试飞,成为世界上飞行最快的飞机,最大飞行马赫数达到 6.83。2004 年 11 月 16 日,该飞行器完成了 12 s 的 9.8 马赫高超声速飞行,开创了吸气式发动机飞行器在大气层内的速度记录。X - 43A 试验飞行器采用氢燃料,由飞马座火箭助推加速到试验条件,通过飞行试验验证实际超燃冲压发动机的性能。X - 43A 采用乘波体布局,控制面布置在机身后部,主要包括全动式水平尾翼、双垂直尾翼以及方向舵。为了减小高超声速巡航时的阻力,前缘半径非常小,控制面也非常薄。同 X - 30 一样,该飞行器采用机身/推进一体化设计,飞行器前体机身设计为超燃冲压发动机进气道的外压缩斜面,机身后段设计为发动机的尾喷口。

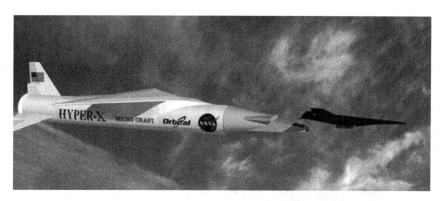

图 1.28　X - 43A 高超声速飞行器

HyFly 高超声速演示器项目是由 DARPA 与美国海军研究室共同发起,波音公司和 ATK 公司作为合同承包商,目的是解决可以兼容海面舰艇、潜艇以及飞行等多种发射方式的高超声速巡航飞行器的关键技术,其目标是利用飞行试验,验证采用碳氢燃料超燃冲压发动机,马赫数为 6、高度为 27 km、射程为 1100 km 的高超声速飞行器飞行方案。该飞行器采用轴对称外形以及双燃烧室超燃冲压发动机。2005 年 12 月 10 日,美国海军进行了 HyFly 子项目——自由飞行大气层超燃冲压发动机试验技术计划的地面发射飞行试验,试验获得了成功。试飞器采用两级 Terrier-Orion 探空火箭助推,在马赫数为 5.5 时,超燃冲压发动机点火工作 15 s,这是世界上首次采用碳氢燃料的超燃冲压发动机的飞行器试验。2007 年 9 月 25 日,HyFly 验证弹进行了飞行试验,主要目的是验证 DCR 转接、燃油控制和爬升、加速到 $Ma=5$,这是 DCR 的首次飞行试验。然而在发射测试中,助推器分离后,验证弹由于燃油控制系统出现故障,Ma 只达到 3.5,未能达到预期的 $Ma=5$ 的目标。这次试验仅仅取得了部分成功。2008 年 1 月,HyFly 计划第 2 次试验出现了燃油泵故障。2010 年 7 月,第 3 次飞行试验助推器没有成功点火。这些试验均以失败告终,没有达到预期目标。图 1.29 是 HyFly 计划空射试验图。

图 1.29 美国海军的 HyFly 高超声速飞行试验

X-51A(见图 1.30)是美国空军为验证 HyTech 计划的吸热型碳氢燃料超燃冲压发动机性能而设计的无人试验飞行器。该飞行器的研制工作由美国空军实验室负责,主承包商有波音公司和惠普公司。X-51A 采用乘波体布局,与 HyFly 的轴对称布局相比,该飞行器升阻比较大,更适合作为巡航飞行器使用,最大飞行马赫数为 6,最大飞行高度约为 30 km。在结构热防护方面,该飞行器机身主要采用常规金属,表面覆盖轻型热保护泡沫和陶瓷瓦,发动机采用的是主动冷却机身。X-51A 试验的主要目的包括:收集主动冷却、自主控制运行的超燃冲压发动机的地面和飞行数据,用以理解所掌握的物理现象,并开发和改进用于超燃冲压发动机设计的工具;验证吸热型燃料超燃冲压发动机在飞行状态下的可行性;产生更大的推力,以证明由超燃冲压发动机推进的自由飞行的可行性;为发展全球快速打击的远程高超声速巡航飞行器提供技术基础,进而为美军发展快速、经济地进入空间的能力提供机身支持。2010 年 5 月 26 日,X-51A 成功进行了第 1 次有动力飞行试验,飞行时间长达 200 s,飞行马赫数超过

图 1.30 X-51A 试验飞行器

5。2013 年 5 月 1 日,X - 51A 进行了第 4 次飞行试验,飞行马赫数达到 5.1,超燃冲压发动机工作 240 s,这标志着临近空间高超声速飞行器动力系统超燃冲压发动机关键技术已经基本解决,相关的动力系统与机体的一体化设计、高精度控制和防热等关键技术也基本突破,将迎来技术应用的新阶段。

HTV - 3 是美国 Falcon 技术中的关键技术演示验证机。原计划用以验证可重复使用热保护材料,但在 Falcon 技术第 2 阶段之初,DARPA 选择转向发展可重复使用高超声速试验平台所需要的推进技术,这项任务称为 FaCET(Falcon combined-cycle engine technology),目标是研究可重复使用碳氢燃料 TBCC 推进方式的飞行器。推进系统的研究与高速涡轮发动机演示计划合作,将 HTV - 3 发展成为飞行试验平台 HTV - 3X(Blackswift)。该飞行器可从普通跑道上起飞,加速到马赫数 6 进行巡航,并在跑道上着陆。HTV - 3X 是一种高度一体化的飞行试验平台,可演示包括高升阻比气动外形、轻质可重复使用的高温材料、主动冷却的热管理技术、自主导航制导与控制技术以及 TBCC 推进技术等在内的多项高超声速关键技术。由于没有获得足够的经费,2008 年 10 月,该飞行器的研制工作宣告失败。

2. 俄罗斯吸气式高超声速飞行器

俄罗斯的高超声速技术在苏联时代可与美国比肩,苏联解体后,其许多先进技术的研发陷入停滞阶段,但在高超声速技术研究领域仍处于世界前列。俄罗斯在高超声速领域的一个显著特点是其雄厚的冲压发动机技术,其高超声速技术是在苏联原有的冲压发动机技术基础上发展起来的。目前俄罗斯已进入高超声速技术的飞行验证阶段。

俄罗斯先后开展了"冷""彩虹"和"针"等高超声速计划。1991 年以来进行了 5 次轴对称发动机飞行试验,其中除第 3、4 次出现过电子、机械故障外,其余 3 次都十分成功。

(1)"冷"高超声速试飞器

"冷"高超声速试飞器的亚/超燃冲压发动机试验模型是由俄罗斯中央航空发动机研究院与中央空气流体动力研究院合作研制的。该冲压发动机模型为一个自主系统,包括携带氢燃料的亚/超燃冲压发动机、燃烧监控/测量系统等(见图 1.31)。试飞器采用远程、中高地空飞行器系统 SA - 5 作为运载器。1991 年 11 月 28 日,在哈萨克斯坦的萨雷沙甘靶场进行"冷"试飞器飞行试验并获成功。这是世界上首次飞行试验中实现超燃冲压发动机的超声速稳定燃烧,飞行马赫数达到 5.6。1991—1998 年,该试飞器共进行了 5 次飞行试验,其中第一次试验

图 1.31 俄罗斯"冷"高超声速试飞器

由俄罗斯单独进行,第2、3次试验与法国合作进行,第4、5次试验与美国合作进行。通过飞行试验,俄罗斯获得了大量有价值的全尺寸试验发动机和地面试验数据,并进行了改进设计。

(2)"鹰"试验飞行器

"鹰"试验飞行器是俄罗斯继"冷"计划之后又一高超声速试验飞行器(见图1.32)。该飞行器采用翼身组合体气动布局,并在机翼下配置了3台超燃冲压发动机。"鹰"试飞器采用SS-19"匕首"洲际弹道导弹作为运载器,安装在SS-19飞行器的弹头位置。"鹰"试飞器综合了高超声速再入式与吸气式高超声速巡航飞行器两种航迹,具有更强的突防能力。SS-19将试飞器送到80 km高空,飞行速度达到5 900 m/s,试飞器与运载器分离。随后,试飞器首先在亚轨道滑翔飞行,当到达指定飞行条件时,试飞器的超燃冲压发动机点火,飞行器进入巡航状态。当发动机燃烧结束后,飞行器进入末段飞行。2001年,俄罗斯成功试射了一种新型远程飞行器,其最后一级是一种旨在突破美国弹道导弹防御系统的新型高超声速巡航飞行器。

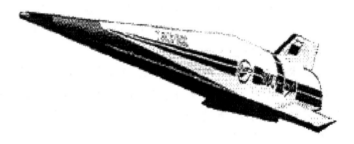

图1.32　俄罗斯"鹰"高超声速试飞器

1.3　我国高超声速飞行器发展概况

高超声速飞行器具有飞行速度快、反应时间短、突防能力强等特点,能够有效地进行高空高速的侦察和突防,对敌方进行直接打击或作为远距离突袭的武器发射平台,大大提高了远程作战效能。不仅如此,高超声速飞行器还能有效地提高生存能力,使敌方的防空系统难以拦截,并能对大量的目标进行快速迅猛的打击。基于以上优点,许多发达国家正在加紧研制高超声速飞行器,而且各国的研制计划都是在高度保密状态下进行的。为了增强国防能力、维护和平、实现统一大业、保障全球范围内的国家利益和人民安全,确保人民的安定生活,赶上世界的先进科技水平,我国一直在大力发展高超声速技术。从公开报道和国防部发布的相关信息来看,我国高超声速飞行器技术已取得了长足进步,处于追赶超越的关键阶段,正由试验阶段向工程化、武器化方向迈进。

国内高超声速推进技术研究始于20世纪80年代后期,初期的研究工作主要是整理和吸收国外研究成果,建立高超声速燃烧和冲压发动机的基础概念,对其性能进行初步分析。20世纪90年代前期,研究主要集中在氢燃料超声速燃烧方面,研究目标是初步认识高超声速燃烧的流场形态,主要研究手段为数值模拟和少量的小尺度试验。90年代中期,国内研究者开始关注喷射方式对氢/空气混合和火焰稳定的影响,混合增强技术成为研究重点。最近几年,我国正就发展高超声速飞行器关键技术中的核心问题进行研究,其中要解决的关键技术包括高超声速技术、高机动飞行技术、长距离空天飞行技术、可靠性技术等。

2002 年下半年,"空天安全若干重大基础问题"课题已经立项。国家也成立了以"可重复使用天地往返运输系统技术"为主题的小组。2004 年,国内以刘兴洲为代表的一批专家联名提出《关于发展高超声速飞行器科技工程的建议》,"高超声速飞行器科技工程"被列为《国家中长期科技规划(2006—2020)》中的重大专项之一。2007 年,国家自然科学基金委员会又设立了"近空间飞行器的关键基础科学问题"重大研究计划,目标以 $30 \sim 70$ km 中层近空间的高超声速远程机动飞行器涉及的关键基础科学问题为核心。

2012 年 9 月 3 日《科技日报》报道,我国在北京郊区完成了 9 马赫 JF12 高超声速激波风洞试验。《2012—2013 年度航空科学技术学科发展报告》中称,中国在 2012 年首次实现了轴对称式高超声速飞行器成功试飞,飞行高度为 20 km,飞行速度大于 5 马赫,初步验证了吸气式超燃冲压发动机及飞行器的制导与控制技术。这表明我国正逐步加大对高超声速飞行器相关技术的研究,以高超声速飞行器为支撑的高超声速武器装备正由试验探索阶段逐步迈入工程实用阶段。

第 2 章　临近空间大气飞行环境

临近空间是指传统的航空与航天之间的区域,一般认为是 20～100 km 之间的空间领域,包括平流层的大部分区域、中间层和热层的部分区域。临近空间飞行器在大气层中飞行时,其飞行环境中的各项参数对于飞行器设计和作战任务规划等作战运用有着重要的影响。大气风场复杂变化和温度、密度、气压状态及动力学扰动,将直接影响飞行器的姿态和位置等飞行状态,而臭氧、电子密度等空间环境参数变化,对飞行器总体、结构材料、有效载荷产生影响。

本章将介绍临近空间飞行器的飞行环境。首先,给出大气层的组成与分层,介绍国内外常用的大气模型;然后,着重分析对飞行器飞行性能和控制系统设计影响显著的大气风场模型和密度模型,详细介绍风场和密度的变化趋势;最后,分析临近空间环境参数对飞行器的影响及其军事价值。

2.1　飞行空间

飞行器运行的空间就是飞行空间。根据不同飞行器运行的主要空间范围,可以将飞行空间划分为航空空间、临近空间和航天空间三个部分。飞行器的运行环境称为飞行环境。除非特别指定,以下所说的高度都是离开海平面的垂直高度。

2.1.1　航空空间

国际民用航空组织(international civil aviation organization,ICAO)将 18.3 km 高度以下的空域作为航空管辖的范围,至少这一范围可以称为标准的航空空间。但也可以把普通航空飞行器(飞机)能经常达到的高度范围作为航空空间。某些高空侦察机可以飞到接近 30 km 的高度。最近,由于临近空间定义的出现,航空空间有可能被严格定义在 20 km(国外经常取65 000 ft)以下。目前,国内将地面至高空 20 km 的空间作为航空空间。

2.1.2　航天空间

20 世纪 50 年代,冯·卡门研究了航空和航天的区别。他的计算表明,在 100 km 以上,飞行器要获得足够的空气升力以平衡重力,其速度要大于轨道速度。在 100 km 以上,既然需要飞行速度大于轨道速度,因此干脆就以轨道运行方式来定义,因为此时离心力可以平衡地球引力。因此,将 100 km 作为航天的下界,得到国际航空联合会(federation aeronautique internationale,FAI)和世界的公认。距海平面 100 km 的高度线也称为卡门线。

在某些情况下,将距离地面 100 km 至地球静止轨道(同步轨道)高度 35 786 km 的空间称为航天空间,又称为近地空间。飞行器在航天空间运行时不需要升力,靠足够大的水平速度产生离心力来克服地球引力,保持轨道运行。在 100 km 这个高度以上,大气对飞行的影响几乎可以忽略,而大气温度和与太阳辐射的相互作用在这个高度以上则急剧增加。

2.1.3　临近空间

根据航空空间和航天空间的划分,在航空空间与航天空间之间存在一个空白。最近,人们把这个空白区域称为临近空间(也被称为近空间或近太空或空天过渡区)。从应用角度看,它是指高于普通航空器的飞行空间,而又低于轨道空间的区域。不同文献对临近空间的下限和上限稍有区别。有的把它定义在 60 000 ft(约 18 km)至 200 000 ft(约 60 km)之间。这样适合浮空器活动的低速风带(20 km 上下)以及适合吸气式发动机工作的高超声速飞行器的活动范围(30~60 km)也包括在内。国内将临近空间定义在 20~100 km 之间,其依据是,20 km 既超出国际民用航空组织所管辖的 18.3 km 以下空域的限制,又是一个易记的数字;而 100 km 正好是卡门线,标准航天的下界。由于有些航空器可以达到 20 km 以上,如 SR‑71 能够在 25 km 的高空飞行,所以空间的划分不是完全严格的,而是带有规定性的。SR‑71 早期可以看成航空飞行器,现在也被归入到临近空间飞行器的范畴。临近空间的基本定义如图 2.1 所示。

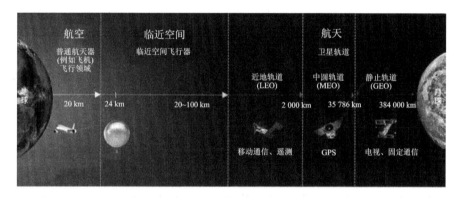

图 2.1　临近空间的基本定义

2.1.4　轨道飞行与亚轨道飞行

轨道飞行是指飞行器的水平飞行线速度大到使离心力能平衡地球引力从而在航天空间持续飞行的一种飞行状态。

亚轨道飞行是指飞行器水平飞行线速度不足以使向心力平衡重力,从而不能入轨或持续在轨飞行的一种飞行状态。当然,从字面看,似乎一般低速飞机都可以算成亚轨道飞行器。实际上,亚轨道飞行是指飞行器接近或处在航天空间,但水平线速度小于轨道速度的飞行。

例如,某个发射出的飞行器的合速度或者垂直速度分量可以很大,甚至超过轨道运行最大速度,但其水平速度较小,此时飞行器不能入轨,只能进行亚轨道飞行。通常情况下,只在卡门线附近做亚轨道飞行,此时亚轨道飞行就是飞行器未入轨或短暂入轨却能够达到太空边缘接近近地轨道的飞行。但理论上也可以在更高的高度做亚轨道飞行。虽然适合轨道飞行的空间和适合亚轨道飞行的空间不存在严格界限,但习惯上可以把低轨卫星或空间站所在的高度及其以上的空间称为轨道空间。

2.1.5 飞行器

飞行器的划分有很多方式。按力划分,可以分为离心力型(如卫星)、升力型(如飞机)、浮力型(如飞艇和气球)、推力型(如火箭)和混合型(如航天飞机,升浮一体化飞艇)。按动力划分,可以分为有动力型(如飞机、火箭)和无动力型(如空间站、滑翔机)。按操作类型又可分为有人驾驶飞行器(如普通民用客机)和无人驾驶飞行器(如无人作战机、高空无人侦察机)。按飞行空间可分为航空飞行器、临近空间飞行器和航天器。航天器也包括轨道飞行器和亚轨道飞行器。

临近空间飞行器是指主要在临近空间进行飞行并在临近空间完成特定任务的飞行器。某些飞行器如航天飞机会穿越临近空间,但不属于临近空间飞行器。临近空间概念诞生后,有时也把高出 20 km 的高空无人机归入临近空间飞行器。目前,已经成熟或在发展之中的临近空间飞行器包括:高空无人机(含太阳能无人机)、高空气球、高空飞艇、高超声速巡航飞行器、通用大气飞行器(CAV)和最大高度低于 10 km 的亚轨道飞行器。

2.2 大气环境简介

地球表面的外层是空气。受地球重力作用,大气围绕地球占有一定的空间,称为大气层。它是地球整体的第二大物质圈。

2.2.1 大气层组成

地球大气是由多种气体组成的混合气体,还包含极少量的呈悬浮状态的固态、液态微小颗粒物质,称为大气气溶胶质粒(atmo-spheric aerosols)。据研究,在高度 86 km 以下,大气的气体成分可分为两类:一类是定常成分,各成分之间的相对比例大致不变,如表 2.1 所列;另一类是可变成分,其含量随时间和位置而改变,主要有水汽、二氧化碳和臭氧,其中以水汽产生的变化最大,并可在不同大气环境的温度、气压条件下产生相应的变化。

由表 2.1 可知,虽然大气成分复杂,但其主要成分是氮气(N_2)、氧气(O_2)和氩气(A_r),三者合在一起的体积混合比达 99.96% 以上,其余气体所占不足 0.05%。大气底层的水汽含量有时在极端条件下可多达 7%,而且在大气温度变化范围内,它是唯一可发生相态变化的成分,因此水汽是天气变化的主要角色,并通过辐射的吸收和反射影响大气能量传输。

二氧化碳主要源于有机物的燃烧和腐烂。随着工业的发展和人口增长,空气中的二氧化碳含量逐年增加。它具有强烈的红外辐射吸收和反射作用,是主要的温室气体(greenhouse gas)。

臭氧是在太阳紫外辐射的作用下,氧气发生分解,由氧原子和氧分子化合而成的氧分子异形体。臭氧能够强烈吸收太阳紫外辐射,具有局地增温作用。

大气中的众多微量成分,如二氧化硫、一氧化碳、碳氢化合物、氮氧化合物、硫化氢、氨和气溶胶质粒等作为大气中的污染物,部分来源于火山喷发,但主要是人类活动的产物。它们不仅危及人类健康,而且影响环境、生态和天气气候变化。高空的火山尘有时也会对飞行造成威胁。

表 2.1　大气成分

成　分			分子式	相对分子质量	体积混合比	相对于干空气的密度
主要成分	常定	氮	N_2	28.0134	78.084%	0.967
		氧	O_2	31.9988	20.946%	1.105
		氩	Ar	39.948	0.934%	1.379
	可变	水汽	H_2O	18.016	0~7%	0.622
		二氧化碳	CO_2	43.999	348×10^{-4}，年均增率0.37%	1.519
微量成分	常定	氖	Ne	20.179	18.18×10^{-6}	0.697
		氦	He	4.0026	5.24×10^{-6}	0.138
		氪	Kr	83.80	1.14×10^{-6}	2.893
		氙	Xe	131.30	0.087×10^{-6}	4.533
	可变	甲烷	CH_4	16.04	1.7×10^{-6}，年均增率0.8%	0.554
		氢	H_2	2.016	$(0.4~1.0)\times10^{-6}$	0.0696
		臭氧	O_3	47.998	0.4×10^{-6}	1.657
		氧化氮	N_2O	44.01	0.3×10^{-6}(1987)，年均增率0.3%	1.519
		一氧化氮	CO	28.01	$(0.01~0.2)\times10^{-6}$	0.967
		二氧化硫	SO_2	64.06	$(0~0.01)\times10^{-6}$	2.212
		氨	NH_3	17.03	$(0.002~0.02)\times10^{-6}$	0.588
		硫化氢	H_2S	34.07	$(0.002~0.02)\times10^{-6}$	1.176
		二氧化氮	N_2O	46.01	$(0.001~0.0045)\times10^{-6}$	1.588

气象学中把不含水汽和气溶胶质粒的大气称为干洁大气，或简称干空气(dry air)，它是制定标准大气的基本假设。在标准状况($t=0$ ℃，$p=101.325$ kPa)下，干空气的密度为 1.293 kg・m^{-3}。在 86 km 以下，大气维持湍流混合平衡，各成分之间呈均匀混合，此时可把干空气视为平均相对分子质量为 28.9644 的单一成分空气。

2.2.2　大气层的结构

通过地面探测可以知道，地球大气的成分、温度等物理属性在垂直方向随高度变化很大，而在水平方向却比较均匀，这同地心引力与距离二次方成反比有关。地球上的大气根据不同特征可以划分为不同层次。按照世界气象组织的统一规定，根据大气温度随高度的分布特征，将大气层划分为对流层、平流层、中间层、热层和外大气层(见图 2.2)，各层的顶，依次称为对流层顶、平流层顶、中间层顶和热层顶。

(1) 对流层

对流层是地球大气最低的一层，从地球表面开始，其上界随纬度和季节而变化，低纬度地区平均为 17~18 km，中纬度地区平均为 11~12 km，高纬度地区平均为 8~9 km，并且在夏季的时候，上界较高，冬季时较低，其层顶的分布如图 2.3 所示。对流层集中了整个地球大气 80% 的质量和几乎全部水汽与气溶胶。人们日常生活中所观测到的云、雾、雨、雪、雷、冰雹等天气现象均发生在该空域，是天气变化最为复杂的一层。

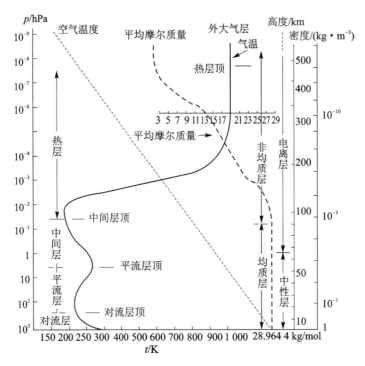

图 2.2　大气垂直分层

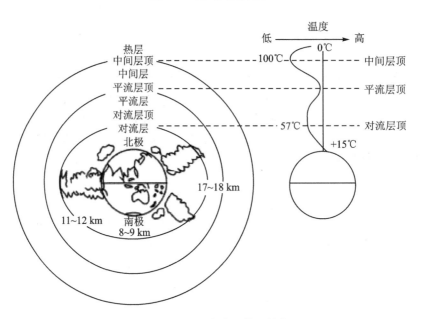

图 2.3　对流层顶高度随纬度的变化

对流层的空气温度随高度增加而降低,其垂直温度平均递减率约 6.5 ℃/km,即高度每升高 1 000 m,气温下降约为 6.5 ℃。在不同地区、不同季节、不同高度和不同天气等情况下,气温垂直递减率是各不相同的。由于对流层在某些情况下气温垂直递减率超过了气温的绝热递减率,造成上冷下热这种大气不稳定的结构,促使形成了强烈的大气垂直运动和湍流混合现象。在晴朗的天气下,垂直混合可以使得一些地面颗粒在几天之内穿过整个对流层厚度;而在某些强对流天气下,一些颗粒只需几分钟就可由地面附近到达对流层顶。这样强烈的垂直混合,使得上下层之间的空气得以交换,近地面的热量、水汽和尘埃向上输送为形成云、降水等现象创造了必要条件。同时,强烈复杂的垂直混合造成对流层中大气参数的水平分布存在很大的非均匀性。

根据对流层中气流和天气现象分布的特点,可将对流层分为上层、中层和下层。

对流层下层厚度约 1 km,占大气质量的 10%,称为行星边界层,又叫摩擦层或大气边界层,其下界是地表面。在该层中,由于气体黏性造成的内摩擦力对空气运动有着明显的影响,地面与大气之间存在着强烈的热量、动量和水汽交换,大气参数日变化大。

行星边界层以上的气层是对流层中层,又称自由大气。对流层中层的上界约为 6 km。这一层受地面影响比摩擦层小得多,气流状况基本表征着整个对流层空气运动的趋势,大气中的云、降水、雷电活动、强对流运动等都集中在这一层。对流层中层以上是对流层上层,上层的范围从 6 km 高度开始,一直延伸到对流层顶。对流层顶是介于对流层和平流层之间的一个过渡层,厚约数百米到 1～2 km,最大厚度可达 4～5 km。对流层顶是一个很厚的对流阻滞层,它阻碍着积雨云顶的垂直发展、气溶胶和水汽的垂直交换。该处的气温、气压、湿度结构以及环流的变化直接影响着近地层的天气与气候。高空急流、臭氧层等物理、化学现象均与对流层顶的位置、强度及其变动规律密切相关。

(2) 平流层

平流层位于对流层之上,顶界可伸展到约 50 km 的高度。在平流层中,随着高度的增加,温度分布最初保持不变或稍有上升,但从 30～35 km 高度开始,气温开始随高度急剧上升,在平流层顶可达 −43～−33 ℃。在平流层中,空气的垂直交换很微弱,垂直运动远比对流层弱,空气湿度很小,水汽和尘埃含量很少,极少有云生成。因此,平流层的气流比较平稳,天气晴好,空气阻力小,对飞行器的飞行十分有利。

(3) 中间层

中间层位于平流层的上方,其顶界约为 80～85 km。该层约占大气总质量的 0.099%。在中间层中,气温随高度递减,中间层顶的气温低达 160～180 K。由于受到太阳紫外线、微粒流、宇宙线等的作用,中间层上部的空气分子被电离成带电离子,形成电离层。该层对电磁波的传播有很大的影响。

(4) 热 层

从中间层顶开始,向上延伸到 500～600 km 高度的大气范围称为热层。该层空气十分稀薄,所含的空气体积仅为空气总体积的 0.001%。在热层,空气温度随高度上升而迅速增加,可达到 1000～2000 ℃。根据最近十几年的探测,对于太阳活动的平均情况来说,热层气温随高度升高变成等温状态时的温度取作 1000 K 比较适宜。温度的高度廓线由增温变到等温状态时所对应的高度,即是热层顶。热层中的空气分子被强烈电离,形成了原子氧、氢氧根,而二氧化碳也被分解。在 100 km 高度以上,与太阳和月亮引力有关的潮汐力的影响和大气潮汐现象变得明显起来。一些宇宙现象对该层有重要影响。

(5) 外大气层

热层上部 500 km 以上的大气层,称为外大气层或外逸层。这里大气极其稀薄,同时又远离地心,受地球引力作用很小,大气质点不断向星际空间逃逸。该层中,分子碰撞极其少见,以致这里的温度难以确定,中性粒子和带电粒子的运动彼此几乎是独立的,因此没有理由判定它们具有相同的温度。

由于临近空间飞行器的飞行高度主要在平流层,因此,本书主要关注平流层的风场环境和大气因素。

2.2.3　常用的大气模型

大气模型包含大气的各种参数值,模型中提供了温度、气压、密度和风等大气环境的各种数据和公式,是飞行器、火箭等设计中的重要依据。临近空间高超声速飞行器的轨迹设计、姿态控制、飞行任务规划等工作均需要使用大气模型。

大气模型的研究发展历史可以追溯到 19 世纪中叶,经过多年的发展,各个国家、国际组织和众多科研机构已经制定和发布了数十个大气模型。这些大气模型各有特点,适用的地区各有不同。在高超声速飞行器设计过程中的不同阶段,需要应用不同空域和特征的大气模型。

大气模型是大气结构和变化过程的数据、公式、表格和程序,通过对大量测量数据进行统计和理论分析而建立。按照大气参数信息是否随纬度季节变化分为"标准大气"和"参考大气";按照覆盖区域分为"全球大气模型"和"区域大气模型";按照高度可以分为"低层大气模型""中层大气模型"和"热层大气模型"。设计人员可以根据其任务需求、飞行器的地理区域和高度范围,选择合适的大气模型。

下面介绍几种在飞行器设计过程中常用的大气模型。

(1) 美国标准大气

美国标准大气是由美国航空航天局、美国空军等机构联合起草和制定的,历经 1962、1966、1976 三个版本的完善和补充。美国标准大气模型是在无线电探空仪、火箭测候仪、火箭和卫星等手段得到的温度观测数据的基础上,对数据进行修正和拟合,利用图表的形式提供了温度、压力、密度、声速、动态、运动黏度、热传导率等参数随高度的变化趋势。

需要注意的是,美国标准大气模型仅能代表全球平均值或中纬度地区(南北纬 45°)年平均值,而且模型中不包含大气风场的变化。

(2) 国际标准化组织大气模型

国际标准化组织大气模型是由国际标准化组织制定的,包括两个版本的内容,分别是《ISO 2533—1975:标准大气模型》和《ISO 5878—1982:航空航天用参考大气模型》。

《标准大气模型》提供了 0～80 km 高度范围内随位势高度和几何高度变化的大气参数信息,包括温度、压力、密度、重力加速度、声速、动力黏度、运动黏度、导热系数、压力高度、空气数密度等。标准模型假设大气是理想气体,不受湿度和灰尘的影响,模型近似于北纬 45°的年平均数值,在用于其他纬度和特定月份时,存在一定偏差。

《航空航天用参考大气模型》提供了 0～80 km 高度范围内,随季节、经度、纬度和日期变化的大气参数垂直分布信息。模型中包含:①北纬 15°年平均模型;②北纬 30°、45°、60°和 80°季节模型;③北纬 60°和 80°对流层和中间层冷暖模型等信息。该模型假设大气为理想气体。南、北半球模型的月份相差 6 个月,其数据和结构完全相同。另外,《航空航天用参考大气模型》的附录中基于气球探空观测和圆形正态分布估计,给出了北半球 25 km 以下 1 月份和 7 月份风场参数的平均值和标准方差。

（3）全球参考大气模型

全球参考大气模型是由美国国家航空航天局的马歇尔太空飞行中心环境部制定的,经过多年的修订,已经形成一个系列,包括原始模型 1974－1975 版、修正模型 1976 版、修正模型 1980 版、GRAM－1986、GRAM－1988、GRAM－1990、GRAM－1995、GRAM－1999、GRAM－2007,最新发布的版本是 GRAM－2010。

全球参考大气模型能够计算任意高度、任意月份和任意位置的地球大气参数（包括温度、密度、压力、风场）的平均值和标准偏差,还能提供任意轨道、任意参数的统计偏差数据。美国国家航空航天局各个中心、众多政府部门、工厂和大学将其广泛应用到各种工程项目中,如航天飞机、X－37、国际空间站、Hyper－X 计划等项目。

全球参考大气模型的缺点是不能预测任何大气参数数据,没有考虑偶发的高纬度热层扰动、极光活动、高纬度平流层变暖扰动、厄尔尼诺现象等。但该模型允许用户将随机扰动的幅度值进行调整,并且最新版本中允许用户自行添加密度、温度、压力和风的轮廓等信息,替代模型中原有数据。

（4）MSIS 大气模型

MSISE 是由 Picone 和 Hedin 设计开发的全球大气经验模型。MSIS 是指质谱仪和非相干散射雷达,标志 E 表示该模型从地面覆盖到逸散底层。模型描述了从地面到热层高度范围内（0～1000 km）的中性大气密度、温度等大气物理性质,是目前使用最多的大气模型之一。该模型在长时间的观测数据基础上建立起来并不断更新,主要数据源为火箭探测数据、卫星遥感数据和非相干散射雷达数据等,模型是通过采用低阶球谐函数拟合大气性质随经纬度、年周期、半年周期、地方时的变化而建立的。最初的模型是 Hedin 等在 1977 年设计建立的,而后在 MSIS83 和 MSIS86 两个版本中得到改进,目前常用的 MSISE90 版本中,将高度范围由以前的 90～1000 km 扩展为 0～1000 km,现在最新的版本是由美国海军研究实验室进一步改进得到的 NRLMSISE00 经验大气模型。

该模型根据设定的时间、经度、纬度和高度等信息,能够得到中性大气温度和总体大气密度以及氦原子、氧原子、氢原子、氮原子、氩原子等物理粒子的数量密度,主要用于高空大气中的各项物理特性研究,以及近地航天器定轨预报等研究领域。

（5）苏联大气模型

1920 年以前,苏联采用的是按莫斯科地区的气象资料整理得到的标准大气。1920 年,苏联采用了国外的标准大气。1927 年,苏联炮兵提出了炮兵标准大气（HAA）。1949 年,公布了苏联 1948 年标准大气表。20 世纪 50 年代末,苏联科学院协调委员会根据积累的大量气象资料,重新制定了新的标准大气,即 1960 年 12 月 26 日颁布的 1960 年苏联暂用标准大气。该标准大气的造表高度为 500 m～25 km 以上部分,BCA－6 与 ГОСТ4401－48 基本相同,但在 BCA—60 中考虑了重力加速度随高度的变化。1964 年,在对暂用标准大气稍作改进后,苏联颁布了它的正式标准大气,即 1964 年苏联标准大气（CA—64）,其标准大气表的代号为 ГОСТ4401—64。俄罗斯至今仍在使用这个标准大气。

（6）中国国家军用标准大气模型

在中国航空航天行业中,被广泛应用的国军标有两个系列：GJB 365 北半球标准模型和 GJB 366 参考大气模型。这两个模型由原国防科学技术工业委员会在 1987 年批准,1988 年开始实施。2006 年,国军标发布了《GJB 5601－2006：中国参考大气（地面～80 km）》。

GJB 365 北半球标准模型包含了《GJB 365.1—87 北半球标准大气》和《GJ B 365.2—87 高度压力换算表》。该模型假定空气为理想气体,给出了温度、压强、密度、自由落体加速度、大气成分、声速、粒子碰撞频率、黏性系数、比重、热传导系数。该标准等同于《ISO 2533—1975:标准大气》。

GJB 366 参考大气模型包含了《GJB 366.1—87:航空与航天用参考大气(0~80 km)》《GJB 366.2—87:大气风场(0~25 km)》和《GJB 366.3—87:大气湿度(0~25 km)》三个标准。该模型提供了 0~80 km 之间大气特性参数随时间和空间的变化,等同于《ISO 5678—1982:航空与航天用参考大气》。

《GJB 5601-006 中国参考大气(地面~80 km)》由原中国人民解放军总参气象研究所起草,于 2006 年发布,可用于中国人民解放军及各个研究所进行航空器、航天器及运载工具和导弹等武器装备的设计和试验,军事气象保证及相关科学研究工作。该标准给出了中国北纬 15°~50°,东经 75°~130°范围内,5°×5°,共 46 个经纬点,地面~80km 高度内规定几何高度上的大气参数值,在 10 km 内间隔 0.5 km,10~30 km 内间隔 1 km,30~80 km 内间隔 2 km。根据几何高度和设定的经度、纬度,可以获取大气温度、压力、湿度、密度、风速大小和方向、垂直切边强度等参数的月平均值和年平均值,并在该标准的附录中给出各项大气参数的统计、计算公式,以及几何高度和位势高度的对应表。

2.3　临近空间大气风场特性分析及模型

空气的流动形成风。大气中空气的运动与空气的温度、大气压力、空气运动所经地表面的性质和地球旋转等因素有关。这种复杂的关系导致了风在时间和空间上的巨大变化,包括大气一般环流的季节变化和从气旋和反气旋的大范围运动到小尺度湍流的各种扰动。

对临近空间高超声速飞行器而言,其飞行过程中会受到各种风场变化的影响,特别是吸气式高超声波飞行器造成难以维持吸气动压近似为恒值,严重时导致超燃冲压发动机不能正常工作。为了掌握风场对高超声速飞行器飞行试验的影响,需要对影响飞行航迹的风场进行详细研究,根据风场类型建立不同的数学模型以仿真风场变化规律,实现考核飞行器控制系统、评估飞行弹道等目的。

下面介绍风的含义以及大气风场的变化特性,然后根据风的变化特性以及对飞行器的影响,将大气风场模型分为平均风、阵风、切变风和紊流四种主要类型。

2.3.1　风的定义

在气象学上,将空气运动的水平分量称为风,将垂直分量称为垂直对流。风用风速矢量 W 来表示。它的模 $|W|=W$ 称为风速,表示单位时间内空气在水平方向移动的距离,单位为 m/s;它的方向用风向来表示,风向是指风的来向,例如北风的含义是从北向南吹的风。气象上表示地面风的风向,一般用 16 个方位来表示。为了更加精确地表示风向,风的来向常用风向角 α_W 表示:以北为零,顺时针方向旋转到风的来向,所得的角度即为 α_W,如图 2.4 所示。

在飞行器设计时,通常将风分解为经向和纬向两个方向来考虑。

$$\begin{cases} u = W\sin(\alpha_W - 180°) \\ v = W\cos(\alpha_W - 180°) \end{cases} \tag{2.1}$$

图 2.4　地面风的风向

式中，u 表示风矢量的纬向分量，西风为正，即向东为正；v 表示风矢量的经向分量，南风为正，即向北为正。

根据纬向分量和经向分量求解风速的公式为

$$W = \sqrt{u^2 + v^2} \tag{2.2}$$

风向角的求解可以根据经向、纬向的情况分为 5 种，即

$$\begin{cases} u = v = 0 & \\ u = 0, v < 0, & \alpha_W = 0°, 360° \\ u = 0, v > 0, & \alpha_W = 180° \\ u < 0, & \alpha_W = \dfrac{\pi}{2} - \arctan\dfrac{v}{u} \\ u > 0, & \alpha_W = \dfrac{3\pi}{2} - \arctan\dfrac{v}{u} \end{cases} \tag{2.3}$$

2.3.2　大气风场的变化特性

大气风场中的风速大小和方向会随着高度、经纬度和时间的不同呈现出周期性和随机性变化，并且不同的地形地貌，如海陆分布、山谷丘陵等也会对风造成影响。对流层中显著的空气对流会使风场产生剧烈的变化，而平流层的风场主要受大气环流影响，变化过程相对平稳。本节主要关注风场的周期性变化，根据风场变化周期的长短，将其分为随纬度-季节的长周期变化和随昼夜的短周期变化。

1. 风随纬度-季节的长周期变化

风场的长周期变化主要是受全球大尺度大气环流的影响，随纬度、高度和季节呈现一定周期的规律变化，并且与地域相关。图 2-5 给出了不同纬度下，纬向风速随高度的变化趋势，通过 4 幅图的对比，可以得到不同季节下的变化趋势。

图 2-6 给出了中国北京地区和长沙地区不同月份的风速随高度的变化趋势。从图中可以看出，中国是典型的季风国家，其风速随季节呈现明显的变化规律。

下面简要介绍中国的风场变化特征。在对流层内，冬季形成南、北两支强盛的西风急流，

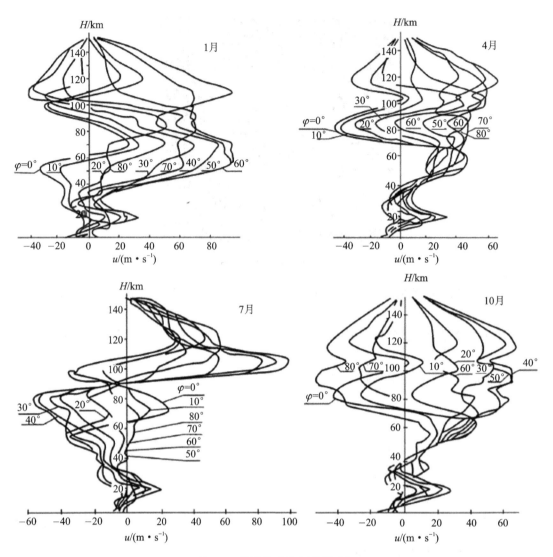

图 2.5　风随纬度和季节的变化

夏季南支西风急流北上,北支急流消失,低纬度地区上空盛行偏东风。

在平流层至中间层内,在冬季,中国广大地区自对流层顶向上西风风速随高度减小,30～40 km间的月平均风速只有 2 m/s 左右,有些地区出现弱的偏东风;50 km 以上,西风风速随高度迅速增大,形成了较强的中间层西风急流,最大出现在 65 km 附近。随纬度增加,风速逐渐减小,且最大风速层高度下降。在春季,西风急流中心继续南移,风速减小,最大风速层高度降低,五月开始由低纬向高纬,由高层向低层,逐渐转为偏东风。进入夏季后,西风已不存在,自对流层内的东风开始向上至 80 km。风速随高度增加,形成了强盛的东风急流。东风急流区中最大风速出现的高度是南低北高,最大风速值是南小北大。在秋季,北纬25°以南30 km附近,仍以偏东风为主,但风速不大,沿东经120°自北向南,急流轴上的最大风速略微增加,沿东经90°自北向南最大风速迅速减小,随纬度增加,急流轴上风速西高东低的特征风场突出。

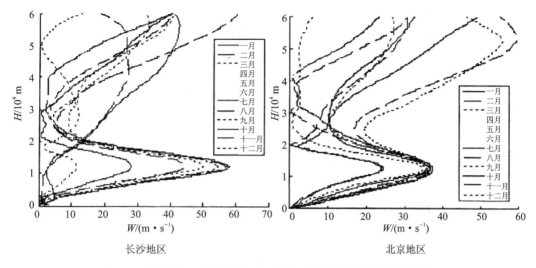

图 2.6　长沙地区和北京地区的不同月份风速随高度的变化曲线

2. 风随昼夜的短周期变化

风随昼夜的变化是由太阳加热的昼夜变化所引起的大气膨胀和收缩产生的,同时也与太阳和月球的潮汐有关。

在大陆上,大气边界层上近地面层的最大风速值出现在午后气温最高的时刻,最小风速值出现在夜间。大气边界层上部与此相反,风速最大值出现在夜间,最小值出现在昼间。图 2.7 所示为北京和俄罗斯沃伊科沃站边界层几个高度上的风速日变化曲线,可以看到边界层上、下层风速日变化的反向位现象。

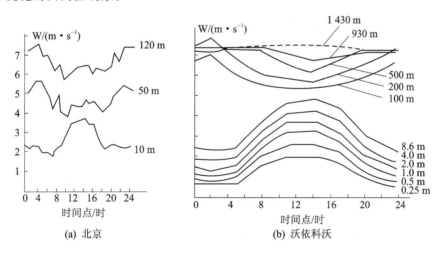

图 2.7　边界层中风速的日变化

这种边界层中风的昼夜变化主要与温度结构的变化有关。温度结构越不稳定,湍流交换越强。这样,下层水平动量较小的气块便输送到上层,使那里的风速减小;与此同时,上层水平动量较大的气块输送到下层,造成下层的风速增大。温度结构稳定时,效应相反。

边界层以上的风同样存在日变化。观测研究表明:对流层和平流层底层,风的日变化受地形影响很大,不同地区的风速日振幅有明显差别。图 2.8 给出了日本馆野地区和美国亚速尔群岛对流层和平流层底层各高度上纬向风分量和经向风分量日振幅的年平均值,这两个观测站风速日振幅随高度分布的特征是不同的,但日振幅都很小。

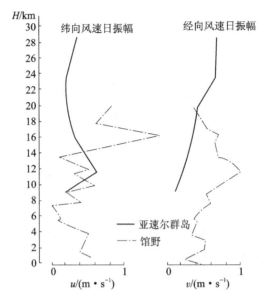

图 2.8　30 km 以下各高度上风的纬向和经向分日振幅的年平均值

图 2.9 给出了埃格林和白沙 30～60 km 高度的风速日振幅。图中清楚地表明:30 km 高度以上,风速的日振幅增大,并在 45 km 高度出现最大值;而最小值出现在 50 km 的高度上,在 60 km 高度以上,风速日振幅有增大的趋势。

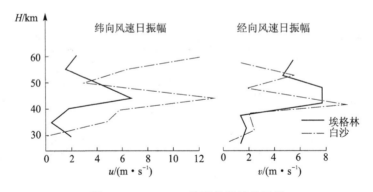

图 2.9　30～60 km 高度的风速日振幅

2.3.3　大气风场模型的表现形式

根据风的变化特征,风场模型可分为平稳风、切变风、大气紊流和阵风四种表现形式。

1. 平稳风

平稳风通常是指特定时间段内风速的平均值,其大小是随着时间和空间不断变化的,是风速的基准值,也被称为准定常风或准稳定风。其表达式为

$$\bar{W} = \frac{1}{T} \int_{t-\frac{T}{2}}^{t+\frac{T}{2}} W \mathrm{d}T \tag{2.4}$$

由大气风场的变化特性可知,风场随时间的变化包括长周期、短周期和非周期性变化。由于风在不同纬度、经度、高度和时间上是不同的,因此,平稳风中应该包括长周期的变化和短周期的变化,可以认为平稳风是由月平均风加上昼夜偏差得到的,即

$$\bar{W} = \bar{W}_{月平均} + \bar{W}_{日平均} \qquad (2.5)$$

其中,$\bar{W}_{月平均}$为月平均分量,$\bar{W}_{日平均}$为昼夜分量。

昼夜变化的各项参数可通过对飞行区域气象数据进行统计处理得到。参考俄罗斯科学院应用数学所的扰动大气模型,建立风的昼夜变化的幅值和时间的模型。

平稳风主要影响临近空间飞行器的飞行轨迹和落点精度,并引起飞行姿态的变化,对飞行控制带来影响。图 2.10 是不同月份平稳风变化对某型高超声速验证机落点散布的影响。

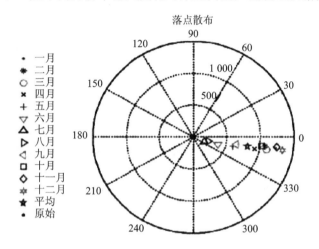

图 2.10　不同月份平稳风变化对某型高超声速验证机落点散布的影响

在进行飞行器仿真验证时,通常不考虑平均风在昼夜的变化大小,只考虑平均风的月平均分量。其中,月平均分量的大小可以基于相关大气模型模拟,例如:《GJB 365.1—87 北半球标准大气》《GJB 5601—2006 中国参考大气(地面~80 km)》和《GRAM—2010 全球参考大气模型》等,根据飞行器的飞行经纬度和飞行月份,得到该地域一段时间内的风速和风向随高度的变化曲线。

对飞行控制系统进行考核验证时,可采用最恶劣平均风来验证控制系统结构参数和控制性能。其中,最恶劣平均风风速大小可采用飞行地区的最大风速值,或者采用《GJB 1172.14—91 军用设备气候极值空中风速》给出的中国各个高度的风速极值。风向根据仿真需求分别设定为迎风、逆风和侧向等几种类型。

2. 阵风(突风)

在相当短的时间内,风速相对于规定时段平均值的短暂正负变化的风称为阵风。阵风是影响飞行器发射、飞行和命中精度(落点散布)的重要因素,也是飞行器设计时必须考虑的重要的大气条件之一。阵风的特性表现为相对于平均风的偏差,以 W 表示。突风定义为阵风相对平均风的偏差量,则阵风表示为

$$W(阵风) = \bar{W}(平稳风) + \Delta\omega(突风) \qquad (2.6)$$

阵风可以由小尺度大气湍流引起,也可以由飚线、锋、雷暴和龙卷等不同尺度的天气系统

产生。当大气中出现湍流时,会形成许多大小不等、方向不同的旋涡,这些旋涡可增强或减弱其周围气流的速度,也可改变气流的方向,从而引起阵风。阵风常常出现在行星边界层,如果该层为不稳定的冷气团所控制,则阵风更为常见和显著。另外,在自由大气中风速、风向变化大的地方,例如对流层顶与平流层底的急流区中,阵风也很显著。

阵风出现的频率因地区、高度、季节和纬度的不同而异。由于阵风总是和湍流相联系的,因此湍流起伏出现频率沿高度的分布可间接表示阵风频率沿高度的分布。经分析可知,湍流层的厚度随纬度的降低而增大。

在工程应用上,阵风/突风模型一般根据实测资料统计确定,按突风模型的剖面几何形状,可以分为矩形、梯形、三角形、正弦形和“1-consine”形等几种类型。具体模型可参考常用的阵风模型。

阵风作为一种扰动现象,直接影响临近空间飞行器在空中的飞行过程。在进行控制系统考核时,目前工程上常用的是“1-consine”离散突风模型,该模型可以用来表征任一方向离散突风分量。

3. 切变风

风矢量沿垂直或水平方向一定距离上的改变量称为风切变。前者称为风的垂直切变,后者称为风的水平切变。风矢量的改变可以只表现为风速大小的改变,也可以只表现为风向角的改变,或二者同时发生改变。在飞行器飞行过程中,切变风的出现造成飞行器的气动力出现短时间的突变,对于飞行器的姿态产生强烈扰动。

根据风切变的定义,得到两点的风切变为

$$\Delta \boldsymbol{W} = \boldsymbol{W}_2 - \boldsymbol{W}_1 \tag{2.7}$$

则风切变 $\Delta \boldsymbol{W}$ 的模为

$$|\Delta \boldsymbol{W}| = \sqrt{W_1^2 + W_2^2 - 2W_2 W_1 \cos \Delta \alpha} \tag{2.8}$$

式中,$\Delta \alpha$ 为给定距离的两点上风向角的变化,即风矢量 $\boldsymbol{W}_2$ 和 $\boldsymbol{W}_1$ 间的夹角。

定义风切变强度为

$$|\delta \boldsymbol{W}| = \frac{|\Delta \boldsymbol{W}|}{h} \tag{2.9}$$

常常针对不同的目的或用途,选取不同的 h 值。对于发射飞行器设计来说,计算近地面风的垂直切变时,h 一般取为竖立在发射台上的飞行器顶部与其底部间的垂直距离;空中风 h 取 $100\sim 5\,000$ m 不等。

根据相关气象资料,风的水平切变通常比垂直切变小得多,因此对发射飞行器影响较大的是风的垂直切变。

对于临近空间飞行器而言,切变风的取值可以选用极值作为最恶劣条件来考核飞行器控制性能。

4. 大气紊流

大气总是处于湍流运动状态,大气紊流就是发生在大气中的湍流。湍流运动的基本特征是速度场沿空间和时间分布的不规则性,这种不规则性也导致了其他大气参数分布的不规则性。在风出现的同时往往伴随着紊流,紊流在风速剖线中表现为叠加在平均风上的连续随机脉动。与阵风相比,紊流是风场随机连续的变化。

在飞行力学上,常常根据实测数据确定紊流运动的经验谱函数。常用来描述大气紊流的模型有 Dryden 模型和 Von Karman 模型。

2.3.4 临近空间风场复合模型

在进行控制系统考核和总体性能仿真验证时,根据计算得到飞行高度,完成平稳风、阵风和切变风的风速幅值大小的计算,然后进行线性叠加,得到复合风场的风速大小;根据仿真需求和仿真条件,设定风向大小。在设定风向时,可以根据经纬度和月份计算实际空域的风向大小,然后将其投影分解到飞行器相关坐标系;也可直接设置为相对飞行器的方向大小,即顺风、逆风、侧风等模式,考核风场变化对飞行器飞行和控制系统的影响大小。临近空间风场复合模型计算过程如图 2.11 所示。

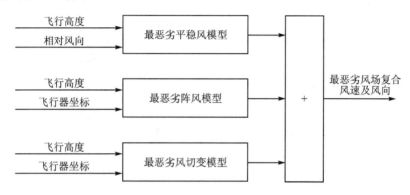

图 2.11 临近空间风场复合模型计算过程

2.4 大气密度特性分析及模型

大气密度作为大气环境参数的重要组成,其大小直接影响飞行器在飞行过程中受到的气动力大小。因此,研究大气密度变化特性,建立密度变化模型,对于飞行器总体设计和控制系统考核有重要意义。

2.4.1 大气密度变化特性

大气密度随高度、纬度和季节呈现较为复杂的变化规律。通过对同一纬度不同经度和同一经度不同纬度的密度偏差曲线进行对比分析可知,大气密度随纬度的变化呈现一定的变化趋势;密度偏差随经度变化不大。下面将变化分为空间和时间两个方面来讨论空气密度的分布。

1. 空气密度的空间分布

空气密度不是大气基本参数,而是气压、气温和湿度的导出函数。它同气压、气温和空气湿度之间的关系是由状态方程联系着的。因此,空气密度的空间分布,归根结底决定于气压、气温和湿度的空间分布。通常,空气中的水汽含量有限,湿度对空气密度的贡献比气压、气温的贡献小得多,在干燥气层中或较高的高度上尤其如此。于是,作为一种近似,可认为空气密度只取决于气温和气压(即把空气看成是干空气)。

静力平衡条件下的空气密度随高度递减的表达式为

$$\rho = \rho_0 \exp \left[-\int_0^y \frac{1}{T} \left(\frac{g}{R} + \frac{\partial T}{\partial y} \right) \mathrm{d}y \right] \qquad (2.10)$$

其中，ρ_0 和 ρ 分别是 $y=0$ 和 y 高度上的空气密度。此式说明，大气密度也像气压一样，按指数幂随高度减小。另外，大气气压随高度递减的关系式为

$$\rho = \rho_0 \exp \left[-\int_0^y \left(\frac{g}{RT} \right) \mathrm{d}y \right] \qquad (2.11)$$

把上述两式进行比较可以看出，除等温大气的情况外，二者随高度递减的速率是不同的。在气温随高度递减的大气中，空气密度随高度递减的速率慢于气压；反之，空气密度递减的速率快于气压。

在标准大气条件下，ρ/ρ_0 随高度的分布如图 2.12 所示。

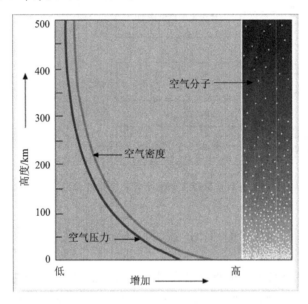

图 2.12　在标准大气条件下 ρ/ρ_0 随高度的分布

2. 空气密度随时间的分布

空气密度随时间的变化是气温、气压和湿度随时间变化的综合结果。与平均风的变化类似，空气密度的变化也可分为长周期变化和短周期变化。

（1）密度随纬度-季节的长周期变化

下面具体分析大气密度随季节月份的长周期变化特征。

地面空气密度年最低值出现在夏季（7 月或 8 月），最高值出现在冬季（1 月或 12 月），年振幅随纬度的增高而增大（见图 2.13）。在对流层中，空气密度最低值出现在 7 月或 8 月，最高值出现在 1 月或 12 月，但是随着高度的增加，年振幅逐渐减小。图 2.14 是哈尔滨地面及几个不同等压面上的空气密度变化曲线。随着高度的增加，大气气压逐渐减小；以大气气压为 200 hPa 高度为界，在该高度以下的大气层中，空气密度最低值出现在 7 月或 8 月，最高值出现在 1 月或 12 月；年变化振幅随高度的增高而减小。而在该高度以下的大气层中，空气密度年振幅很小，且七八月份已不是空气密度最低的时段（在 50～100 hPa 间，空气密度反而略高于其他月份），空气密度年变化曲线呈起伏不大的波纹状。

在 30 km 以上，空气密度的最大值出现在夏季，最小值出现在冬季。图 2.15 是 12～1 月

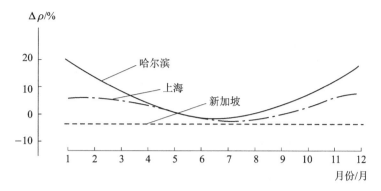

图 2.13　几个不同纬度测站的地面空气密度年变化曲线

和 6～7 月 30～80 km 高度间的空气密度相对偏差量平均值的经向剖面(由美国和苏联的火箭探测资料绘制)。图中的 $\Delta\rho$(%)是空气密度对 1976 年美国标准大气的相对偏差量。由图 2.15 可见,夏季(6～7 月)各纬度、各高度上的 $\Delta\rho$ 均为正值,而冬季(12～1 月)除了 30°N 的某些高度上出现正值外(但其数值比同高度上其他纬度 $\Delta\rho$ 小得多),其余纬度和高度上的 $\Delta\rho$ 均为负值。还可看到,冬季 30～70 km 的高度,$|\Delta\rho|$ 的数值随高度减小;夏季大体也是如此,但在 60°N 附近,$|\Delta\rho|$ 的最大值出现在 75 km 左右,在 80°N 则出现在 50～70 km 之间。图 2.16 是根据图 2.15 绘制的空气密度的相对偏差振幅随高度和纬度的分布图。该图表明:年振幅随纬度的增加而增大;在 70 km 以下,年振幅随高度增大,在 70 km 以上随高度减小。70 km 附近,空气密度的年振幅最大。图 2.15 是 30～80 km 高度空间空气密度平均相对偏差量的经向剖面图。图 2.16 是 30～80 km 高度空间空气密度相对偏差振幅随高度和纬度的分布。

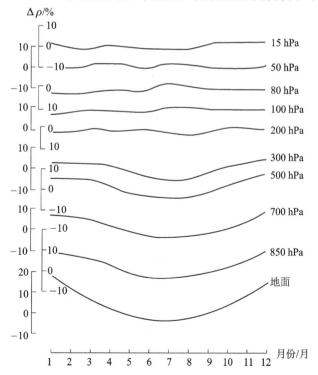

图 2.14　哈尔滨地面及几个不同等压面上的空气密度变化曲线

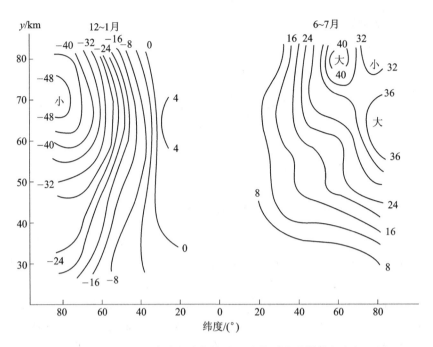

图 2.15　30～80 km 高度间空气密度平均相对偏差量的经向剖面图

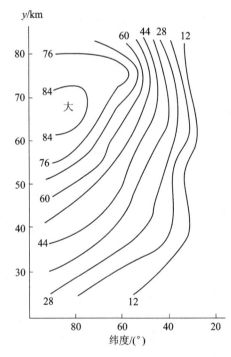

图 2.16　30～80 km 高度间空气密度相对偏差振幅随高度和纬度的分布

（2）密度随昼夜的长周期变化

图 2.17 是北京冬季（1 月）和夏季（7 月）一天的近地面空气密度日变化曲线（$\Delta\rho$ 为空气密度对标准大气的相对偏差，即 $\Delta\rho=(\rho-\bar{\rho}/\bar{\rho})\times100\%$）。为了与气温和气压变化进行对比，图

中还画出了同一天的气温和气压日变化曲线。由图可见,无论是冬季还是夏季,地面空气密度的最小值均出现在午后,最大值出现在清晨;空气密度日变化的位相,大体上与气压日变化的趋势一致,而与温度日变化的趋势相反。在对流层的其他高度上,空气密度日变化基本趋势相似。由于气温和气压的日振幅一般随高度递减,所以对流层中空气密度的日振幅一般也随高度递减。

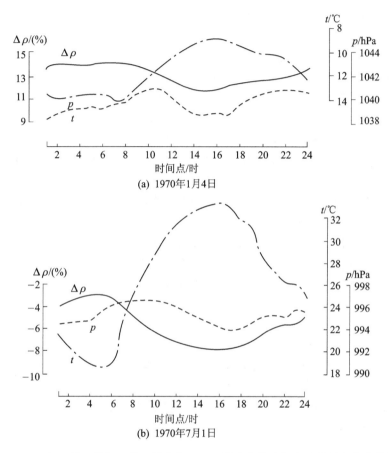

图 2.17　1970 年 1 月 4 日和 7 月 1 日北京 1.5 m 高度上的空气密度的日变化曲线(晴天)

对流层和中间层空气密度的日变化研究得很少。在夸贾林岛上空,相隔 13 h 发射的两枚气象火箭的测量结果表明,中午的空气密度与夜间不同。在 30～120 km 的高度中,空气密度昼间比夜间高 10%。流星尾迹观测表明,中纬度地区 80～110 km 的气层中,空气密度昼、夜变化最大可达 20% 左右。

2.4.2　密度扰动模型

前面介绍了标准大气模型、参考大气模型以及大气风场模型。它们给出了在模型假设条件下地球大气参数随高度、纬度、季节等的分布情况,也就是给出了在指定高度、指定季节、指定纬度下大气参数的标准值。飞行器在大气层中飞行,当计算它的标准飞行轨迹时,假设大气的密度、温度、压力等参数符合每个飞行高度上的标准值,同时也假设大气中不存在风的影响,即认为整个大气层相对于地球表面是静止不动的。事实上,大气层相对于地球每时每刻都在运动。因此,实际飞行轨迹上的大气参数的值或多或少地不同于标准值。

大气的物理状态与地心纬度、高度、年份以及昼夜等时间参量有关,也与某些其他具有随机特性的因素有关。在设计阶段,如果一直假定大气参数为标准值,当飞行器真实飞行、大气偏离标准值时,控制系统将无法实现稳定控制,会造成严重后果。因而在设计飞行器控制系统时,必须要考虑大气参数相对于标准值的偏离。所以,建立地球大气扰动模型十分必要。地球大气扰动模型是一种相对于大气参数标准值的偏差模型,能够给出相对于标准值的偏差范围,以及造成这些偏差的主要影响因素。

在已有的试验数据和在大气参数间已知的物理关系与某些假设的基础上,建立扰动大气,以得到最"合乎真实"的模型。通常用大气参数(温度、密度、压力)相对标准值的标称偏差形式来描述扰动的大气情况,称这种标称偏差为大气参数变化。

大气参数总的变化包括系统分量和随机分量两部分。系统分量包含大气参数的季节纬度变化和昼夜变化。在有些模型中,将昼夜变化列入随机变化范畴。确定大气参数变化的随机分量是最困难的,为了描述它们,需要使用随机函数的正则分解法、马尔柯夫过程、成套的伪随机函数等。

对建立扰动大气的全球模型而言,最大的困难是南半球大气探测数据较为缺乏。因此,通常采用的方法是假设南北半球的大气流动相差 6 个月份,这样就将北半球模型适用于地球南半球。例如,在冬季,计算再入大气的返回轨道时,在北半球应使用扰动大气 1 月份的模型,而在南半球应使用 7 月份的模型(1 月份与 7 月份是配对月)。

密度是大气扰动中最受关注的一个参数,大气的密度变化的表达式为

$$\delta_\rho = \frac{\rho - \rho_{cT}}{\rho_{cT}} \qquad (2.12)$$

式中,ρ 为大气实际密度;ρ_{cT} 为标准大气密度。

密度变化对在大气层内的运动轨道有决定性的影响。在扰动大气模型的描述中,要取最不利的配对月(1 月份和 7 月份)和昼夜时间(7 时和 14 时),此时密度变化是极限值。在有利的配对月(4 月份和 10 月份)建立的模型,其密度变化相应较小。

密度的总变化 $\delta_{\rho\sum}$ 可用 3 个分量的和表示,即

$$\delta_{\rho\sum} = \delta_{\rho\sum w} + \delta_{\rho c} + \delta_{\rho c\pi} \qquad (2.13)$$

式中,$\delta_{\rho\sum w}$ 为密度随季节、纬度的变化;$\delta_{\rho c}$ 为密度随昼夜的变化;$\delta_{\rho c\pi}$ 为密度的随机变化。

具体密度变化单个分量可以参考相关文献。在实际应用中,考虑上述扰动的大气密度计算公式为

$$\rho = \rho_{cT}(1 + \delta_{\rho\sum}) \qquad (2.14)$$

2.5 空间环境的影响

飞行器在飞行过程中,除了受到大气风场和大气密度的影响外,大气中的空间环境参数也会对飞行器相关部件产生影响。空间环境因素主要包括臭氧含量、电子密度、电场强度、气辉辐射、纳密度和流星通量等,这些因素都对临近空间高超声速飞行器的结构和有效载荷产生有益或有害的影响,因此必须对临近空间高超声速飞行环境中的各项空间环境因素进行分析。

下面简要介绍几种常见空间环境参数及其对临近空间高超声速飞行器的影响。

2.5.1　臭　氧

臭氧主要是通过太阳紫外辐射在高层使氧气分解,由氧原子和氧分子化合而成的氧分子异形体。

臭氧主要分布在 10～50 km 高度的平流层大气中,臭氧浓度的极大值出现在 20～30 km 高度之间,其大小随空间和时间呈现显著变化。一般情况下,臭氧层高度由低纬度向高纬度递减,但含量递增,在 75°～80° 纬度处达到最大值。从秋季至翌年春季,臭氧含量先递增,然后递减,至秋季达到最小值。另外,在平流层的中上部和中间层的下部,臭氧浓度随高度呈指数减少。虽然臭氧在大气中的比例极小,但它对太阳紫外辐射有较强的吸收作用,所以是大气中重要的成分之一。

臭氧有很强的氧化性,可使许多有机色素脱色,侵蚀橡胶,这样强的氧化性可能导致飞行器部件和蒙皮材料变脆和老化加速,严重影响其高空飞行运行寿命。臭氧的形成如图 2.18 所示。

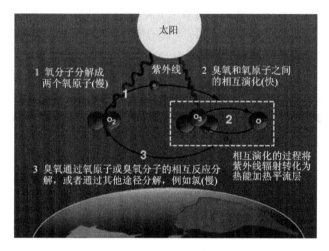

图 2.18　臭氧的形成

另外,臭氧吸收太阳紫外辐射能量使平流层大气增温,出现于北半球平流层的"爆发性增温"现象使得温度在数天内跃升幅度高达 50 ℃,如图 2.19 所示。温度升高及其带来的大气密度和风场的显著变化,会直接影响临近空间飞行器的推进系统和姿态控制。

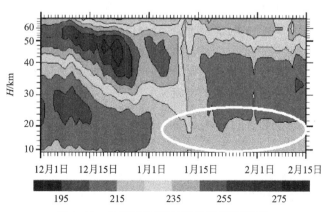

图 2.19　北半球平流层"爆发性温增"现象

2.5.2　辐射粒子

临近空间中的辐射粒子是进入到地球空间的宇宙射线粒子与大气成分发生核反应的产物。银河宇宙射线和太阳宇宙射线为地球空间带来了高能质子和重离子。当这些初级宇宙射线的能量足够大时,便会克服地磁场的屏蔽作用进入足够低的地球空间并与大气中的氮、氧等原子发生核反应,产生大量的次级中子,主要包括中子、质子、电子、γ射线、π介子、μ介子等,它们的通量会随着时间、高度、经度、纬度的改变而发生变化。

临近空间大气中的辐射粒子可以诱发电子器件发生多种辐射效应,例如单粒子效应、位移损伤和总剂量效应。由于临近空间飞行器和电子器件本身的屏蔽作用,质子诱发的单粒子翻转会减弱,而中子由于不带电,可以在屏蔽材料中横冲直入,屏蔽材料对它基本不起作用。在整个能谱范围内,质子诱发器件的翻转截面小于或接近于中子诱发的翻转截面,因此中子是这一区域诱发电子器件发生单粒子效应最主要的原因。

单粒子效应是指单个的高能重离子或者质子、中子,在器件材料中通过直接的电离作用或者核反应产生的次级粒子的间接电离作用,形成的额外电荷,导致的器件逻辑状态、功能、性能等的变化或损伤现象。

以上这些单粒子效应中,单粒子烧毁、单粒子栅穿、单粒子位移损伤都为永久损伤,也称硬错误。通过重新写入或断开电源,被辐照器件不能恢复正常状态,器件彻底损坏。单粒子闭锁在不采取保护措施的情况下,也会导致永久损伤。其他效应均为软错误,即器件可通过相关操作恢复正常状态。但对于运行中的飞行器来说,任何一种效应都可能导致重大事故和巨大损失。另外,随着中子数量的增加,还可能对半导体、光电二极管、CCD等器件造成位移损伤,严重时导致器件功能失效。因此,在进行总体方案设计和有效载荷设计时,必须考虑控制系统中电子元器件的电磁防护问题。

2.5.3　原子氧

原子氧是氧气分子在波长小于243 nm的太阳紫外线光照射作用下分解形成的呈原子状态的氧。原子氧具有很强的氧化性,可直接与材料发生氧化-还原反应,引起飞行器材料表面性能的变化。

飞行器是由成百上千种材料组成的,包括金属、合金、化合物、聚合物、玻璃、半导体、放热涂层及光防护膜等。空间材料暴露在原子氧环境下,多数会产生质损、厚度损失,引起热学、光学、机械、表面形貌等诸多参数的变化,结果会导致材料性能的损伤。因此,当飞行器在临近空间停留或飞行时,原子氧的存在会引起其表面材料的剥蚀以及光、热、电、机械等各方面性能的退化,影响飞行器的飞行性能。为了减轻原子氧的剥蚀影响,当前最常采用的办法是在表面覆盖一层氧化物,这是一种比较有效的保护措施。

2.5.4　水蒸气及其他空间环境因素

在高空平流层环境中还含有少量水蒸气,但与对流层相比,含量较低。在平流层高度,μ介子、电子、光子、质子等高能粒子及紫外线等辐射强度较地面大大增加,会对相关仪器的运行带来不利影响。水蒸气会凝结在镜头和制冷部件上,长期累积会影响仪器性能,甚至使仪器失效。紫外线可能造成某些部件的老化。

因此,观测载荷在结构设计、一体化技术和新型材料应用方面要充分考虑这些临近空间环境的影响,进行必要的工作环境防护。对于穿越或驻留在临近空间的飞行器,不管是在设计、研制、发射以及作战运行阶段,都要慎重考虑空间环境对飞行器的总体、材料、有效载荷所产生影响。

2.5.5　电离层的影响

电离层等离子体环境处在距地球 100 km 到数千千米之间,温度在 180～3 000 K。按照电子密度随高度的变化,电离层等离子体分为 D 层、E 层和 F 层。其中,D 层通常指地面上空高度为 50～90 km 的区域,E 层通常指地面上空 90～130 km 的区域,F 层是指从 130 km 至几千千米的区域。所以,临近空间等离子体环境主要考虑电离层等离子体的 D 层和 E 层。电离层的影响主要表现为:一是在电离层闪烁会干扰导航通信;二是在 80～150 km 高度区域,电离层发电机效应产生的电流可使电子设备的电路受损。

另外,对飞行器通信影响最大的就是"黑障"问题。飞行器再入地球大气层时,与大气层发生摩擦并产生出高温,使空气及自身热防护材料烧蚀并电离,导致再入飞行器周围被电离气体所包围,其周围形成了一个强电离、非均匀的等离子体薄层,即所谓"等离子体鞘套"。与地面通信中断是等离子体鞘套对通信影响最严重的情况,通常称这种情况为"黑障"。

"阿波罗"号载人飞船返回地面时也出现了 3 min 的通信中断。一方面,大气电离导致的热力、化学非平衡效应会直接影响高速飞行器的气动力/力矩参数,导致其飞行轨迹/姿态发生变化,进而影响精确测量、控制和导航;另一方面,大气电离会在飞行器周围形成一定厚度的等离子体鞘套。等离子体鞘套内含有大量的自由电子,它们吸收、反射和散射电磁波,轻则干扰电波传输,重则导致通信中断,对测控产生较大的负面影响,导致所谓的"黑障效应"。与此同时,在一定条件下,该等离子体鞘套又能有效减小高速飞行器的雷达反射面积,对于高速无人飞行器隐身具有非常积极的作用。

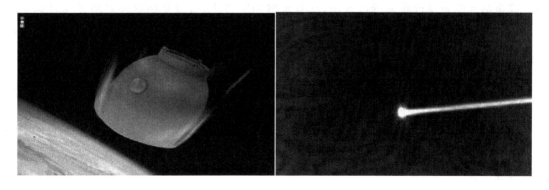

图 2.20　"神舟"十号地球返回舱在黑障区内被厚等离子体鞘套包覆时的光学影像图

可见,对于穿越或驻留在临近空间的飞行器,在设计、研制、发射以及作战运行阶段,都要慎重考虑空间环境对飞行器的总体、材料、有效载荷所产生的影响。

2.6　临近空间的军事用途

当前,临近空间日益成为世界大国关注和争夺的焦点,各国已在临近空间展开博弈。美国已装备部分低速(如"战斗天星"高空气球)和高速临近空间装备(如 SR - 71 高空高速战略侦察机),并获益匪浅,力图主导临近空间的开发利用。俄、欧、日、印等国也在强势跟进,以期尽快形成能力,打破美在临近空间一家独霸的图谋。但临近空间环境独特,技术难度很大,需要将先进航空、航天与新材料等技术融合创新,目前世界各国均主要致力于临近空间技术攻关和飞行验证,要大规模开发利用临近空间尚需假以时日。随着相关技术的不断突破和应用,临近空间必将成为未来激烈争夺的一个主战场和支撑经济社会发展的一个增长点。毋庸置疑,谁拥有更强大的进入、利用和控制临近空间的能力,谁就能在未来制天权、制空权、制海权、制信息权等争夺战中抢得先机、赢得主动。

相对于航空飞行器和航天飞行器,临近空间飞行器具有独特的优势。与航空飞行器相比,临近空间飞行器续航时间长,飞行速度快,覆盖区域广,能够实现快速响应和快速打击,获得持续持久的战场侦察与监视能力。特别是飞行在 30 km 以上的临近空间飞行器要比航空飞行器的生存能力强得多,目前的防空武器尚难以对其形成实质性的威胁。与航天飞行器相比,临近空间飞行器具有发射成本低、部署方便灵活、机动能力强、易于升级和性价比高等特点,且距离地面更近,更具有对地观察监测的优势。

2.6.1　临近空间飞行器的军事用途

基于这些优势,临近空间飞行器可用于快速远程精确打击、侦察监视、通信中继、导航预警、电子对抗等多种军民用途。

1. 远程打击

高速临近空间飞行器飞行速度快,具有很强的穿透力,可以从防区外对敌纵深目标实施"外科手术"式打击,大大缩短作战时间,大幅提高武器攻击的突然性和有效性,是一种新型的战略威慑和实战运用武器平台(见图 2.21),是获得慑止战争、介入战争、控制战争、打赢战争主动权的可靠依托。高速飞行的临近空间飞行器,可装载核战斗部或常规弹头,能够在 10 min 之内打击近千千米远的目标,留给防御系统的反应时间很短,能有效遏制敌方地基、机载、舰载预警及防空武器系统整体功能的发挥,既可攻击敌方战略要地等固定目标,也可有效攻击航空母舰等活动目标。特别是超燃冲压发动机技术一旦成功应用于高超声速飞行器(例如,美国的高超声速飞行器 X - 51A 等),就能在 2 h 内打击全球任何目标,且迄今没有任何手段可对其实施拦截或防御。

2. 侦察监视

现有的卫星系统和航空平台还不能满足战场大范围实时侦察和长时间连续监视的需求,临近空间飞行器可有效弥补这一不足。临近空间飞行器的视场比一般飞机要大很多,一架在 24 km 高度巡航的临近空间飞行器的视场要比一架在 12 km 高度巡航的飞机的视场大 4 倍。与离地高度为 400 km 的侦察卫星相比,临近空间飞行器上搭载相同的设备,其光学设备空间分辨率将提高一个数量级,雷达设备的信号强度可以提高 10 000 多倍,电子侦察设备可以检测到更微弱的电子信号。低速临近空间飞行器可以在战区上空长时间驻留(3 个月以上),对

图 2.21　临近空间武器平台

战区进行"凝视"侦察监视;可以对多目标、移动目标的连续侦察、标识、特征描述和定位;可以实时获取打击前后的目标图像,快速完成打击效果评估。高速临近空间飞行器可作为战略侦察平台,能快速远程突破敌方防空体系,快速机动进入敌方纵深进行侦察,准确把握整个战场态势的变化,实时引导武器弹药对敌目标实施精确打击。图 2.22 是"圆梦号"临近空间飞行器探测试验图。

图 2.22　"圆梦号"临近空间飞行器探测试验

3. 通信中继

　　临近空间飞行器作为通信中继平台可广泛应用于军事和民用通信(见图 2.23)。在军用方面,可用于地面、海上、空中和太空的通信中继。在民用方面,可用于都市、郊区、乡村和边远地区数字电话、传真、电子邮件、视频视听等通信中继。与卫星通信中继相比,临近空间通信中继平台的优势是容量大、传播损耗小(比同步轨道衰减少 65 dB)、时延短、发射功率低,易于实现通信终端的小型化、移动化,建设周期短,管理、维护和升级容易。与地面无线通信相比,临近空间通信中继平台的覆盖范围大、发射功率低,建设周期短、易于升级,可以全天候工作。一个部署在 30 km 高的临近空间飞行器通信中继平台可以覆盖 1 200 万平方千米的地域。我国人口众多、人口密集的城市很多,使用这种系统的潜在市场很大。

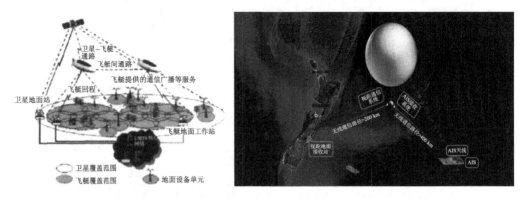

图 2.23　基于临近空间飞艇的通信中继平台

4. 导航定位

现今的许多武器系统使用的是 GPS 卫星导航系统提供的导航和定位数据。由于导航卫星高度很高,其信号路径损耗比临近空间飞行器播发的信号损耗大 100 倍,抗干扰能力较弱。临近空间飞行器在某一特定区域长时间驻留,可以播发增强的卫星导航信号,与卫星导航系统配合,可有效提高卫星导航系统的抗干扰能力和定位精度;也可以单独使用多个临近空间飞行器构成专用的战区导航定位系统,以便在卫星导航系统受到干扰后,直接为武器系统提供导航和导引数据。图 2.24 为基于临近空间飞行器的空间自组织网络示意图。

图 2.24　基于临近空间飞行器的空间自组织网络

5. 综合预警

近年来,隐身、综合电子干扰、低空/超低空突防和反辐射飞行器等技术发展迅猛。要对隐身飞机和各类飞行器的来袭及早进行预警,发现高速入侵的低空、超低空飞行器,解决远程探测低空、超低空目标及地形遮挡的问题,就必须拥有相应的预警能力。临近空间飞行器具有覆盖区域广、搭载能力强等特点,将成为综合预警体系中的重要平台。相对于预警飞机和地面预警系统,临近空间预警系统留空时间长,少则几个月,多则几年,可以全天候连续工作;飞行高度高,视场大,对地面目标的探测半径可达 550 km 以上,对空中目标的探测半径达 1 000 km以上,可提前发现敌方目标,用于低空目标识别、导弹防御。在国土上部署这样的系统,可以组成全天候导弹防御网络,确保国土安全。相对于卫星预警系统和预警飞机,临近空间预警系统灵活性强,经济性好,综合效能高,并可与卫星和飞机预警系统协同,构成天空地一体化立体预警探测系统,实现多重覆盖、无缝探测,满足一体化联合作战对预警系统的需求(见图 2.25)。

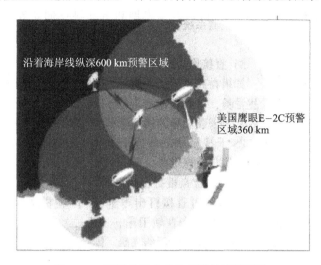

沿着海岸线纵深600 km预警区域

美国鹰眼E-2C预警区域360 km

图 2.25　基于临近空间飞行器的预警网络

6. 电子对抗

电子对抗是现代战争中重要的作战样式,其攻击重点是敌 C4ISR 系统,大规模电子战将贯穿于现代高科技战争的始终。临近空间飞行器由于生产和使用成本相对较低、活动区域广、没有人员危险等特点,有着其他空域部署的电子对抗设备无法比拟的优越性。特别是低速临近空间飞行器能够在目标上空长期驻留,可对敌方地面和海上警戒、搜索引导、目标指示雷达等进行长时间、不间断的干扰,减少敌雷达发现目标和预警的时间,为作战飞机和导弹突防、提高作战效能和生存概率提供支援;可播发高强度的卫星导航干扰信号,使敌方的作战飞机、巡航导弹、精确制导导弹等无法进行正常的导航,降低敌方的作战效能;也可播发增强的卫星导航信号,压制敌方对我卫星导航信号的干扰等。图 2.26 是集卫星、侦察机、电子对抗等功能于一体的"攀登者"临近空间飞行器。

图 2.26　集卫星、侦察机、电子对抗等功能于一体的"攀登者"临近空间飞行器

2.6.2　临近空间的战略价值

临近空间独特的地理位置使它具有特殊的战略地位,开发利用临近空间将对拓展战略空间、维护国家安全、打赢现代战争、推动经济社会发展和带动科技创新等方面产生重大而深远的影响。

1. 新的战略空间

美国"高边疆"战略的倡议者格雷厄姆说过:"在整个人类历史上,凡是能够最有效地从人类活动的一个域迈向另一个域的国家,都能获得巨大的战略优势。"临近空间是人类尚未系统开发和利用的空域。作为世界上的超级大国,美国率先向临近空间进军,将临近空间飞行器作为其战略高技术发展的新方向,意在保持其技术引领地位,获得全新的战略优势。俄罗斯、英国、德国、日本等大国纷纷跟进,奋力抢占临近空间这个新的战略空间。临近空间介于空、天之间(见图2.27):对上,高速临近空间飞行器可以携带武器执行反卫星作战任务,在提供足够动力的情况下,还可直接入轨作战,对抢占太空战略制高点、夺取制天权具有重要意义;对下,临近空间飞行器在战场信息获取、通信保障、电子对抗、快速远程精确打击等方面可发挥独特作用,对夺取战场制空权、制海权和制信息权具有十分重要的战略价值。

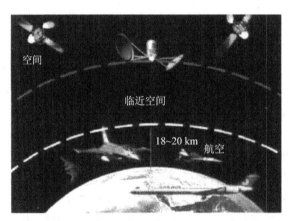

图 2.27　临近空间飞行器是重要的战略空间

2. 空天安全体系的要素

空天安全是国家安全的重要支柱,没有空天安全就没有国家安全。位置介于空、天之间的临近空间,打开了全新的航空与航天之间的大门,在几何空间上把空与天连接起来。更重要的是,临近空间的开发利用将使空/天技术、空/天力量、空/天战场加速向一体化方向发展,空天力量的存在形式、组织方式和作战运用方式,将超越军种概念和军种范畴,越来越多地成为国家军事战略的重要组成部分和国防及军队建设的重点。开发利用临近空间,是推进空天一体化发展、打造空天安全体系的必然选择,对于确立空天一体理论,加强空天一体建设,形成国家全方位、立体化的安全体系具有重要的战略意义。

3. 发展新质作战能力

临近空间飞行器能够弥补传统航空、航天能力的不足,可与航空、航天能力有机协同,形成快速全球精确打击等新质作战能力,为现代战争添加新的作战元素和新的作战概念,将对现代战争的作战空间、作战理论、作战方式等产生深远影响,推动军事变革的深入发展。如高超声速临近空间飞行器可以有效突破现有防空系统,从防区外对敌方纵深战略目标、加固和深藏目标、时间敏感目标等实施快速精确打击,是一类兼具威慑与实战能力的新型武器,对于争取战略主动和打赢未来高技术战争意义重大。

4. 夺取战场信息优势

信息化战争对战场信息的时效性、准确性和连续性提出了前所未有的高要求。与传统 C4ISR 平台相比,利用临近空间环境特性开发的大型浮空平台、太阳能无人机等低速临近空间飞行器具有大视野和持久驻留能力,能够提供实时的战场态势感知能力。高超声速飞机等高速临近空间飞行器则具有快速响应、远程机动、高效突防的情报侦察和信息对抗能力,并可与陆、海、空、天信息系统通过组网和联合方式,实现战场信息立体感知、持久感知和精确感知,为夺取战场制信息权提供有力保障。

5. 推进军民深度融合

临近空间是一个高技术密集的领域,涉及先进动力、能源、材料、气动、控制等诸多学科的前沿技术,集中体现出战略高技术的前瞻性、探索性、带动性等特征,这些高技术群的突破和应用,必将引领一大批科技创新成果的出现,为新军事变革和经济社会发展带来强大动力。开发利用临近空间,充分发挥其在军事、经济、科技等领域广阔和诱人的潜力,是践行军民融合国家战略、推进军民融合深度发展的必然要求。

第3章　高超声速飞行器控制系统分析

高超声速飞行器控制系统主要包括姿态控制系统和轨迹控制系统(或者称为制导系统)。姿态控制系统主要实现对飞行器的自身稳定和高精度的姿态控制。制导系统主要实现飞行器对飞行轨迹的控制,确保飞行器按照预定的轨迹飞行。

本章首先简单介绍飞行器控制系统的基本功能、组成,并给出控制系统设计与分析中经常用到的坐标系。然后,着重介绍高超声速飞行器飞行控制系统的功用及组成,并给出一些部件的基本原理及传递函数模型。之后,在介绍高超声速飞行器姿态控制系统时,针对两种不同类型的高超声速飞行器,即轴对称外形和面对称外形高超声速飞行器,分析不同的飞行控制系统方案的优缺点。最后,结合高超声速飞行器飞行任务,分别给出飞行试验和长航时飞行时的轨迹控制方案,为高超声速飞行器飞行控制系统的设计与分析提供参考。

3.1　高超声速飞行器控制系统概述

3.1.1　飞行器控制系统基本功能

飞行器的根本目的是准确地将有效载荷运送到预定的目标。要达到此目的,取决于飞行器上的控制系统。控制系统犹如人的神经中枢,在飞行器飞行过程中,能不断敏感在各种干扰作用下的飞行状态,并与预定的状态比较,发出命令及时修正偏差,使飞行器按预定的航迹飞行,准确地命中目标或者到达目的地。因此,飞行器控制系统的基本功能可简要归结为:

① 控制飞行器质心运动,使飞行器能以一定的性能指标命中目标。

② 控制飞行器的绕质心运动,使飞行器在各种干扰作用下能稳定飞行,同时接收制导系统的导引指令,利用自身的动力系统实现对质心运动的控制。

前一功能由飞行器的制导子系统(也称轨迹控制系统)完成,后一功能则由飞行器的姿态控制子系统(也称姿态稳定子系统)实现。为行文简便,如无特殊必要,飞行器控制系统的各子系统不再称"子系统",制导子系统和姿态控制子系统将分别称为制导系统和姿态控制系统。

3.1.2　控制系统的基本组成

一般而言,可以认为飞行器控制系统主要由制导系统、姿态控制系统和电源配电系统三个子系统组成。当然,也包括其他子系统,例如有些飞行器(例如弹道导弹),又从电源配电系统中分化出别的子系统,有的飞行器控制系统就包括电源配电系统和程序指令系统。但是,从控制的角度出发,制导系统、姿态控制系统和电源配电系统最能代表飞行器控制系统的本质特点,尤其是制导系统和姿态控制系统。

不同功能、为数众多的控制系统仪器按其功能和工作特点可以分为四大类。

① 敏感测量仪器:惯性测量装置、加速度计、陀螺仪等。

② 信号变换、处理和放大仪器:机载计算机、信号变换器、变换放大器等。

③ 执行机构：伺服机构等。

④ 电源配电仪器：一次电源、二次电源、各种配电器、时序控制和条件逻辑控制仪器、电缆网等。

3.1.3　制导系统

通常，制导系统包括射程控制和横法向导引，控制飞行器质心的运动。对于不同的飞行器，其制导方式也有所不同。按照制导信息的来源及不同的导引、控制方式，可将制导系统划分为以下四类。

（1）自主式制导（自控制导）

自主式制导是以飞行器内部和外界某些固定参数为依据，参照预定的基准，拟制出控制信号，控制飞行器按预定航迹飞行到达目标。飞行器与目标无直接联系，亦不需外界设备的协同，完全是"自主"控制。自主式制导又可分为方案控制（程序控制）、惯性制导、星光制导（天文导航）、地图匹配制导（自动识别地形导航）等。

（2）遥控制导

遥控制导是靠设在地面、海面或飞机上的指挥站测定飞行器与目标的相对位置，指挥飞行器飞向目标。飞行器的飞行航迹是机动的，适于攻击活动目标。遥控制导可分为无线电波束制导、无线电指令制导和电视制导。

（3）自寻的制导

自寻的制导通常利用飞行器上的接收装置接收目标辐射或反射的某种能量（如红外线、无线电波、光辐射、声波等），来寻找、跟踪，最后击中目标。一般分主动式自寻的制导、半主动式自寻的制导和被动式自寻的制导。

① 主动寻的制导：发射机和接收机都装在飞行器上。

② 半主动寻的制导：发射机装在地面、飞机或舰船上，向目标发出辐射波，飞行器接收目标的反射波。

③ 被动寻的制导：飞行器上只装有接收机，接收目标的辐射能量。

半主动式雷达寻的制导的优点是飞行器上系统简单、质量轻、成本低、作用距离大，缺点是需要地面制导站。主动式和半主动式雷达寻的制导系统都容易被对方发现和干扰。被动式以红外线自寻的制导系统应用较多，它的分辨率高、尺寸小、质量轻、可以避免地物杂波干扰，但容易被对方施放红外线的干扰物迷惑，制导效果受气候影响也较大。

（4）复合制导

同时采用上述两种以上制导方式的制导，以互相取长补短，达到所要求的制导精度。如美国的中程弹道导弹"潘兴"Ⅱ的主动段采用惯性制导，中段采用星光制导，末段采用自寻的制导。

3.1.4　姿态控制系统

如上所述，制导系统是指如何导引飞行器沿着预定航迹飞向目标。在研究这类问题时，相对惯性坐标系，把飞行器看作一个质点的运动，航迹只是质点运动的轨迹。实际上，任何飞行器都具有一定的体积和形状，它的运动是一个飞行物体的复杂运动。一般而言，由于飞行器飞行中压心和质心不重合，在各种干扰的使用下，机体将绕质心产生自身运动，即发生飞行姿态变化。

姿态控制系统的功能就是控制飞行器的姿态运动,实现飞行程序、执行制导导引要求和克服各种干扰影响,保证姿态角稳定在容许范围内。但弹道式飞行器(例如弹道导弹)的轨迹程序转弯和横、法向导引是通过改变推力矢量方向控制飞行器姿态实现的。姿态控制系统是控制和稳定飞行器质心的运动。

飞行器在空间内的姿态运动是复杂的,但可以分解为绕其三个惯性主轴的角运动,因而姿态控制是三维控制系统。与之对应的三个基本控制通道分别对飞行器的俯仰轴、偏航轴、滚动轴进行控制和稳定。

各通道的组成基本相同,每个通道有敏感姿态运动的测量装置、形成控制信号的中间装置和产生操纵动作的执行机构。

如果在飞行过程中,因外部干扰等因素使得飞行器的姿态发生变化而偏离需求的姿态,将可能造成飞行器偏离预定航迹,从而影响命中精度或者飞行性能。因此,必须控制飞行器按预定的姿态稳定飞行。控制飞行器飞行姿态的系统也称姿态稳定系统,或称姿态控制系统。

3.1.5　飞行器对控制系统的基本要求

在飞行器控制系统(也称制导控制系统)分析与设计中,必须首先明确飞行器的作战任务和对制导控制系统的基本要求。

(1) 制导精度

以导弹为例,制导精度是对制导控制系统最基本、最主要的要求。制导精度通常用飞行器的脱靶量来表示。所谓脱靶量是指飞行器在制导过程中与目标间的最短距离。为了做到飞行器能够首发命中目标,普遍提出了飞行器脱靶量小于允许值的要求。允许值取决于众多因素,但主要有飞行器类型、命中概率、制导控制(系统)误差、战斗部质量和性质、目标类型及机动能力等。

(2) 自主制导控制能力

自主制导控制能力是指要求飞行器制导控制系统必须实现自动探测、识别选择目标及要害部位,完成精确打击。

(3) 作战反应能力

作战反应能力是指从发现目标起到飞行器起飞为止的这段时间的长短。通常取决于指挥控制系统、通信系统和制导控制系统。

(4) 对目标的识别能力

要使飞行器能够有效攻击相邻多目标中的某指定目标,必须要求制导控制系统对目标有较高的距离识别能力和角度识别力,这主要取决于制导控制系统传感器测量精度,因此,必须采用高分辨的目标传感器。

(5) 远程制导控制能力

依靠飞行器实施远程长航时飞行时,对制导控制系统的远程制导能力要求越来越高。为此,制导控制系统必须适应当前采取的主要技术措施:较高的突防能力(机动变轨等)和复合制导。

(6) 全天候全天时能力

全天候全天时能力是指制导控制系统能够在任何恶劣气候气象条件下,保证飞行器能不分昼夜地高清晰度地识别目标,并完成打击目标的任务。

（7）抗干扰能力

抗干扰能力是指制导控制系统具有自动对抗来自系统内外干扰因素的能力。当前,抗干扰任务对飞行器制导控制系统提出了越来越严峻的挑战。这是因为在现代高技术条件下,战场环境越来越恶劣,干扰不仅形式多样（电磁、可见光、红外、声、振动、热等）,随机性很大（敌方袭击、电子干扰、反导对抗、内外部振动）,而且模式不断变化,强度日益提高。为此,提高系统的抗干扰能力,需要在设计中考虑如下工作:不断采用新技术,降低系统对干扰的敏感性;提高系统工作的隐蔽性和突然性;采用多模制导技术,提高对战场干扰环境的适应能力。

（8）可靠性和维修性

制导控制系统的可靠性可以视为在给定使用和维护条件下,系统各种设备能保持其参数不超过给定范围的性能,通常以系统在允许工作时间内不发生故障的概率来表示。对于制导控制系统不仅要求具有高的可靠性,而且要求具有快速维修性。快速维修性是指产品维修简便,具有快速重构能力,始终保证其能正常执行作战任务。

（9）运用的灵活性

战术使用的灵活性是指从战术使用角度对制导控制系统的综合性要求,即要求系统对目标（或目标群）探测范围大、识别分辨率高、跟踪性能好、抗干扰性能强、发射区域及攻击方向宽、进入战斗准备时间短、地面设备机动能力强等。

（10）体积、质量和成本要求

对于飞行器制导控制系统体积、质量和成本的要求是,在满足上述要求下,尽可能使制导控制系统设备结构简单、体积小、质量轻、成本低。

3.2　控制系统分析与设计中的常用坐标系

3.2.1　有关地球参数

平均赤道半径：$a_e = 6\,378\,136.49$ m。

平均极半径：$a_p = 6\,356\,755$ m。

平均半径：$a = 6\,371\,001.00$ m。

赤道重力加速度：$g_e = 9.780\,327$ m/s^2。

平均自转角速度：$\omega_e = 7.292\,115 \times 10^{-5}$ rad/s。

扁率：$f = 0.003\,352\,819$。

地球质量：$M = 5.974\,2 \times 10^{24}$ kg。

地心引力常数：$G_E = 3.986\,004\,418 \times 10^{14}$ m^3/s^2。

平均密度：$\rho_e = 5.515$ g/cm^3。

地球绕太阳公转轨道半径：$r = 149\,600\,000$ km。

太阳与地球质量比：$S/E = 332\,946.0$。

太阳与地月系质量比：$S/(M+E) = 328\,900.5$。

回归年长度：$T = 365.242\,2$ d。

离太阳平均距离：$A = 1.495\,978\,70 \times 10^{11}$ m。

逃逸速度：$v = 11.19$ km/s。

表面温度：$t = -3 \sim +45$ ℃。

表面大气压：$p = 1\,013.250$ MPa。

大气圈的总质量：5×10^{18} kg。

大气密度：1.23×10^{-3} g/cm³（海平面 15 ℃）。

3.2.2 常用坐标系

当飞行器沿着预定的航迹飞行时会因客观存在的各种内部和外部干扰，使得其运动状况发生变化。为了正确描述飞行器在空间运动的状况，引入了坐标系和姿态角的概念。这里，以运载火箭作为背景飞行器，介绍相关的坐标系概念。

1. 地面发射坐标系 $Oxyz$

地面发射坐标系 $Oxyz$，也称为大地坐标系或地面坐标系，如图 3.1 所示。该坐标系是为了确定飞行器在地上的位置（初始方位）而建立的。因此，坐标系固连在地面，坐标原点 O 选在地球表面的某处（一般为飞行器发射点）；Ox 轴取在发射点 O 与连接目标瞄准点的大圆弧的切线方向上，Oy 轴在发射点 O 垂直于地面，指向上方，与 Ox 轴所构成的平面 Oxy，称为射击平面（简称射面）；Oz 轴取在发射点 O，垂直于射击平面上，与 Ox，Oy 组成右手直角坐标系。地面发射坐标系是一个确定飞行中的飞行器质心在空间位置的坐标系。在飞行器起飞之前，这个坐标系相对于惯性空间同地球一起运动。

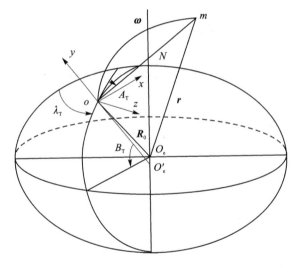

图 3.1　地面发射坐标系

2. 惯性坐标系 $O_n x_n y_n z_n$

惯性坐标系 $O_n x_n y_n z_n$ 是为确定飞行器在空间位置而不因地球旋转改变轴向的一个坐标系。通常利用飞行器上的位置陀螺仪或惯性稳定平台，在飞行器飞行过程中复现发射瞬间的地球坐标系。

惯性坐标系的坐标原点选在飞行器的质心 O_n 上，其三个坐标轴则平行（或重合）于地球坐标系的三个轴，并随着飞行器质心运动而平移，它在发射点上同地球坐标系是重合的；在飞行器起飞之后只能跟着机体平移，而三个轴在惯性空间的指向始终保持不变，因此称它为惯性坐标系。

显然,建立了惯性坐标系 $O_n x_n y_n z_n$ 之后,飞行器在飞行中的直行运动参数和绕其质心运动变化的参数就有了一个可供参照的坐标基准。

3. 机体坐标系 $O_1 x_1 y_1 z_1$

该坐标系又叫"体轴坐标系",如图 3.2 所示。它的轴是固连在机体上的,原点位于飞行器的质心 O_1;$O_1 x_1$ 轴与飞行器的纵轴一致,指向机头,称为"机体纵轴"或"滚动轴";$O_1 y_1$ 轴位于相对纵轴的对称平面(Ⅰ、Ⅲ喷管与机体纵轴所形成的平面)上,与 $O_1 x_1$ 垂直,因此,叫作"机体主轴"或"偏航轴";$O_1 z_1$ 轴位于飞行器的质心 O_1,与 $O_1 x_1 y_1$ 平面相垂直,故称为"机体的横轴"或"俯仰轴"。

机体坐标系原点 O_1 与惯性坐标系原点 O_n 为同一个点,即飞行器质心,如图 3.3 所示。机体坐标系 $O_1 x_1 y_1 z_1$ 与惯性坐标系 $O_n x_n y_n z_n$ 之间在飞行运动中所形成的角度,就是飞行器的姿态角。

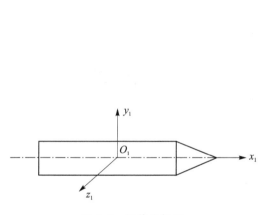

图 3.2　机体坐标系

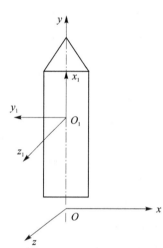

图 3.3　机体在发射坐标系中的位置

4. 速度坐标系

飞行器飞行时,速度矢量 $\boldsymbol{v}$ 一般不与飞行器纵轴重合。为了确定速度矢量在空间的方位,研究作用于飞行器上的空气动力等问题,需要引进速度坐标系。

速度坐标系的原点选在飞行器质心 O_1 上,$O_1 x_c$ 轴与速度矢量 $\boldsymbol{v}$ 一致;$O_1 y_c$ 轴在飞行器的主对称面内,且与 $O_1 x_c$ 轴垂直,向上为正;$O_1 z_c$ 轴则与 $O_1 x_c$,$O_1 y_c$ 轴构成右手直角坐标系,如图 3.4 所示。

5. 轨迹坐标系

在描述飞行器的质心运动时,有时将作用力投影到轨迹坐标系比较方便,为此定义轨迹坐标系。轨迹坐标系的原点取在飞行器质心 O_1 上,$O_1 x_2$ 轴仍为飞行器飞行速度方向,向前为正;$O_1 y_2$ 轴与 $O_1 x_2$ 轴垂直,且在射面内,向上为正;$O_1 z_1$ 轴与 $O_1 x_2$,$O_1 y_2$ 轴构成右手直角坐标系。

由于速度坐标系的 $O_1 y_c$ 轴位于飞行器的主对称面内,而轨迹坐标系的 $O_1 y_2$ 轴位于射面内,即二者的差别在于 $O_1 y_2$ 轴与 $O_1 y_c$ 轴的位置不同,两轴之间的夹角为倾斜角 γ_c,如图 3.5 所示。

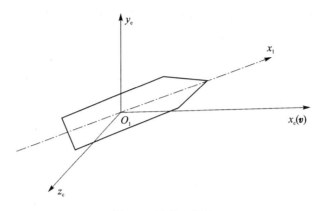

图 3.4　速度坐标系

6. 发射点地心坐标系 $Cx_zy_zz_z$

坐标原点 C 位于发射点；Cy_z 轴通过 C 点沿地心 O_e（与 Q_n 重合）与 C 点的矢径方向指向地表外，与赤道平面的夹角 φ_c 为发射点地心纬度；Cx_z 轴与 Cy_z 轴垂直并指向发射方向，与发射点子午面的夹角 A 构成发射方位角；Cz_z 按右手规则确定，如图 3.6 所示。

以上介绍的惯性坐标系是坐标系的原点在地球上随地球公转，而各坐标轴不随地球自转，这样定义的空间称为惯性空间。

7. 目标坐标系 $O_Tx_Ty_Tz_T$

目标坐标系是以给定的瞄准点为原点，O_Ty_T 与当地参考椭球体法线一致且指向上方，O_Tx_T 轴与 O_Ty_T 垂直且指向北极，O_Tz_T 轴与 O_Tx_T，O_Ty_T 成右手正交坐标系。

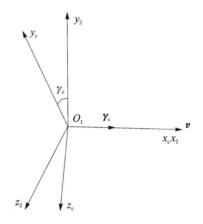

图 3.5　轨迹坐标系

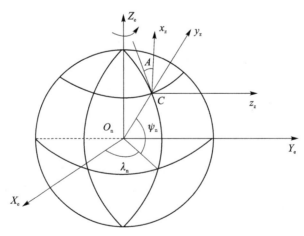

图 3.6　发射点地心坐标系

8. 视线坐标系 $O_1 x_s y_s z_s$

以飞行器的质心为原点，$O_1 x_s$ 轴与飞行器至目标的视线一致，$O_1 y_s$ 轴在 $O_1 x_s$ 所在的铅垂平面内与视线垂直且指向上，$O_1 z_s$ 轴与 $O_1 x_s$ 轴、$O_1 y_s$ 轴成右手正交坐标系。

3.2.3　坐标系间的方向余弦矩阵

两个坐标系之间的变换，一般必须知道第一个坐标系的原点相对于第二个坐标系的位置及坐标系之间的角度。现在讨论的是坐标系的角度变换，因此将原点不重合的坐标系平移，使两个坐标系原点重合。下面介绍几种典型坐标系之间的变换。

1. 发射惯性坐标系与发射点重力坐标系的转换

发射点重力坐标系向惯性坐标系的转换涉及方位角 A、地理纬度 B、地球自转角速度 ω_e。两坐标系原点初始位置在 C_o 点，见图 3.7。以后坐标系 $C_o X_g Y_g Z_g$ 随地球转动到 C 点。先作惯性坐标系向发射点重力坐标系变换。将惯性坐标系绕 $C_o y$ 轴旋转 $\angle -A$，然后，将坐标系绕横向轴转动 $\angle B$，则 $C_o x$ 轴与地轴 $O_e' Z_e$ 平行，再沿地轴转过由地球自转引起的转角 ω_{et}。这时，坐标系原点便移至 C 点，C_{xy} 平面与过 C 点子午面平行且 C_x 轴平行 $O_e' Z_e$。

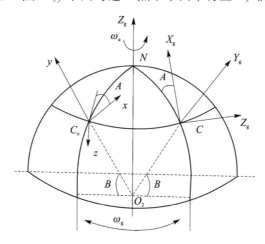

图 3.7　发射惯性坐标系与发射点重力坐标系的转换

再依相反次序，沿 C_z 轴转 $\angle -B$，沿 C_y 轴转 $\angle A$，即得到 $C X_g Y_g Z_g$ 标系。两坐标系的转换矩阵关系

$$\begin{bmatrix} X_g \\ Y_g \\ Z_g \end{bmatrix} = \boldsymbol{T}_i^g \begin{bmatrix} x \\ y \\ z \end{bmatrix} \tag{3.1}$$

式中，$\boldsymbol{T}_i^g$ 为方向余弦矩阵，即

$$\boldsymbol{T}_i^g = \boldsymbol{C}_i^T [\dot{A}, B] \boldsymbol{C}_2 [\omega_e(t)] \boldsymbol{C}_1 [A, B]$$

$\boldsymbol{C}_1$、$\boldsymbol{C}_2$ 是正交矩阵，所以

$$\begin{bmatrix} x \\ y \\ z \end{bmatrix} = \boldsymbol{T}_g^i \begin{bmatrix} X_g \\ Y_g \\ Z_g \end{bmatrix} \tag{3.2}$$

式中，$\boldsymbol{T}_\text{g}^\text{i}$ 是 $\boldsymbol{T}_\text{i}^\text{g}$ 的转置矩阵，即 $\boldsymbol{T}_\text{g}^\text{i}=\left[\boldsymbol{T}_\text{i}^\text{g}\right]^\text{T}$。

方向余弦阵

$$\boldsymbol{C}_1=\begin{bmatrix}\cos B & \sin B & 0\\ -\sin B & \cos B & 0\\ 0 & 0 & 1\end{bmatrix}\begin{bmatrix}\cos A & 0 & -\sin A\\ 0 & 1 & 0\\ \sin A & 0 & \cos A\end{bmatrix}$$

$$\boldsymbol{C}_2=\begin{bmatrix}1 & 0 & 0\\ 0 & \cos \omega_e t & \sin \omega_e t\\ 0 & -\sin \omega_e t & \cos \omega_e t\end{bmatrix}$$

$$\boldsymbol{T}_\text{g}^\text{i}=\begin{bmatrix}\omega_{11}(t) & \omega_{12}(t) & \omega_{13}(t)\\ \omega_{21}(t) & \omega_{22}(t) & \omega_{23}(t)\\ \omega_{31}(t) & \omega_{32}(t) & \omega_{33}(t)\end{bmatrix}$$

上式中矩阵元素为

$$\omega_{11}(t)=(1-\cos \omega_e t)\Omega_{xg}^2+\cos \omega_e t$$

$$\omega_{21}(t)=(1-\cos \omega_e t)\Omega_{xg}\Omega_{yg}+\Omega_{zg}\sin \omega_e t$$

$$\omega_{31}(t)=(1-\cos \omega_e t)\Omega_{xg}\Omega_{zg}-\Omega_{yg}\sin \omega_e t$$

$$\omega_{22}(t)=(1-\cos \omega_e t)\Omega_{yg}^2+\cos \omega_e t$$

$$\omega_{32}(t)=(1-\cos \omega_e t)\Omega_{yg}\Omega_{zg}+\Omega_{xg}\sin \omega_e t$$

$$\omega_{33}(t)=(1-\cos \omega_e t)\Omega_{zg}^2+\cos \omega_e t$$

$$\Omega_{xg}=\cos B\cos A,\Omega=\sin B,\Omega_{zg}=-\cos B\sin A$$

2. 发射点重力坐标系与发射点地心坐标系间的转换

两坐标系的转换与发射方位角 A、地心纬度 φ_c 与地理纬度 B 之差有关，$\mu=\beta-\varphi_c$。首先，将坐标系 $CX_zY_zZ_z$ 旋转 $\angle-A$，再转过 μ 角，最后又旋转 $\angle A$，即完成两坐标系的转换。其转换矩阵关系为

$$\begin{bmatrix}X_\text{g}\\ Y_\text{g}\\ Z_\text{g}\end{bmatrix}=\boldsymbol{T}_\text{z}^\text{g}\begin{bmatrix}X_z\\ Y_z\\ Z_z\end{bmatrix} \tag{3.3}$$

式中，$\boldsymbol{T}_\text{z}^\text{g}=\begin{bmatrix}\sin^2 A+\cos \mu\cos^2 A & \sin \mu\cos A & \sin A\cos A(1-\cos \mu)\\ -\sin \mu\cos A & \cos \mu & \sin \mu\sin A\\ \sin A\cos A(1-\cos \mu) & -\sin \mu\sin A & \cos^2 A+\cos \mu\sin^2 A\end{bmatrix}$

3. 机体坐标系与惯性坐标系之间的转换

机体坐标系与惯性坐标系之间的转换如图 3.8 所示。

欧拉角转动顺序：先俯仰角，后偏航角，再转滚动角。转换矩阵关系为

$$\begin{bmatrix}x\\ y\\ z\end{bmatrix}=\boldsymbol{T}_\text{d}^\text{i}\begin{bmatrix}X_1\\ Y_1\\ Z_1\end{bmatrix} \tag{3.4}$$

转换矩阵为

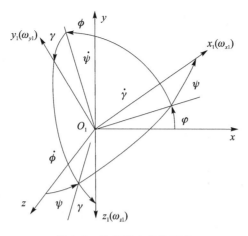

图 3.8　飞行姿态角的定义

$$\boldsymbol{T}_{\mathrm{d}}^{\mathrm{i}} = \begin{bmatrix} a_{11} & a_{12} & a_{13} \\ a_{21} & a_{22} & a_{23} \\ a_{31} & a_{32} & a_{33} \end{bmatrix} \tag{3.5}$$

矩阵元素

$$a_{11} = \cos\varphi\cos\psi$$

$$a_{12} = -\sin\varphi\cos\gamma + \cos\varphi\sin\psi\sin\gamma$$

$$a_{13} = \sin\varphi\sin\gamma + \cos\phi\sin\psi\cos\gamma$$

$$a_{21} = \sin\varphi\cos\psi$$

$$a_{22} = \cos\varphi\sin\gamma + \sin\varphi\sin\psi\sin\gamma$$

$$a_{23} = -\cos\varphi\sin\gamma + \sin\varphi\sin\varphi\cos\gamma$$

$$a_{31} = -\sin\psi$$

$$a_{32} = \cos\psi\sin\gamma$$

$$a_{33} = \cos\psi\cos\gamma$$

4. 速度坐标系与机体坐标系间的转换

速度坐标系与机体坐标系间的转换如图 3.9 所示。

从速度坐标系向机体坐标系的转换关系是

$$\begin{bmatrix} x_1 \\ y_1 \\ z_1 \end{bmatrix} = \boldsymbol{T}_{\mathrm{e}}^{\mathrm{d}} \begin{bmatrix} X_{\mathrm{c}} \\ Y_{\mathrm{c}} \\ Z_{\mathrm{c}} \end{bmatrix} \tag{3.6}$$

当飞行器在无风的大气中飞行时,转换矩阵为

$$\boldsymbol{T}_{\mathrm{c}}^{\mathrm{d}} = \begin{bmatrix} \cos\alpha\cos\beta & \sin\alpha\sin\beta & -\sin\beta \\ -\sin\alpha & \cos\alpha & 0 \\ \cos\alpha\sin\beta & \sin\alpha\sin\beta & \cos\beta \end{bmatrix} \tag{3.7}$$

5. 速度坐标系与惯性坐标系间的转换

从速度坐标系向惯性坐标系的转换关系是

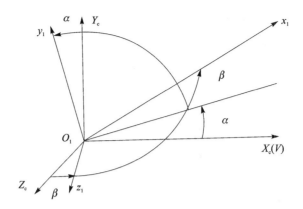

图 3.9　速度坐标系,迎角和侧滑角

$$\begin{bmatrix} x \\ y \\ z \end{bmatrix} = \boldsymbol{T}_c^i \begin{bmatrix} X_c \\ Y_c \\ Z_c \end{bmatrix} \tag{3.8}$$

转换矩阵为

$$\boldsymbol{T}_c^i = \begin{bmatrix} \cos\theta\cos\sigma & \cos\theta\sin\sigma\sin\gamma_c - \sin\theta\cos\gamma_c & \cos\theta\sin\sigma\cos\gamma_c + \sin\theta\sin\gamma_c \\ \sin\theta\cos\sigma & \sin\theta\sin\sigma\sin\gamma_c + \cos\theta\cos\gamma_c & \sin\theta\sin\sigma\cos\gamma_c - \cos\theta\sin\gamma_c \\ -\sin\sigma & \cos\sigma\sin\gamma & \cos\sigma\cos\gamma_c \end{bmatrix}$$

3.2.4　描述临近空间飞行器运动的几个角度

1. 姿态角的规定

通常,飞行器的姿态角指它的偏航角、俯仰角、滚动角。明确飞行器飞行姿态角的目的是实现对飞行器的有效控制。

在飞行过程中,如果飞行器绕主轴 $O_1 y_1$ 运动,则称这种运动为飞行器的偏航运动。偏航角就是飞行器的纵轴与射面之间所形成的夹角,用 ψ 表示。俯仰运动就是飞行器绕其横轴的运动,由机体纵轴与水平面之间所形成的夹角,便是飞行器的俯仰角,用 φ 表示。飞行器的滚动是机体绕其纵轴所产生的运动,滚动角则是机体主轴与射面之间所形成的夹角,用 γ 表示。

在实际应用中常常用到程序俯仰角和俯仰差角的概念。程序俯仰角 φ_{cp} 是俯仰角的理论值,也叫作程序值或程序角。它在设计时就已确定,由控制系统测量装置保证实现。俯仰差角 $\Delta\varphi$ 是俯仰角的实际值 φ 和程序角 φ_{cp} 之间的差角,以 $\Delta\varphi$ 表示,即 $\Delta\varphi = \varphi - \varphi_{cp}$。$\Delta\varphi$ 是干扰造成的飞行误差,当然越小越好。

飞行器姿态角的正负值是按照右手法则来判断的,即用右手握住旋转轴,大拇指的指向与转轴的指向一致,那么四指的指向便是正转的方向,反之则为负转的方向。

2. 描述飞行器质心速度矢量相对于发射坐标系的方位

（1）航迹倾角 θ

航迹倾角 θ 为飞行器质心速度矢量在发射坐标系的 $Oxyz$ 平面内的投影与 Ox 轴的夹角。当投影在 Ox 轴上时,θ 为正,反之为负。

（2）航迹偏角 σ

航迹偏角 σ 为飞行器质心速度矢量与发射坐标系 Oxy 平面的夹角。向弹头方向看去,速度矢量在 Oxy 平面左侧时,σ 取正,反之为负。

（3）倾斜角 γ_c

倾斜角 γ_c 为飞行器绕其速度矢量所转动的角度,γ_c 的正负由右手螺旋定则确定。

3. 描述飞行器质心速度矢量相对于机体坐标系的方位

（1）迎角 α

迎角 α（又称为攻角或冲角）为飞行器质心速度矢量在其主对称面内的投影与机体纵轴 O_1x_1 之间的夹角。当速度矢量在 O_1x_1 轴之下时,α 取正,反之取负。

（2）侧滑角 β

侧滑角 β 为飞行器质心速度矢量与飞行器主对称面之间的夹角。沿 O_1x_1 轴看去,当速度矢量在主对称面右侧时,β 取正,反之取负。

4. 各角度之间的相互关系

描述飞行器运动的上述八个角度 $\varphi,\psi,\gamma,\theta,\sigma,\gamma_c,\alpha,\beta$ 并不是完全独立的,而是只有五个相互独立。在飞行器控制系统作用下,一般 $\gamma_c,\beta,\psi,\gamma,\sigma$ 均为小偏差,经有关推导和简化,可得如下关系:

$$\begin{cases} \varphi \approx \theta + \alpha \\ \psi \approx \sigma + \beta \\ \gamma = \gamma_c \end{cases} \tag{3.9}$$

3.3　临近空间高超声速飞行器控制系统结构

临近空间高超声速飞行器控制系统主要包括姿态控制系统和制导系统（也称为轨迹控制系统）。姿态控制系统主要实现对飞行器的自身稳定和高精度的姿态控制。轨迹控制系统主要实现飞行器对飞行轨迹的控制,确保飞行器按照预定的轨迹飞行。

本节着重阐述临近空间高超声速飞行器飞行控制系统的功用和组成,并给出飞行控制各部件的数学模型。在论述临近空间高超声速飞行器姿态控制时,针对轴对称外形和面对称外形高超声速飞行器外形结构特点,分析不同的飞行控制系统方案的优缺点。最后,结合高超声速飞行器不同的飞行任务,分别给出飞行试验和长航时飞行时的轨迹控制方案,为高超声速飞行器控制系统的设计提供参考。

3.3.1　飞行控制系统功用及组成

1. 飞行控制系统

这里以吸气式高超声速飞行器为例介绍临近空间高超声速飞行器控制系统功能。这是因为吸气式高超声速飞行器常具有机体/推力一体化设计、超燃冲压发动机启动条件严格等特点,会给控制系统提出更加严苛的要求。高超声速飞行器飞行控制系统的功能概括起来主要有以下几点:

① 校正飞行器动力学特性。高超声速飞行器在临近空间,大气密度较低,飞行器自身的气动阻尼较小,同时,由于机体/推力一体化设计往往给飞行器的静稳性带来一定的影响,飞行

控制系统的首要任务是校正飞行器动力学特性,稳定飞行器机体。

② 高精度的姿态控制。吸气式高超声速飞行器超燃冲压发动机工作时对迎角、侧滑角具有较高的要求,因而飞行控制系统必须具有对飞行器姿态高精度的控制能力,以满足超燃冲压发动机的工作条件,这是以往飞行器飞行控制系统设计时所没有的技术难题。

③ 系统具有的通频带宽不应小于给定值。通频带宽主要是由制导系统的工作条件决定(有效制导信号机干扰信号的性质)的,同时也受到工程实现的限制。

④ 系统应该能够有效地抑制作用在飞行器上的外部干扰(包括分离干扰、大气变化干扰等),以及稳定系统设备自身的内部干扰。在某些制导系统中,这些干扰是影响制导精度的主要因素。因此,补偿干扰影响是系统的主要任务之一。

⑤ 飞行控制系统还应对高超声速飞行器飞行轨迹具备高精度的轨迹跟踪能力。飞行控制系统在保证高精度姿态控制度的同时,还应具备对飞行轨迹跟踪的能力,以满足飞行任务的要求和飞行包线约束。

2. 飞行控制系统组成

通常,临近空间高超声速飞行器飞行控制系统主要由传感器系统、执行结构、弹上计算机等组成,其原理框图如图 3.10 所示。

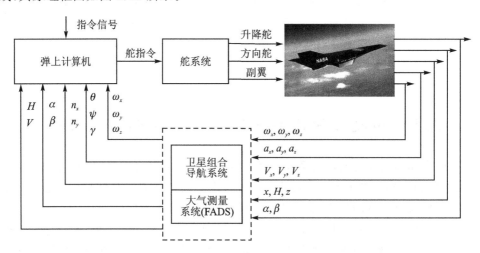

图 3.10 高超声速飞行器纵向运动控制系统原理框图

(1) 传感器系统

飞行器传感器系统用来感受飞行过程中姿态和重心横向加速度的瞬间变化,反映这些参数的变化量或变化趋势,产生相应的电信号供给控制系统。敏感飞行器转动状态的元器件主要是陀螺仪,感受飞行器横向或直线运动的元器件是加速度计和高度表。

稳定控制系统所采用的传感器通常有自由陀螺仪、速率陀螺、线加速度计、高度表。应根据稳定控制系统技术指标和要求合理地选择传感系统,选择时必须考虑它们的技术性能(包括陀螺仪启动时间、漂移、测量范围、灵敏度、线性度、工作环境等)、体积、质量及安装要求等。

这里仅简单介绍一些惯性仪表的功能和传递函数。关于惯性器件的工作原理将在第 4 章详细介绍。

① 三自由度陀螺仪。

三自由度陀螺仪也称为自由陀螺仪或者定位陀螺仪,如图 3.11 所示。

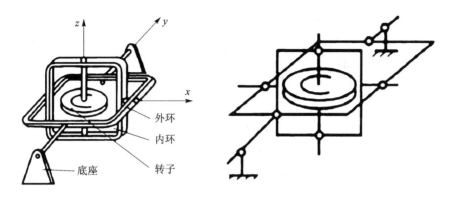

图 3.11　三自由度陀螺仪示意图

将它以不同的方式安装在飞行器机身上,可测出飞行器的俯仰角、滚转角或偏航角。用来测量飞行器滚转角和俯仰角的陀螺仪称为垂直陀螺仪(见图 3.12),测量飞行偏航角和俯仰角的陀螺仪称为方位陀螺仪(见图 3.13)。

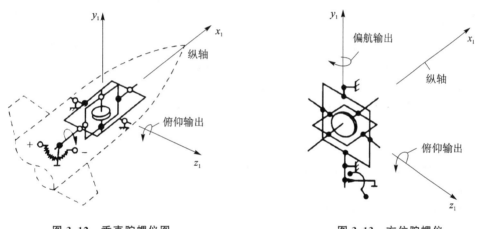

图 3.12　垂直陀螺仪图　　　　　**图 3.13　方位陀螺仪**

陀螺仪安装位置应尽量靠近飞行器的质心。自由陀螺仪用作角度测量元件,可将它视为一理想的放大环节,则其传递函数为

$$\frac{u_\vartheta(s)}{\vartheta(s)}=k_\vartheta \tag{3.10}$$

式中,k_ϑ 为自由陀螺仪传递函数,V/(°);ϑ 为飞行器俯仰姿态角,(°)。

② 二自由度陀螺仪。

利用陀螺仪的进动性,二自由度陀螺仪可做成速率陀螺仪和积分陀螺仪。速率陀螺仪(见图 3.14)能测量出飞行器转动的角速度,也称为角速度陀螺仪。根据角速度陀螺仪的动力学特性可以得到角速度陀螺仪的传递函数为

$$\frac{\beta(s)}{\omega_y(s)}=\frac{H/k}{T^2s^2+2\xi Ts+1} \tag{3.11}$$

式中,$T^2=J_x/k$;$2\xi T=k_f/k$;J_x 为绕 Ox_1 轴的转动惯量;k 为弹簧刚度;k_f 为阻尼器的阻尼系数。

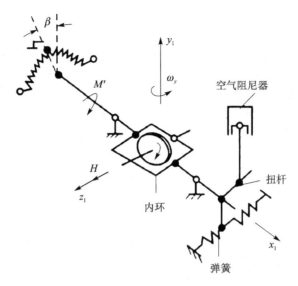

图 3.14　速率陀螺仪的原理示意图

③ 加速度计。

加速度计是飞行控制系统中一个重要的惯性测量元件,用来测量飞行器的横向角速度。在惯性导航系统中,还用来测量飞行器的切向加速度,经两次积分,便可确定飞行器相对起飞点的飞行路程。常用的加速度计有线加速度计(见图 3.15)和摆式加速度计。

根据线加速度计的动力学特性,可得到其传递函数为

$$\frac{a_{\mathrm{m}}(s)}{a(s)} = \frac{1}{T^2 s^2 + 2\xi T s + 1} \qquad (3.12)$$

式中,T 为加速度计时间常数;ξ 为加速度计阻尼系数。

④ 高度表。

雷达高度表用于指示飞行器相对于地面或海平面的高度,气压高度表用以指示海平面或另外某一个被选定高度以上的高度。如果飞行器需要在地面以上给定高度飞行 20 km 或 30 km,并且其高度不低于 100 m,那么用简单的气压式真空膜盘或者用压电式压力传感器指示高度就足够准确了。但是当

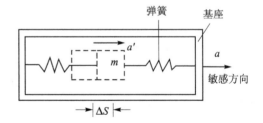

图 3.15　线加速度计的原理图

高度低于 100 m 时,由于大气压力的局部微小变化以及这些仪表的鉴别能力和精度的限制,它们便不再适用。

FM/CM(调频/连续波)和脉冲式高度表目前都能在低于 1 m 的高度上工作,而 FM/CM 高度表在 0～10 m 范围内似乎更准确。这两种高度表都能在很宽的范围内连续地指示高度,但需要精心设计。如果需要测量的高度仅在 0～60 m 范围内,那么用一个结构较简单而质量不过 2.5 kg 的仪表就可以了。上述两种高度表都能设计成宽波束的,容许飞行器有 ±25° 甚至更大的滚动和俯仰角。被测距离是飞行器至最靠近的回波点距离。典型的批生产的 FM/CM 高度表在 10 m 以下的测量精度为 ±25% 或 ±0.5 m。

　　激光高度表是另一种类型的测高装置。该装置用一束由激光源发出的持续时间很短的辐射来照射目标,从目标反射或散射回来的辐射能被紧靠激光源的接收机检测,再采用普通雷达的定时计数给出高度信息。目前,已经有采用普通电源和半导体砷化镓(GaAs)器件构成的激光高度表。例如,EMI 电子有限公司用砷化镓激光器设计并生产了一个系统,典型性能是测量范围为 0.3~50 m,在 10 m 以内精度为±0.1 m,10~50 m 时精度可达 1%。

　　无论是哪种类型高度表,其输出形式均有数字式和模拟电压式两种。这里以输出模拟电压为例,忽略其时间常数,高度表的传递函数为

$$\frac{u_{\mathrm{H}}(s)}{H(s)} = K_{\mathrm{H}} \tag{3.13}$$

　　⑤ 大气数据测量系统(FADS)。

　　FADS 的设计思想起源于 20 世纪 60 年代美国的 X-15($Ma_{\max}=6$)飞行器研究项目。X-15 在 $Ma<3$ 时采用球头流向传感器测量气流参数。球头流向传感器由安装在机身头部截锥中的一个球构成,在球表面水平方向和垂直方向对称地各布置一对测压孔,球面驻点的中心布置一个总压测量孔。整个测量球头在液压伺服机构驱动下旋转,保持两对测压孔的压差为零。这样,中心测压孔测量的压力对应于总压,而球头转过的角度对应于流向角。静压由机体上的两个静压孔测量。由于球头流向传感器需要一套复杂的机械结构,因此,在 X-15 项目之后就再也没有使用过。取而代之的是在端头帽上布置固定的测压点阵,根据各点表面压力测量数据推算各种气流数据,供飞控系统使用,这就是 FADS 的设计思想。图 3.16 是X-33 的 FADS。

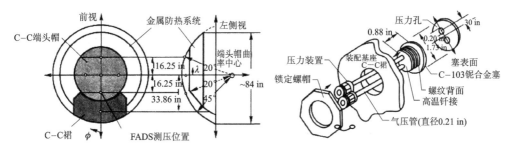

图 3.16　X-33 的 FADS[①]

　　目前,基于临近空间高速飞行器的发展需要,美国从可重复使用运载器技术着手,发展了异型嵌入式 FADS,并将其应用到包括 X-43A 在内的多个高超声速试验飞行器上。具有在高速度($Ma>10$)、大迎角(可达 70°)和从超低空到高空条件下实时感知大气参数的突出优点,完全可以满足临近空间飞行器在高机动、高速度、低探测性和强烈气动热飞行条件下准确感受大气参数的要求。该系统已经在钝头部前体飞行器、超声速尖锐头部飞行器上得到成功应用,其可靠性已得到验证。其流向角的测量精准度在 0.5°以内,动压测量精准度在 5% 以内,马赫数测量精准度在 0.1 以内。

　　(2) 舵机及舵传动机构

　　① 对舵机的基本要求。

　　舵机是高超声速飞行器飞行控制系统的执行元件,作用是根据控制信号的要求,操纵舵面

[①]　为提高本图的准确性,图中保留了英制单位。本书类似情况均如此处理。

偏转以产生操纵飞行器运动的控制力矩。

当舵面发生偏转时,流过舵面的气流将产生相应的空气动力,并对舵轴形成气动力矩,通常称为铰链力矩。铰链力矩是舵机的负载力矩,与舵偏角的大小、舵面的形状及飞行的状态有关。为了使舵面偏转到所需的位置,舵机产生的主动力矩必须克服作用在舵轴上的铰链力矩,以及舵面转动所引起的惯性力矩和阻尼力矩。

铰链力矩的极性与舵面气动压力中心的位置有关。如果舵面的压力中心位于舵轴的前方,则铰链力矩的方向将与主动力矩的方向相同,从而引起反操纵现象。

根据所用能源不同,舵机有液压舵机、气压舵机、燃气舵机以及电动舵机等类型。

对舵机的性能要求主要有舵面的最大偏角、舵偏的最大角速度、舵机的最大输出力矩和动态过程中的时间响应特性等。

在结构上,要求舵机具有质量轻、尺寸小、结构紧凑、容易加工和工作可靠等特点。

② 电动舵机。

直流电动舵机的原理结构如图3.17所示。其空载时的传递函数为

$$\frac{\delta(s)}{u_a(s)} = \frac{K_M}{s(T_M s + 1)} \tag{3.14}$$

式中,K_M 和 T_M 分别为电动舵机空载时的传递系数和时间常数,是电动舵机的重要性能参数。

铰链力矩与动压成比例。在飞行过程中,随着飞行器飞行状态的变化,铰链力矩将在比较大的范围内发生变化,因而影响伺服机构的动态性能。为了减少铰链力矩对舵机特性的影响,合理地设计舵机的输出功率和控制力矩,在设计操纵机构和舵面的形状时,应使舵面的转轴位于舵面压力中心变化范围的中心附近,因为铰链力矩与舵面空气动力对转轴的力臂成正比。图 3-17 中,U_b 为激励电压;U_a 为电机的控制电压;R_a,L_a 为电枢绕组的电阻和电感

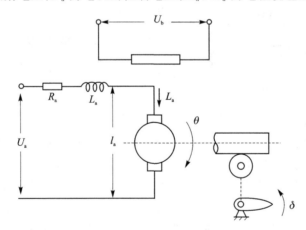

图 3.17 直流电动舵机的原理图

若舵面转轴离舵面中心比较近,当压力中心发生变化时,舵有可能变为静不稳定,以致出现反操纵现象。当飞行器处于亚声速和超声速的不同飞行状态时,压力中心将会发生明显的变化。因此,在确定舵机的控制力矩时,必须留有足够的余量。

③ 直接力控制系统(RCS)。

在高超声速飞行器再入飞行的初期,由于飞行高度较大,大气较稀薄,此时空气舵控制效率较低,常常需要引入直接力控制系统或反作用力系统(reaction control system,RCS)。在高

空、低动压条件下,机动能力很小,采用直接力控制方式可以大大提高航迹管道的可用过载,增强攻击运动目标的能力。空气舵控制导弹的时间常数一般为 150～350 ms,在目标大机动条件下保证很高的控制精度是十分困难的。在直接力控制导弹中,直接力控制部件的时间常数一般为 5～20 ms,可有效地提高导弹的制导精度。因此,类似于 HTV 的助推滑翔高超声速飞行器就装备了直接力姿控动力系统来实现姿态稳定和轨迹跟踪。图 3.18 是美国 PAC - 3 导弹直接力控制示意图。

图 3.18　美国 PAC - 3 导弹直接力控制示意图

3.3.2　高超声速飞行器姿态控制系统方案

目前,高超声速飞行器在气动布局上可分为轴对称外形和面对称外形两大类。轴对称外形一般俯仰、偏航、滚动三通道之间耦合很小,大都采用三通道独立控制。而面对称外形在气动上偏航与滚动存在较强的耦合,在姿态控制系统结构上大都采用偏航-滚动联合控制方案,常见的主要有 BTT(bank-to-turn)控制方案和协调转弯控制方案。

根据对迎角和侧滑角反馈控制形式又可分为直接控制方案和间接控制方案两类。

直接控制方案,即通过迎角、侧滑角传感器直接测量迎角进行闭环控制。常用的自动驾驶仪方案主要有迎角/侧滑角反馈自动驾驶仪。通过反馈惯性迎角进行闭环控制的方案也属于直接控制方案,如美国的 X - 43A 控制方案。

间接控制方案,即通过反馈飞行器的姿态角、过载等控制量实现对迎角/侧滑角的控制。常用的自动驾驶仪方案主要有姿态角反馈自动驾驶仪、过载反馈自动驾驶仪。

1. 轴对称外形飞行器姿态控制系统

轴对称外形高超声速飞行器的气动力随迎角的变化往往具有较好的线性特性,在气动零偏得到很好控制的情况下,过载等于零时,迎角也为零。因此,可以利用飞行器这一特性,合理规划姿态控制系统的指令。

(1)迎角反馈自动驾驶仪

迎角反馈自动驾驶仪根据增稳回路的信息不同又可分为姿态角速率增稳方案和迎角角速率增稳方案。

姿态角速率增稳是通过速率陀螺信息对飞行器动力特性进行增稳,如图 3.19 所示。

迎角角速率通过反馈迎角角速率来实现增稳,迎角角速率由速率陀螺和加速度计的信号给出。

图 3.19 和图 3.20 中,自动驾驶仪均属直接控制方案,其中迎角测量装置可以是迎角传感

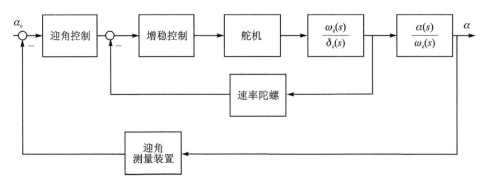

图 3.19 迎角反馈自动驾驶仪：姿态角速率增稳方案

器,也可以是惯导系统给出的惯性迎角。由于在临近空间外部风场的扰动远远小于飞行器的飞行速度,因此可认为惯性迎角等于飞行迎角。该方案的优点是可以实现对飞行器迎角的直接控制,驾驶仪具有很强的鲁棒性。缺点是对迎角的测量装置提出了很高的要求,如果采用FADS则要在飞行器机体上安装大量的传感器,这对飞行器的结构、防热等带来新的问题,同时 FADS 的测量误差难以给出精确的模型。该方案还处于试验验证阶段,目前还未见到直接采用 FADS 测量迎角进行反馈控制的报道。

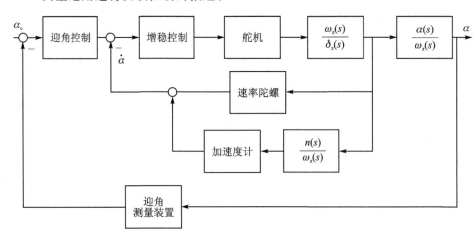

图 3.20 迎角反馈自动驾驶仪：迎角速率增稳方案

目前,采用迎角反馈的自动驾驶仪大都采用惯导系统解算迎角,这对惯导系统的测量精度提出了更高的要求,无疑会增加飞行控制系统的研制难度和开发成本。由于惯性导航系统存在短时精度高、长时漂移等特点,因此该方案大都应用于短时飞行的试验验证飞行器,如X-43A 发动机点火工作段的控制飞行。

(2) 过载反馈自动驾驶仪

过载反馈自动驾驶仪大都采用三回路控制方案,根据增稳回路的信息不同又可分为姿态角速率增稳方案和伪迎角增稳方案。

姿态角速率增稳是通过速率陀螺和速率陀螺的积分信息对飞行器动力特性进行增稳,其方案结构示意图如图 3.21 所示。

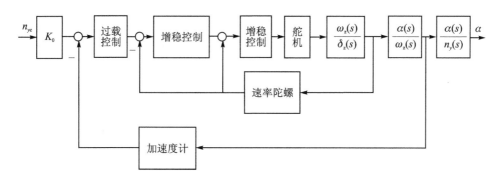

图 3.21　过载反馈自动驾驶仪：角速率增稳方案

伪迎角增稳通过反馈姿态角速率和伪迎角信息来实现增稳,其中伪迎角信息是通过对速率陀螺信号进行滤波得到的其方案结构示意图如图 3.22 所示。

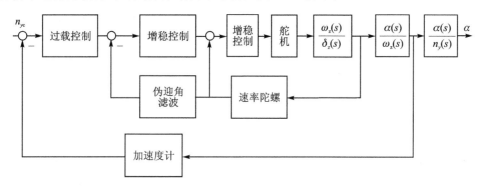

图 3.22　过载反馈自动驾驶仪：伪迎角增稳方案

上述两种自动驾驶仪方案均属间接控制方案,都是通过对过载的反馈来实现对迎角的精确控制。该方案的优点是对传感器要求较低。目前加速度测量精度较高且随时间漂移较小,无须研制新型传感器即可满足要求。同时,法向过载自动驾驶仪具有风标效应,可消除风场对迎角的影响。但该方案的缺点是需要很高的气动建模精度,尤其是对气动零偏的抑制。

（3）姿态角反馈自动驾驶仪

姿态角反馈自动驾驶仪内回路常采用姿态角速率增稳,外回路采用姿态角反馈,如图 3.23 所示。该自动驾驶仪同样属于间接控制方案,都是通过对姿态角的反馈来实现对迎角的精确控制。该方案的特点是对姿态传感器的要求较高,姿态的控制误差会影响对迎角的控制精度;同时,该方案对基准航迹的指令要求较高,要通过严格的基准航迹飞行才能满足对应迎角的要求,而且该方案也无法消除风场对迎角的影响。

2. 面对称外形飞行器姿态控制系统

面对称外形高超声速飞行器一般来说俯仰通道与横侧向之间的耦合影响较小,横侧向之间耦合较为严重,因此俯仰通道通常是单独设计的,横侧向必须采用方向舵和副翼联合控制。纵向通道的自动驾驶仪根据不同的要求可以采用迎角、过载和姿态角反馈方案,具体结构与轴对称外形飞行器的内容相同。横侧向联合控制根据增稳回路的信息不同可分为单通道增稳补偿方案和联合增稳控制方案。

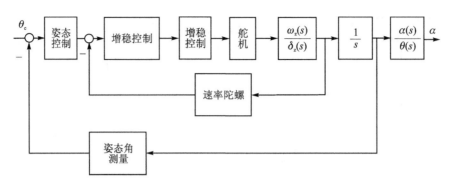

图 3.23　姿态角反馈自动驾驶仪方案

（1）单通道增稳补偿方案

单通道增稳补偿方案自动驾驶仪偏航、滚动通道分别采用各自角速率信息进行增稳，控制指令分别加载到偏航通道和滚转通道，而通道之间的耦合采用补偿网络进行补偿（见图 3.24）。该类自动驾驶仪常用于横侧向静稳定性好，且横侧向之间的耦合影响可以通过模型给出的飞行器，如 X - 43A 飞行器即采用该方案。

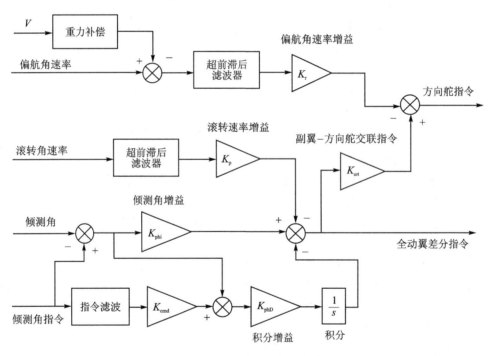

图 3.24　单通道增稳补偿方案

（2）双通道联合增稳补偿方案

双通道联合增稳补偿方案自动驾驶是偏航、滚动分别采用偏航通道和滚动通道的信息进行联合增稳，控制指令分别加载到偏航通道和滚转通道（见图 3.25）。该类自动驾驶仪常用于横侧向动力学耦合较为严重，且横航向具有静不稳定特性的飞行器，如 X - 47B 飞行器即采用该方案。

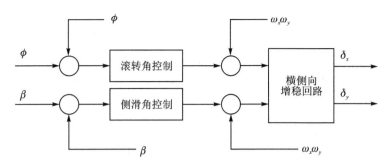

图 3.25　双通道联合增稳方案

3.3.3　高超声速飞行器轨迹控制系统方案

无论是进行超燃冲压发动机验证试验的短时飞行,还是"两小时全球到达"的长航时飞行,都必须对高超声速飞行器进行轨迹控制。其原因是:

① 高超声速飞行试验大都是按照基准航迹飞行。以动力巡航式高超声速飞行器为例,在基准航迹上分别事先设计助推分离、发动机进气道打开、发动机点火的飞行窗口,该飞行窗口包括高度、马赫数、迎角、动压等条件,高超声速飞行器在飞行过程中会受到气动偏差、风干扰、冲击扰动等因素的影响,会造成较大的轨迹散布。因此,在飞行过程中必须对飞行轨迹进行控制,实现对基准航迹的跟踪,以保证超燃冲压发动机的正常工作。

② 对于长航时高超声速飞行器,就不仅仅是跟踪基准航迹,而要根据目标点位置实时对高超声速飞行器进行导航及制导。高超声速飞行器航迹角很小的摄动,随着飞行时间的增加,会造成很大的航迹误差,导致高超声速飞行器难以实现其任务。因此,对于长航时高超声速飞行器必须引入轨迹导引控制。

长航时高超声速飞行器飞行轨迹大致可分为助推爬升段、转弯调整段、巡航飞行段以及下滑飞行段。其中,助推爬升段和转弯调整段可按照基准航迹进行轨迹控制,而中制导段纵向采用高度控制,航向采用航迹角的倾斜转弯控制实现侧向纠偏,在下滑飞行段可根据目标区位置实时进行导引。

（1）高超声速飞行试验轨迹控制方案

高超声速飞行器飞行试验轨迹控制采用跟踪基准航迹控制方案,其纵向控制系统方案如图 3.26 所示。

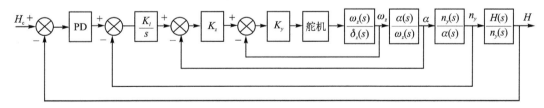

图 3.26　高超声速飞行器飞行轨迹控制方案（纵向）

图 3.26 中高超声速飞行器飞行轨迹控制系统内回路采用法向过载控制,外回路是基准航迹指令的跟踪控制。基准航迹控制系统的本质是飞行轨迹的线偏差控制,控制器采用比例微分控制,以减小因各种干扰引起的飞行轨迹的散布。

（2）长航时高超声速飞行轨迹控制方案

长航时高超声速飞行器飞行轨迹控制在中制导段采用定高巡航控制方案,其纵向控制系统方案如图 3.27 所示。图中,高超声速飞行器飞行轨迹控制系统内回路采用法向过载控制,外回路是平飞高度指令的跟踪控制。轨迹控制系统的本质是飞行高度的偏差控制,控制器采用比例微分控制,以实现飞行高度的稳定。

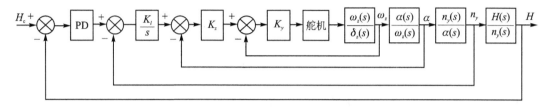

图 3.27　长航时高超声速飞行器飞行轨迹控制方案(纵向)

长航时高超声速飞行器一般采用升力体构型,侧向机动能力有限,同时由于超燃冲压发动机限制无法通过侧滑角来实现侧向纠偏。因此,侧向轨迹控制采用倾斜转弯(BTT)控制方案,其侧向控制系统方案如图 3.28 所示。

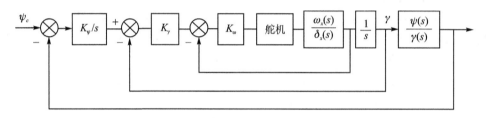

图 3.28　高超声速飞行器侧向飞行轨迹控制方案

图 3.28 中高超声速飞行器侧向飞行轨迹控制系统内回路采用滚转角控制,外回路是偏航角的积分控制,以实现对飞行射面的精确控制。

第4章 高超声速飞行器组合导航技术

　　高超声速飞行器导航系统与普通飞行器导航系统基本相同,导航系统在上电初始化及初始对准后开始工作,为高超声速飞行器提供导航信息。高超声速飞行器导航系统可为飞控系统提供位置、速度、姿态角、角速度、比力/过载、惯性迎角和侧滑角等信息。在高超声速飞行器飞行的各个阶段(助推段、巡航段、再入段等),飞控系统利用导航信息,实现各个阶段的控制目标。如在高超声速飞行器的巡航飞行段,导航系统加速度计输出的过载信息可作为过载控制的过载信息;导航系统输出的惯性迎角、侧滑角可作为迎角控制的信息;如果大气数据测量系统(FADS)实现迎角、侧滑角测量,则可实现FADS/惯性导航组合测量,实现迎角、侧滑角测量的快速性和稳定性。

　　捷联惯性测量系统(strap-down INS,SINS)是一类适用于高超声速飞行器的惯性测量单元设备,用来测量飞行器相对惯性空间的三轴角速度和三轴视加速度。此外,卫星导航也是种极为常用的导航手段,卫星导航系统可提供WGS-84坐标系下的位置、速度和UTC时间等信息,参与制导与控制。鉴于SINS和卫星导航系统有着天然的互补性,二者组合的导航系统是最为常用的导航方式,也被高超声速飞行器优先选用。

　　SINS/卫星组合导航系统是一个整体结构,目前工程上成熟度较高且精度较高的激光SINS/卫星(GPS或北斗,或多模卫星组合),其基本组成为:激光陀螺仪、石英加速度计、卫星导航接收机、高精度测量电路板、温度控制组合、惯导二次电源、棱镜组合、结构和导航解算软件等。一类典型的激光捷联惯性测量系统外形图如图4.1所示。鉴于导航系统中SINS是自主性最强且极为重要的组件系统,本章将重点从系统的角度来介绍。

图 4.1　SINS/卫星组合导航系统外形图

4.1　概　述

4.1.1　基本概念

惯性技术是以牛顿惯性定律为基础,用以实现运动物体姿态和轨迹控制的一项工程技术。目前所说的惯性技术是惯性导航技术、惯性制导技术、惯性测量技术、惯性仪表技术及相应的测试技术的总称。

惯性导航是利用惯性仪表测量载体相对惯性空间的线运动和角运动参数,在给定的初始条件下,输出载体的姿态参数和导航定位参数。惯性导航系统(inertial navigation system, INS)的工作不依赖于任何外界信息,是一种完全自主的导航方法,能全天候工作。

惯性制导系统和惯性导航系统的工作状态不同,是惯性导航与自动控制的结合。它利用导航参数,根据制导指令,产生控制载体运动所需的信号,直接控制载体的轨迹。惯性制导系统用于无人操纵的运载器上,如弹道导弹、运载火箭、人造地球卫星和宇宙探测器等。有的飞行器的制导系统比导航系统的工作时间短得多,只有几分钟。制导系统实际上是为无人驾驶的载体发射进入轨道建立一组精确的轨道初始条件,特别是发动机熄火时的速度及方位是最为关键的制导参数。

惯性仪表是指陀螺仪和加速度计。陀螺仪用于敏感模拟坐标系相对理想坐标系的偏角、角速度,加速度计敏感载体沿某一方向的视加速度(也称为比力)。它们是各类惯性系统中的核心部件。

惯性系统是应用惯性仪表构成的惯性测量装置(inertial measurement unit, IMU)或惯性测量系统。惯性测量装置可以直接安装在载体上,测量相对于载体坐标系的运动参数,再经过必要的运算和坐标变换求得载体相对于某给定坐标系(如惯性坐标系)的运动参数,这样的系统称为速率捷联惯性测量系统。惯性测量装置也可以作为台体通过框架安装在载体上,测量装置中由陀螺仪所建立的基准轴系通过回路控制框架运动,使台体在载体运动中始终保持与惯性坐标系(或某一给定坐标系)重合,这样就构成了惯性稳定平台系统。

惯性仪表和惯性系统的测试技术主要包括各种测试原理和测试设备,其作用是测试和检验惯性仪表与系统的各种性能。

4.1.2　惯性技术发展及应用

在武器系统中,惯性装置作为中心信息源可以完全自主地向各个武器的分系统提供连续实时的导航信息,因而惯性技术已经成为现代武器系统中的一项关键的支撑技术。随着高技术的发展,军用技术和民用技术的界限日益模糊,军民两用技术占据防务技术开发的比例越来越大。目前,惯性技术的应用正迅速向其他经济领域拓宽。未来,惯性技术的发展有以下几个主要方向。

(1)战略武器系统将继续应用成熟的机电陀螺技术

液浮陀螺、静电陀螺和动力调谐陀螺是技术成熟的三种自旋质量的机电陀螺,具有目前惯性系统所要求的低噪声和低偏值误差特性,已经达到了精密仪表领域内的成熟的高技术水平,国际上,其研制活动已经进入到一个平稳状态。由于采用了高度专业化的抗辐射设计,在承受瞬间干扰时精度损失极小,因此在今后一段时间内,只要对其需求保持不变,仍将继续生产,并在导航、制导和控制用的惯性系统市场中占据一定的位置。

(2) 新型的全固态惯性传感器将成为主导产品

激光陀螺、光纤陀螺仪和微机械惯性仪表都是广义上的惯性传感器。它们是根据近代物理学原理制成的具有惯性传感器(陀螺仪和加速度计)效应的传感器,因其无活动部件,故称为固态传感器。

近年来,环形激光陀螺已经控制了全球的惯性导航市场,包括大部分军用和民用飞机、水面舰船、常规潜艇、先进战术飞行器和地面战车等,近年来正逐步用于运载火箭和卫星。估计在今后一段时间内,环形激光陀螺的生产率将继续增长,技术进展不会停顿,并与光纤陀螺仪一起迅速取代自旋质量的机械陀螺,统治中等精度的惯性系统市场。据称,光纤陀螺性能可能达到的极限是量子极限 $3 \times 10^{-4} (°/h)$。

光纤陀螺仪是一种真正的固态装置,从研制工作量和投入资源来看,是当今最重要的新型陀螺技术之一。光纤陀螺仪可以提供环形激光陀螺的许多特性,但其成本却比激光陀螺低得多。目前光纤陀螺仪的性能还不及激光陀螺,但是在战术导弹制导等短期应用方面已经可以取代机电陀螺,干涉型光纤陀螺仪已进入生产阶段并逐步投入应用。一种导航级的干涉型光纤陀螺仪正在为 GPS 制导组件计划(GGP)而研制。此外,由于光纤陀螺仪中的许多光学功能可以用较低的净成本在多功能集成光学芯片上获得,故集成光学是进行大批生产的、紧凑而低成本的光纤陀螺仪的重要条件,一种采用集成光学玻璃-波导环型谐振器的微型光学陀螺已研制多年,并即将投入批量生产,首先将用于导弹武器装备的制导中。

微机械惯性仪表是集精密仪表、精密机械、微电子学、半导体集成电路工艺等技术于一身的一项世界前沿性新技术,是惯性技术领域内近年来引起广泛重视的一个重要发展方向。它是利用微机电技术(微电子技术与微机械技术的结合)在硅、石英等晶体材料或某些光电材料上刻蚀制作微结构惯性传感器或仪表。微机械惯性仪表具有体积小、质量轻、功耗小、启动快、成本低、可靠性高和易于实现数字化和智能化等优点,它的研制成功把人们从惯性仪表的宏观概念引向微观世界。属于低性能级的微机械惯性仪表最适于短时工作的战术武器,如远程火箭炮弹、精确制导炸弹和智能炮弹,在偏置稳定性大于 $15 (°/h)$ 的低成本场合,硅和石英微机械陀螺的地位是无可争议的。微机械惯性仪表的出现引发了惯性传感器乃至整个惯性系统向各种各样的军事和商业领域扩展,它的高速发展将成为 21 世纪传感器领域内引人注目的成就,特别是近年来在民用领域取得了飞速的进展。

(3) 战术导航定位系统的主要方向是捷联惯性系统与 GPS 的组合

尽管 GPS 的应用已经达到了空前广泛的程度,但其本质上是一种无线电导航系统,极易受到干扰,因此军用导航不能完全依赖于 GPS,而应该根据 INS 与 GPS 的互补性,将 GPS 与惯性技术组合。

美国从 20 世纪 90 年代中期开始研制 GPS 制导组件,即 GGP 计划,目的是通过将 INS/GPS 组合系统用于导弹制导,允许导弹在飞行过程中依靠 GPS 信号修正制导误差,不必依靠载机的位置信息而自主地导向目标区,并在预期目标的 3 m 范围内将导弹引爆,使导弹真正具有"发射后不管的能力"。智能武器也是美国军备研制的重要工作,即把 GPS/INS 制导组件安装到炸弹上,使非制导炸弹变为全天候的精确攻击武器。此外,将 GPS 接收机嵌入惯导系统的"GPS 惯性导航系统组件"亦是美国航空电子设备改进中的一个重要组成部分。

图 4.2 是惯性导航＋GPS 组合导航的原理图。

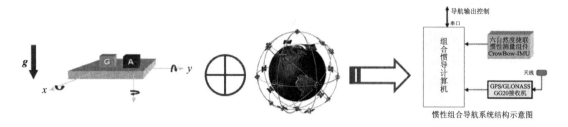

惯性组合导航系统结构示意图

图 4.2　惯性导航＋GPS 组合导航原理示意图

（4）惯性技术从军用领域向民用领域拓展

惯性技术的民用领域主要是精密测量和定位。在 GPS 信号不能进入的水下、冰下、原始森林、隧道以及城市建筑物密集地区,惯性技术在精密导航、测量及定位方面仍较 GPS 具有优势。此外,采用高精度的航海和航空重力仪用于陆地和海洋资源的物理勘探,采用惯性系统测量勘探深埋地下的各种管道的曲率半径等,这些领域都是惯性系统具有优势的应用领域。

总之,在应用惯性技术进行导航/制导、定位/定向、稳定、瞄准及测量/控制等领域,随着电子技术和计算机技术的迅速发展、高精度卫星导航 GPS 技术的成熟应用,一个新的时代正在到来,即惯性仪表向全固态型发展、惯性系统向以惯性为主的组合系统发展、惯性技术从军用向军民两用方向扩展。而无论军用还是民用市场,降低尺寸和提高性能/价格比是惯性技术进入大规模应用的主要驱动力,因而目前各国正在积极研制低成本的惯性传感器。

4.2　惯性导航系统

4.2.1　惯性导航的基本原理

惯性导航是一种自主式导航方法。惯性导航的基本工作原理是以牛顿力学定律为基础的,在飞行器内用加速度计测量飞行器运动的加速度,通过积分运算得到飞行器的速度信息。下面以简单的平面运动导航为例(见图 4.3)说明其工作原理。

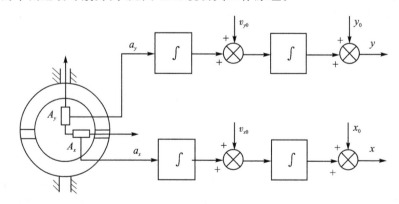

图 4.3　惯性导航基本原理

取 Oxy 坐标系为定位坐标系,飞行器的瞬时位置用 x,y 两个坐标值来表示。如果在飞行器内用一个导航平台把两个导航加速度计的测量轴分别稳定在 x 轴和 y 轴上,则加速度计分别测量飞行器沿 x 轴和 y 轴的运动加速度 a_x 和 a_y,因此飞行器的飞行速度 v_x 和 v_y 的计算式可以描述为

$$\begin{cases} v_x = v_{x0} + \int_0^t a_x \, \mathrm{d}t \\ v_y = v_{y0} + \int_0^t a_y \, \mathrm{d}t \end{cases} \tag{4.1}$$

结合飞行器的初始位置,并对上式进行二次积分可以得到飞行器沿 x 轴和 y 轴的运动实时位置信息,即

$$\begin{cases} x = x_0 + \int_0^t v_x \, \mathrm{d}t \\ y = y_0 + \int_0^t v_y \, \mathrm{d}t \end{cases} \tag{4.2}$$

由此可得到飞行器在平面内的速度和位置信息。同理,可计算得到在整个三维空间中的位置和速度。如果惯性仪表采用捷联式安装,则其测量的位置和速度将处于机体坐标系内,可以利用坐标转换获得飞行器在其他坐标系中的位置和速度信息。例如,这里不加推导地给出飞行器姿态角的计算公式,并假设 $\boldsymbol{C}_\mathrm{n}^\mathrm{b}$ 为机体坐标系 $x_\mathrm{b} y_\mathrm{b} z_\mathrm{b}$ 与地理坐标系之间的变换矩阵,即

$$\boldsymbol{C}_\mathrm{n}^\mathrm{b} = \begin{bmatrix} T_{11} & T_{12} & T_{13} \\ T_{21} & T_{22} & T_{23} \\ T_{31} & T_{32} & T_{33} \end{bmatrix} \tag{4.3}$$

其中,偏航角为 $\psi = \arctan(T_{12}/T_{11})$;俯仰角为 $\theta = \arctan(T_{13})$;滚动角为 $\gamma = \arctan(T_{23}/T_{33})$。在这里定义的偏航角数值以地理北向为起点顺时针方向计算,定义域为 $0° \sim 360°$。俯仰角从纵向水平轴算起,向上为正,向下为负,定义域为 $0° \sim \pm 90°$。滚动角从铅垂平面算起,右倾为正,左倾为负,定义域为 $0° \sim 180°$。

于是,可以计算得到飞行器在地理坐标系中的位置和速度信息,即

$$\begin{bmatrix} x_\mathrm{n} \\ y_\mathrm{n} \\ z_\mathrm{n} \end{bmatrix} = \boldsymbol{C}_\mathrm{b}^\mathrm{n} \begin{bmatrix} x \\ y \\ z \end{bmatrix} \tag{4.4}$$

$$\begin{bmatrix} v_{x\mathrm{n}} \\ v_{y\mathrm{n}} \\ v_{z\mathrm{n}} \end{bmatrix} = \boldsymbol{C}_\mathrm{b}^\mathrm{n} \begin{bmatrix} v_x \\ v_y \\ v_z \end{bmatrix} \tag{4.5}$$

显然,只要已知三个姿态角(可由陀螺仪或姿态角传感器测得),即可完成导航计算,这就是惯性导航的基本原理。

4.2.2　惯性导航系统分类

从结构上分,惯导系统可分为平台式惯导和捷联式惯导(SINS)两种基本类型。在平台式惯导中,导航平台的主要功用是模拟导航坐标系,把导航加速度计的测量轴稳定在导航坐标系轴向,使其能直接测量飞行器在导航坐标系轴向的加速度,并且可以用几何方法从平台的框架轴上直接获取飞行器的姿态和航向信息。而捷联式惯导系统则不用实体导航平台,把加速度

计和陀螺直接与飞行器的壳体固连。在计算机中实时解算姿态矩阵,通过姿态矩阵把导航加速度计测量的机体坐标系轴向加速度信息变换到导航坐标系,然后进行导航计算。同时,从姿态矩阵的元素中提取姿态和航向信息。由此可见,在 SINS 中是用计算机来完成导航平台的功能,即是一种数学平台。图 4.4 和图 4.5 分别为平台式惯导系统和 SINS 的原理框图。

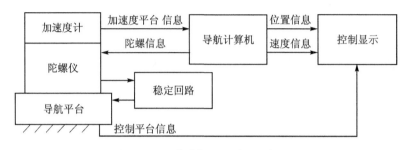

图 4.4　平台式惯导系统原理框图

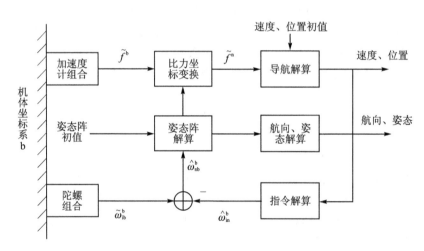

图 4.5　SINS 原理框图

以上分析表明,SINS 由于省掉了机电式的导航平台,所以体积、质量和成本都大大降低。另外,由于 SINS 提供的信息全部是数字信息,所以特别适用于采用数字式飞行控制系统的导弹,因而在新一代导弹上得到了极其广泛的应用。在 SINS 中,用陀螺仪测量的载体坐标系(b系)相对于惯性坐标系(i 系)的角速度 ω_{ib}^{b},减去导航计算机计算出的导航坐标系(n 系)相对于惯性坐标系的角速度 ω_{in}^{b},则得到载体坐标系相对于导航坐标系的角速度 ω_{nb}^{b},利用这个角速度进行姿态矩阵的计算。有了姿态矩阵,就可以把加速度计测量的沿载体坐标系轴向的比力信息 f^{b} 变换到导航坐标系,然后进行导航计算。同时,利用姿态矩阵的元素提取航向和姿态信息。

SINS 惯性仪表直接固联在载体上,省去了机电式导航平台,从而带来了诸多优点:

① 整个系统体积、质量和成本大大降低。通常陀螺和加速度计只占导航平台的 1/7。

② 惯性仪表便于安装维护,也便于更换。

③ 惯性仪表可以给出载体轴向的线加速度和角速度,和平台式系统相比,可以提供更多的导航和制导信息。

④ 惯性仪表便于采用余度配置,提高系统的性能和可靠性。

与此同时,惯性仪表直接固联在载体上,也带来了一些问题,比如:

① 惯性仪表固联在载体上,直接承受了载体的振动和冲击,工作环境恶劣。对机械转子陀螺而言,则必须作仪表动态误差和静态误差的测试和实时补偿。

② 惯性仪表特别是陀螺仪直接测量载体的角运动,高性能歼击机角速度可达 $400°/s$,这就要求捷联陀螺有较大的施矩速度和高性能的再平衡回路。

③ 平台式系统的陀螺仪安装在平台上,可以相对重力加速度和地球自转角速度任意定向来进行测试,便于误差标定。而捷联陀螺的装机标定比较困难,从而要求捷联陀螺有较高的参数稳定性。

4.2.3 组合导航系统

面向飞行器应用的各种导航方法各有优缺点,采用单一导航方法很难满足设计要求。惯性导航自主性强,动态指标很高,但其导航精度因为漂移的原因会随飞行时间增加而不断下降;卫星导航精度很高,体积质量很小,价格低廉,但它还是属于一种无线电式的被动导航方法,信号易受到干扰,从而给装配这种导航设备的武器系统造成极大隐患;地图匹配导航精度高,但实时性较差,导航时飞行高度也受到较大限制。因此,人们探索了各种各样的组合导航方法,旨在弥补各自的不足。

组合导航系统是以惯性导航方法为基础,并通过卫星导航(如 GPS,BDS 等)、地图匹配、星光、多普勒等多种辅助修正的组合导航方法。

1. 惯性 GPS/组合导航系统

本小节以惯性/GPS 组合系统为例,重点介绍惯性/卫星组合导航方案。

(1) 卫星导航系统

① GPS 系统组成原理。

GPS 是英文 navigation satellite timing and ranging/global positioning system 的字头缩写词 NAVSTAR/GPS 的简称。它的含义是,利用导航卫星进行测时和测距,以构成全球定位系统。

GPS 系统由空间部分(导航卫星)、地面部分、用户设备三部分组成。

如图 4.6 所示,空间部分主要由围绕地球运行的 24 颗 GPS 卫星组成。星座设计之初,为保证地球上任意位置在任何时刻均有大于 4 颗可见卫星,设计方案是最少 24 颗卫星构成空间卫星星座,但实际上空间组网的在轨 GPS 卫星数目总是大于 24 颗,目前 GPS 卫星数目保持在 29～31 颗。美国官方把构成 GPS 星座的 24 颗卫星称作"核心星座"或"基本星座"。24 颗核心星座分布在六个轨道面上,轨道倾角 55°,两个轨道面之间在经度上相隔 60°,每个轨道面上布放 4～6 颗卫星。在地球的任意地方,至少可同时见到 5 颗卫星。

地面控制部分包括监测站、主控站和注入站。监测站在卫星过顶时收集卫星播发的导航信息,对卫星进行连续监控,收集当地的气象数据等;主控站主要根据各监测站送来的信息计算各卫星的星历,以及卫星钟修正量,以规定的格式编制成导航电文,以便通过注入站注入卫星;注入站是在卫星通过其上空时,把上述导航信息注入卫星,并负责监测注入的导航信息是否正确。

用户设备部分包括天线、接收机、微处理机、控制显示设备等,有时也通称为 GPS 接收机。用于导航的接收机亦称为 GPS 卫导仪。民用 GPS 卫导仪仅用 L1 频率的 C/A 码信号工作。

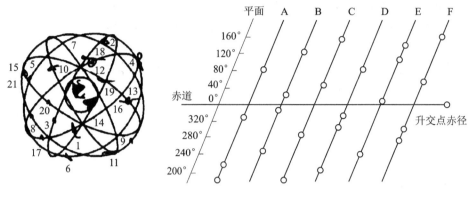

图 4.6　GPS 星座分布图

GPS 接收机中微处理器的功能包括：对接收机的控制,选择卫星,校正大气层传播误差,估计多普勒频率,接收测量值,定时收集卫星数据,计算位置、速度以及控制与其他设备的联系等。

② GPS 定位原理。

GPS 卫星设备接收卫星发布的信号,根据星历表信息,可以求得每颗卫星发射信号时的位置。用户设备还测量卫星信号的传播时间,并求出卫星到观测点的距离。如果用户装备有与 GPS 系统时间同步的精密钟,那么仅用 3 颗卫星就能实现三维导航定位,这时以 3 颗卫星为中心,以所求得的到 3 颗卫星的距离为半径,作三个球面,观测点就位于球面的交点上。

由于用户设备装备的内部时钟是非精密的,因此其所测得的距离存在误差,称为伪距离,这时用 4 颗卫星才能实现三维定位。图 4.7 为伪距测量图。

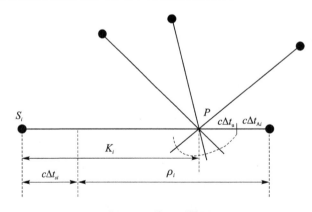

图 4.7　伪距测量图

伪距离 ρ_i 的计算公式为

$$\rho_i = r_i + c\Delta t_{Ai} + c(\Delta t_u - \Delta t_{si}) \tag{4.6}$$

式中,r_i 为观测点 u 到卫星 s_i 的真实距离;c 为光速;Δt_{Ai} 为第 i 颗卫星的传播延迟误差和其他误差;Δt_u 为用户钟相对于 UPS 系统时间的偏差;Δt_{s_i} 为第 i 颗卫星时钟相对于 GPS 系统时间的偏差。

计算时,用到固连于地球的右手直角坐标系,设卫星 s_i 在该坐标系中的位置为 $x_{s_i}, y_{s_i}, z_{s_i}$,用户 u 位于 x, y, z 处,则有

$$r_i = \sqrt{(x_{s_i} - x) + (y_{s_i} - y) + (z_{s_i} - z)} \tag{4.7}$$

伪距离计算公式可改写为

$$\rho_i = \sqrt{(x_{s_i} - x) + (y_{s_i} - y) + (z_{s_i} - z)} + c\Delta t_{Ai} + c(\Delta t_u - \Delta t_{s_i}) \tag{4.8}$$

式中,卫星位置$(x_{s_i}, y_{s_i}, z_{s_i})$和卫星时钟偏差 Δt_{s_i} 由卫星电文计算获得;传播延迟误差 Δt_{Ai} 可以用双频测量法校正或利用电文提供的校正参数,根据传播延迟误差模型估算得到;伪距离 ρ_i 由测量获得;观测点位置(x, y, z)和用户钟偏差 Δt_u 四个数为未知数。

由上可知,未知数有四个,只要测得与四颗卫星之间的伪距,建立方程组,就能解得观测点的三维位置和用户钟偏差。

由计算出的卫星位置可以求得用户的位置。因为卫星位置与用户位置之间的关系是非线性的,所以通常可以用迭代法和线性化方法计算用户位置。

GPS 速度的求得是通过伪距率的测量获得的。GPS 系统通过观测多普勒频移能获得伪距率,根据伪距率用线性化方法求出速度,与位置求解方法类似。

（2）组合导航系统

在所有导航方法中,GPS 在精度上具有压倒性优势,但惯性导航方法完全自主的特性却是 GPS 所不具备的。所以,GPS 与惯性导航方法相结合已成为无人飞行器导航的重要发展方向。这种组合将把惯性导航系统固有的高带宽、低噪声性能和 GPS 的低带宽、高精度定位性能完美地结合起来。

GPS 所提供的伪距和伪距率数据可以被用来估算组合导航系统的位置和速度误差,而惯性导航系统的位置和速度误差随航行时间而增加,因此需要定期加以修正。将 GPS 的位置和速度数据用作对惯性导航系统导航解的修正,则可大大提高惯性导航系统的精度,并且在这种组合系统中有可能允许采用精度较低的惯性导航系统。

根据不同的应用要求,GPS 和惯性导航系统可以有不同层次和水平的组合,即组合的程度和深度不同。按照两者组合中耦合深度的不同,可以把组合系统大体分为两类:一类叫松散耦合(loose coupling)或称简易组合(easily integration);另一类叫紧密耦合(tight coupling)或紧密组合。

① 松散组合。松散组合的主要特点是:GPS 和惯导各自独立工作,组合导航的作用主要表现为用 GPS 辅助惯导;组合系统的输出是通过融合 GPS 的导航输出和惯导的导航输出而得到的;组合系统能在对已有的系统的硬件与软件做最小改动的情况下,提供冗余度,有界的位置、速度和姿态估计,高数据率的导航和姿态信息。

属于松散组合的典型模式为:用位置、速度信息组合。用位置、速度信息组合的 GPS/惯导组合导航系统原理框图如图 4.8 所示。用 GPS 接收机和惯导输出的位置和速度信息的差值作为量测值,经组合卡尔曼滤波,估计惯导系统的误差,然后对惯导系统进行校正,以提高惯性导航的精度。这种组合模式的优点是组合工作比较简单,便于工程实现,而且两个系统仍独立工作,使导航信息有一定余度。其缺点是 GPS 接收机输出的位置和速度误差通常是时间相关的,特别在 GPS 接收机内部应用卡尔曼滤波器时,更是如此。

② 紧密组合(或称深组合)。紧密组合的主要特点是导航系统只有一个滤波器,滤波器利用 GPS 接收机的原始测量信息(伪距、伪距率和载波相位)和相应惯导导航输出计算出的伪距、伪距率信息之差来估计载体的导航信息;组合作用体现在 GPS 接收机和惯导系统的相互辅助;紧密组合系统通常把 GPS 接收机作为一块电路板放入惯导部件中进行导航系统的一体化设计,要求接收机具有输出原始测量信息和接收速率辅助信息的能力,以牺牲子系统的独立

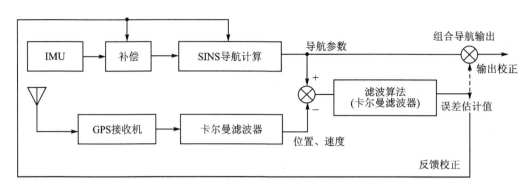

图 4.8   位置、速度组合原理图

性为代价获取高性能,实现起来比较复杂。

　　属于紧密组合的基本模式有:用伪距/伪距率(或同相 I/正交 Q)信息组合;在伪距/伪距率(或同相 I/正交 Q)组合基础上再加上用惯导位置和速度对 GPS 接收机跟踪环路进行辅助。其中,用惯性速度信息辅助 GPS 接收机跟踪环路可以有效地提高接收机跟踪环路的等效带宽,提高接收机的抗干扰性,减小动态误差,提高跟踪和捕获的性能,是紧密组合系统的主要标志。

　　用伪距/伪距率(或同相 I/正交 Q)信息组合的原理框图如图 4.9 所示。用 GPS 接收机提供的星历数据、惯导系统给出的位置和速度以及估计的接收机时钟误差计算相应于惯导位置和速度的伪距 ρ_I 和伪距率 $\dot{\rho}_I$(或 I/Q 值)。把 ρ_I 和 $\dot{\rho}_I$(或 I/Q)与 GPS 测量的 ρ_G 和 $\dot{\rho}_G$(或 I/Q)相比较作为量测值,通过组合卡尔曼滤波器估计惯性器件惯导系统的误差以及接收机的误差,然后对两个子系统进行开环校正或反馈校正。由于 GPS 的测距误差容易建模,因而可以把它扩充为状态,通过组合卡尔曼滤波加以估计,然后对 GPS 接收机进行校正。因此,伪距/伪距率(或 I/Q)组合模式比位置、速度组合模式具有更高的组合导航精度。该组合模式中,GPS 接收机只提供星历数据和伪距/伪距率(或 I/Q)即可,可以省去导航计算处理部分;也可保留导航计算部分,作为备用导航信息,使导航信息具有余度。

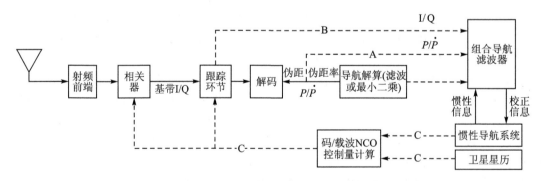

图 4.9   基于伪距/伪距率(或同相 I/正交 Q)信息的紧密组合原理图

2. 惯性/星光组合导航系统

　　惯性/星光组合导航利用恒星作为固定参考点,飞行中用星敏感器观测星体的方位来校正惯性基准随时间的漂移,以提高导弹的导航精度。惯性/星光组合导航比纯惯性导航精确的原因在于在惯性空间里从地球到恒星的方位基本保持不变。因此,星敏感器就相当于没有漂移的陀螺。虽然像差、地球极轴的进动和章动、视差等因素使恒星方向有微小的变化,但是它们所造成的误差远小于 1′。因此,惯性/星光组合导航系统可以克服惯性基准漂移带来的误差。

对机动发射或水下发射的弹道导弹来说,惯性/星光组合导航系统的优点更为突出。因为它们的作战条件使发射前不会有充足的时间进行初始定位瞄准,也难以确切知道发射点的位置。这些因素给制导系统带来的突出问题是发射前建立的参考基准有较大的误差,这种误差称之为初始条件误差,包括初始定位误差、初始调平误差、初始瞄准误差。采用惯性/星光组合导航,可允许在发射前粗略地对准,飞行过程中再依靠星敏感器进行修正,若再与发射时间联系起来,就能定出发射点的经纬度。这些突出的优点,加上系统的自主性和隐蔽性,使惯性/星光组合制导具有很好的发展前途。

目前,惯性/星光组合制导技术已经用来解决水下发射导弹的初始定位、定向和陀螺漂移等问题。美国新型潜射导弹“三叉戟-Ⅰ”和“三叉戟-Ⅲ”以及苏联的潜射导弹 SS－N－8 和 SS－N－18 均成功使用了惯性/星光组合导航方式。其中,“三叉戟”的惯性/星光组合导航精度(CEP)达到了 122 m。

惯性/星光组合导航系统组成如图 4.10 所示。星光导航部分主要包括光电探测单元、目标检测和星图识别单元、光学水平基准、时间基准、导航解算等五部分。惯性导航部分主要由陀螺仪、加速度计组件、误差补偿计算和导航解算等四部分组成。将星光导航和惯性导航信息进行组合滤波可修正惯导误差,显著提高导弹导航精度。

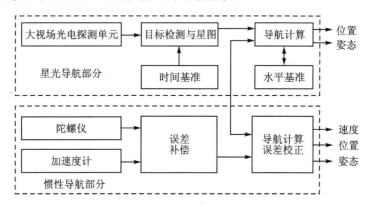

图 4.10　惯性/星光组合导航系统组成

3. 惯导/地图匹配组合导航系统

把地图匹配和惯性制导系统结合在一起,用地图匹配系统的精确匹配位置信息修正陀螺漂移和加速度计误差所造成惯性制导系统的积累误差(定位误差),可大大提高制导精度。惯导/地图匹配组合导航系统如图 4.11 所示。

以美国的“潘兴 II”弹道导弹为例,其采用惯性/地图匹配组合导航方案。该导弹在主动段采用纯惯性制导,由于飞行时间短,因此可以保证一定的导航精度。再入段的导引和控制分成气动减速机动段和地图匹配末制导段。

在飞行器的全程飞行中,惯性导航系统一直在工作并以固定的周期给出飞行器的位置、速度信息。飞行器再入大气层后,其导航计算转到以目标为原点的地面坐标系进行,即给出相对于地面坐标系的位置和速度。在地图匹配末制导段,地图匹配末制导雷达在几个预先选定高

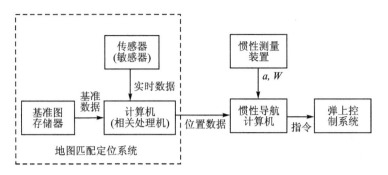

图 4.11　惯导/地图匹配组合导航系统原理图

度获取地面地图信息,并将其与计算机中预存的地图进行匹配运算,确定惯性导航的水平位置误差,再将此水平位置误差与雷达测高获得的高度信息一起来修正惯性导航的位置。"潘兴Ⅱ"正是采用了惯导/地图匹配组合导航系统,并且在末制导采用景像匹配制导技术,大大提高了末制导精度。

4.3　捷联惯性导航系统

4.3.1　捷联惯性导航系统的基本原理

捷联惯导系统(strap-down INS,SINS)是将惯性仪表(陀螺仪和加速度计)直接安装在载体上以完成制导任务的系统。其一般由加速度计、陀螺仪和计算机装置等器件组成。加速度计敏感轴与机体坐标系轴平行,用以测量视加速度在机体坐标系各轴上的分量;飞行器的姿态可由双自由度陀螺仪测量,也可用双轴或单轴的速率积分陀螺仪测量姿态角速度增量,经过复杂的计算求得。前者称为位置捷联惯性导航方案,后者则称为速率捷联惯性导航方案。计算装置则根据所测数据进行综合计算,并转换成控制发动机关机指令和横法向导引信号。

捷联惯性制导系统的主要优点在于:体积小、质量轻、允许全姿态工作,而且系统的可靠性也比较高。其缺点主要是控制精度不够高,这是因为其敏感元件固连机体,直接受恶劣环境影响。所以,研制在恶劣环境条件下能够实现高精度测量的新型敏感元件(如激光陀螺仪等)是发展捷联式制导系统的关键。

通过积分陀螺测量姿态角速度增量,间接求出姿态角的捷联惯导称为速率捷联惯导。速率捷联制导的原理如 4.12 所示。

速率捷联惯导系统一般由速率积分陀螺、加速度计和计算机组成。加速度计的敏感轴相对飞行器固定,测量视加速度在飞行器三个轴上的分量。速率积分陀螺不同于位置陀螺,位置陀螺测量是基于陀螺的定轴性;而速率积分陀螺则是利用了陀螺的进动性。陀螺的敏感轴与飞行器固连,随飞行器一起运动。速率积分陀螺测量飞行器瞬时角速度在机体坐标系三个轴上的分量。机载计算机据此计算飞行器相对导航坐标系的姿态,并把加速度计测量值变换为视加速度在导航坐标系的投影。

与一般惯导系统一样,速率捷联惯性导航系统主要是运动状态测量。利用惯性测量组合输出相对机体坐标系的运动参数,经过计算机实时采样并经误差补偿后,通过四元数计算和坐

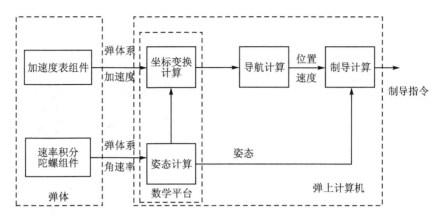

图 4.12　速率捷联惯导框图

标转换,获得飞行器相对于惯性坐标系的速度、位置、姿态导航状态参数。

速率捷联惯导是通过数学平台来实现物理平台的功能。速率捷联惯导中的数学平台主要有以下两个主要功能:

① 根据速率积分陀螺测量值决定机体坐标系到导航坐标系的转换矩阵,提供导航计算所要求的坐标基准;

② 给出姿态控制所要求的飞行器相对导航坐标系的姿态。

4.3.2　捷联导航系统的组成

捷联惯性导航系统大体上由一组惯性仪表和一台计算机组成,这种系统可以再分解为惯性仪表组件、仪表的电子部件、姿态计算机、导航计算机,如图 4.13 所示。这些部件是构成一个完整捷联导航系统的基本组成部分。这些部件将与必需的电源和接口电子部件一起安装在壳体上,然后再安装到要运载体上。尽管常常假设捷联导航系统是刚性固定在运载体上的,但通常还必须把该系统安装在减振基座上,以便与运载体在该系统特别敏感的某些频率的振动相隔离。

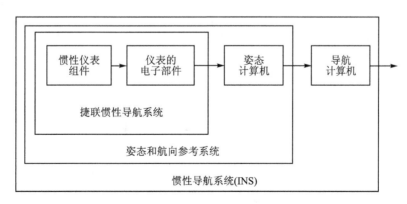

图 4.13　捷联惯性导航系统的组成

仪表组件通常包括分别提供角速率和比力测量值的陀螺和加速度计。捷联惯导系统包含 3 个单轴陀螺(或 2 个双轴陀螺)和 3 个单轴加速度计。这些仪表全部装在一个刚性块上,该刚性块可直接或通过减振基座安装在运载体的机体内。大多数情况下,仪表的敏感轴在笛卡儿坐标系中是相互正交的,如图 4.14 所示。

正交的敏感器结构使角速率和比力在 3 个相互垂直的正交方向的分量能被直接测量出来,提供执行捷联计算任务所需的信息。

如上所述,采用双轴敏感器(如动力调谐陀螺仪)代替单轴速率积分陀螺仪的系统就可以少装一个敏感器。双轴敏感器结构还可提供一个额外的速率测量值。通过仔细选择 2 个双轴敏感器的相对方向,其中 1 个陀螺提供的冗余测量值就可用于监测另一个陀螺的性能,因而可以作为自检设备的一部分。

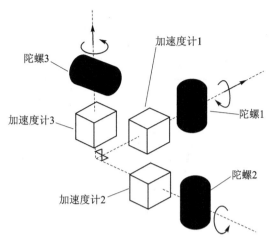

图 4.14 正交的仪表组件结构

4.3.3 捷联导航系统姿态计算基本原理

1. 捷联解算的基本过程

SINS 由于其在成本、体积、可维护性等方面的优异性能,在导航领域内得到了广泛的应用。本章选择 SINS 为研究对象,其解算过程主要包括姿态更新解算和导航计算两个过程,解算流程如图 4.15 所示(图中粗线部分描述了姿态解算过程)。

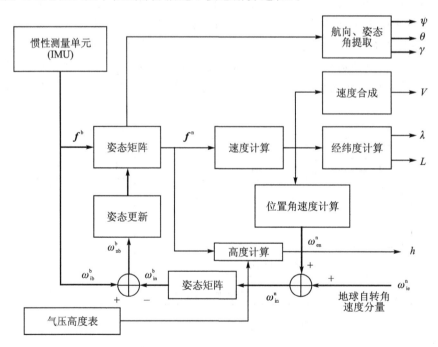

图 4.15 SINS 捷联解算流程图

SINS 由于省去了实时模拟惯性坐标系的惯性平台,需要根据捷联陀螺和加速度计测量得到的运载体角运动信息和线运动信息来解算出运载体的航向、姿态、速度及位置,建立姿态转换矩阵,即实现由载体坐标系到导航坐标系的坐标转换,从而建立数学平台坐标系,为导航解算提供数学平台,将载体坐标系中的运动参数转化为导航坐标系中的运动参数。

姿态转换矩阵随时间的变化而不断变化,根据该矩阵的元素可以确定飞行器的姿态和航向,SINS 姿态更新的过程就是实时计算姿态矩阵的过程,也就是由载体相对导航坐标系姿态变换角增量 ω_{nb}^{b} 求解姿态矩阵和姿态角的过程,如图 4.15 中粗线所示:根据捷联陀螺仪测量的角速度 ω_{ib}^{b} 和导航计算机计算的角速度(包括载体平动和地球自转引入的相对导航坐标系姿态变化)ω_{in}^{b} 来计算载体的姿态矩阵 C_{b}^{n},然后从姿态矩阵元素中提取飞行器的姿态和航向信息,并把捷联加速度计测量的比力信息 f^{b} 用该姿态矩阵变换到导航坐标系中的加速度矢量 f^{n},余下进行导航解算的过程和平台式惯导系统完全一样。因此说姿态解算过程是捷联解算实现的关键技术,也是影响捷联算法精度和计算复杂度的重要因素。下面从优化姿态解算方案的角度提高 SINS 捷联解算方案的动态适应性能。

2. SINS 姿态解算算法

捷联解算方法中最为关键的步骤和环节是姿态解算。一般地,SINS 的姿态解算(姿态更新)算法有欧拉角法、方向余弦法、四元数法、等效旋转矢量法。在较为常用的几种姿态更新算法中,以上几种计算方法各有优缺点:

① 欧拉角法通过求解欧拉角微分方程直接计算航向角、俯仰角和横滚角,欧拉角微分方程关系简单明了,概念直观,容易理解,解算过程中无需作正交化处理,但方程中包含有大量的三角函数运算,实时计算困难,且当俯仰角接近 90° 时方程会出现退化现象,所以这种方法不适用于全姿态运载体的姿态确定。

② 方向余弦法可全姿态工作,但计算量大,实时计算困难。

③ 四元数法只需求解四个未知量的线性微分方程组,算法简单、实用,但其对有限转动引起的不可交换误差的补偿程度不够,不能适应于高动态运载体的姿态解算。

④ 旋转矢量法可采用多子样算法对不可交换误差做有效补偿,算法简单,易于操作,并且通过对系数的优化处理使算法漂移在相同子样算法中达到最小,特别适应于角机动频繁激烈或存在严重角振动的动态环境。因此,这里重点介绍等效旋转矢量法。

由于刚体在做有限转动时,刚体的空间角位置与旋转次序有关,即存在不可交换误差。等效旋转矢量算法在利用角增量计算等效旋转矢量时,对这种不可交换误差作了适当的补偿,在姿态更新周期内包含的角增量子样数越多,补偿就越精确。它和四元数法的不同在于:在姿态更新周期内,四元数法直接计算姿态四元数,而旋转矢量法先计算姿态变化四元数,再计算姿态四元数。本节对等效旋转矢量法计算过程进行了归结,该过程分两步完成:第一步是旋转矢量的计算,用旋转矢量描述飞行器的姿态变化;第二步是四元数的更新。

① 第一步,求解等效旋转矢量。

计算旋转矢量时通过求解等效旋转矢量微分方程(Bortz 方程)来计算等效旋转矢量。等效旋转矢量微分方程为

$$\dot{\boldsymbol{\Phi}} = \boldsymbol{\omega} + \frac{1}{2}\boldsymbol{\Phi} \times \boldsymbol{\omega} + \frac{1}{\boldsymbol{\Phi}^{2}}\left[1 - \frac{\boldsymbol{\Phi}\sin\boldsymbol{\Phi}}{2(1-\cos\boldsymbol{\Phi})}\right]\boldsymbol{\Phi} \times (\boldsymbol{\Phi} \times \boldsymbol{\omega}) \qquad (4.9)$$

将式(4.9)进行泰勒展开,由于姿态更新周期一般都很短,因此 $\boldsymbol{\Phi}$ 很小,$\boldsymbol{\Phi}$ 的高阶项可以

略去不计,得到工程中常用的近似方程:$\dot{\boldsymbol{\Phi}}=\omega+\dfrac{1}{2}\boldsymbol{\Phi}\times\omega+\dfrac{1}{12}\boldsymbol{\Phi}\times(\boldsymbol{\Phi}\times\omega)$。

上式说明了旋转矢量的导数等于角速率 ω 加上两个修正项,该修正项反映了不可交换误差的影响,用含有该修正项的 $\boldsymbol{\Phi}$ 可以消除四元数计算过程中的不可交换误差。

② 第二步,更新四元数方程。

设 n 为导航坐标系,b 为机体坐标系,r 为某一向量。记 t_{k-1} 和 t_k 时刻的机体坐标系分别为 $b(k-1)$ 和 $b(k)$,$b(k-1)$ 系至 n 系的旋转四元数为 $Q(t_{k-1})$,$b(k)$ 系至 n 系的旋转四元数为 $Q(t_k)$,$b(k-1)$ 系至 $b(k)$ 系的旋转四元数为 $q(h)$,$h=t_k-t_{k-1}$。根据坐标转换矩阵表示法与四元数表示法等价的结论,有 $r^n=C_{b(k)}^n r^{b(k)}$ 的等价表达式:

$$r^n=Q(t_k)\otimes r^{b(k)}\otimes Q^*(t_k)$$
$$r^n=C_{b(k-1)}^n C_{b(k)}^{b(k-1)} r^{b(k)} \tag{4.10}$$

即

$$r^n=[Q(t_{k-1})\otimes q(h)]\otimes r^{b(k)}\otimes[Q(t_{k-1})\otimes q(h)]^* \tag{4.11}$$

比较式(4.10)和式(4.11),有

$$Q(t_k)=Q(t_{k-1})\otimes q(h) \tag{4.12}$$

式中,$q(h)=\cos\dfrac{\boldsymbol{\Phi}}{2}+\dfrac{\boldsymbol{\Phi}}{\boldsymbol{\Phi}}\sin\dfrac{\boldsymbol{\Phi}}{2}$ 为姿态更新四元数,$\boldsymbol{\Phi}$ 为 $b(k-1)$ 系至 $b(k)$ 系的等效旋转矢量,$Q(t+h)$ 和 $Q(t)$ 分别表示了机体在 $t+h$ 和 t 时刻的姿态四元数,式(4.12)即为四元数更新方程,也称姿态更新方程。

4.4　激光捷联惯性测量组合原理及组成

4.4.1　组成及结构特征

在高超声速飞行器发展前期,为有效考察气动、结构、防隔热等相关关键技术的攻关效果,在选择惯性导航时常常选择技术先进、成熟度高的导航系统。其中,激光捷联惯性测量组合是一种十分适合的备选系统。为此,本节重点介绍可用于高超声速飞行器的激光捷联惯性测量组合的组成及基本原理。这里以一类典型的激光捷联惯性测量组合图 4.16 为例介绍其组成、结构特征。

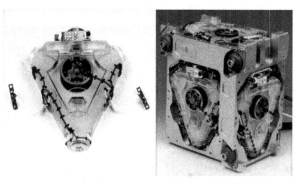

图 4.16　一款激光陀螺仪和激光捷联惯性测量组合

1. 组　成

激光捷联惯性测量组合采用惯性仪表测量组合和电气系统一体化的设计方案,主要由 3 个激光陀螺仪、3 个石英加速度计、1 块瞄准棱镜,以及高精度测量电路板、二次电源、结构、减振器、GNSS＋BD2 接收机、温度控制组合、窗口玻璃、接插件和内部电缆等相关配套电路板组成,主要用于测量惯性空间下飞行器沿 3 个轴的视加速度以及绕飞行器体轴转动的角速度,通过脉冲接口输出陀螺仪和加速度计的测量值,提供给控制组合进行姿态解算和制导计算,详见图 4.17。

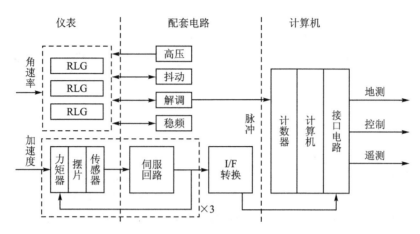

图 4.17　激光捷联惯性测量组合组成框图

各分部件具体功能如下:

① 激光陀螺仪 3 只,实现空间三维转动角速度测量;

② 石英加速度计 3 只,实现空间三维线性加速度测量;

③ 二次电源 1 块,为激光陀螺仪组件、石英加速度计、高精度测量电路板和接收机等部件供电;

④ 高精度测量电路板 1 块,主要用于与激光陀螺仪通讯、对石英加速度计输出的电流信号进行 I/D 变换、完成接收机和温度控制组合的通讯、完成与弹上机和遥测的通讯;

⑤ 卫星导航接收机(GNSS－BD2),用于完成 WGS－84 坐标系下的时间、速度和位置等信息的测量;

⑥ 温度控制组合,用于完成捷联惯性测量组合的温度测量和温度控制;

⑦ 棱镜组合和窗口玻璃,用于捷联惯性测量组合安装到全弹后方位的瞄准;

⑧ 结构,用于产品在标定测试、飞行器上安装的定位以及为分部件的安装提供支架;

⑨ 减振器,用于产品减振;

⑩ 接插件和内部电缆 1 套。

2. 结　构

捷联惯性测量组合外形如图 4.18 所示。

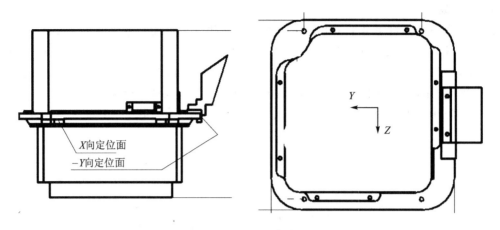

图 4.18　激光捷联惯性测量组合外形图

4.4.2　功　用

激光捷联惯性测量组合全程进行工作,以固定的频率为制导控制系统实时提供机体相对于惯性空间的三维速度增量和角度增量,以 1 Hz 的频率为制导控制系统提供导航接收机在WGS-84 坐标系下的三维位置、速度和绝对时间,提供与弹上计算机的硬件对时功能,并将遥测数据发送给遥测采编器。

4.4.3　基本工作原理

激光陀螺仪和石英加速度实现空间三维转动角速度和线性加速度测量;GNSS+BD2 接收机用于完成 WGS-84 坐标系下的时间、速度和位置等信息的测量;温度控制组合,用于完成捷联惯性测量组合的温度测量和温度控制。二次电源为激光陀螺仪组件、石英加速度计、高精度测量电路板和 GNSS+BD2 接收机等部件供电;高精度测量电路板用于完成与激光陀螺仪通讯、对石英加速度计输出的电流信号进行 I/D 变换、GNSS+BD2 接收机和温度控制组合的通讯,以及与弹上机和遥测的通讯。

激光捷联惯性测量组合坐标系如图 4.19 所示。工作原理框图如图 4.20 所示。从图 4.19 及图 4.20 可以看出,激光捷联惯性测量组合建立了一个空间直角坐标系,三个激光陀螺仪敏感并测量沿坐标系三个正交轴的角速度,三个石英加速度计敏感并测量沿坐标系三个正交轴的视加速度,通过建模和误差补偿,激光捷联惯性测量组合输出沿三个正交轴的角度增量和视速度增量。卫星导航接收机接收 GPS、GLONASS 和 BD2 导航星数据,输出载体在 WGS-84 坐标系中的位置、速度和 UTC时间。棱镜组合提供激光捷联惯性测量组合的方位基准(棱镜法线方向为激光捷联惯性测量组合一

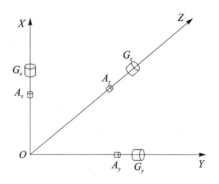

G_x,G_y,G_z 为三个激光陀螺仪;
A_x,A_y,A_z 为三个石英加速度计。

图 4.19　激光捷联惯性测量组合坐标系

Y 方向),激光捷联惯性测量组合二次电源提供激光捷联惯性测量组合所需的各种电源。同时,为提高惯性仪表精度,激光捷联惯性测量组合还需要进行温控。

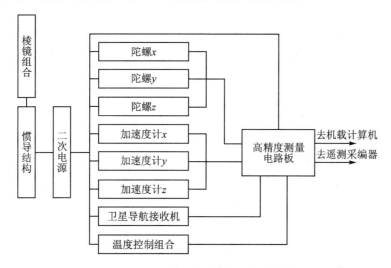

图 4.20 捷联惯性测量组合原理框图

惯导结构为激光陀螺仪和石英加速度计提供三轴正交的安装基准面,提供其他部件的结构安装;惯导采用分区温控方式,为激光陀螺仪和加速度计提供较好的温度环境,从而保证其测量精度;惯导在 −Y 向安装有棱镜组合,用于飞行器方位瞄准;惯导结构对外提供有惯导坐标系的水平基准和方位基准,用于惯导标定和在飞行器上安装精度测量;惯导作为一个整体通过减振器与飞行器连接。

二次电源将提供的直流电源变换为惯导所需的电压输出。

激光陀螺仪利用 Sagnac 效应测量陀螺相对于惯性空间的转动角速度,通过 RS-422 接口与高精度测量电路板进行通讯,获得转动测量数据。

石英加速度计通过石英挠性摆敏感加速度计感受加速度,加速度计输出的电流模拟量经过高精度测量电路板上的 A/D 变换电路转化为数字量。

温度控制组合通过分区温控方式,将惯导敏感器件的温度控制在一定范围之内,保证其输出精度。

卫星导航接收机接收外界的 GPS、GLONASS 和 BD2 卫星导航信号,解算出载体的位置、速度和时间信息。

在高精度测量电路板的 CPU 中对激光陀螺仪和加速度计的测量信息完成误差补偿计算,以固定频率的速率输出惯导三个正交轴感受到的角度增量和视速度增量,提供给弹上计算机进行导航计算和控制;高精度测量电路板还通过 RS-422 接口获得卫星导航信息,包括位置、速度和时间,提供给计算机进行组合导航计算。同时,高精度测量电路板将惯导的相关信息发送给遥测系统,为数据分析提供依据。

4.4.4 激光陀螺仪

1. 萨克奈克效应

激光陀螺与光纤陀螺都是依据光在光路中的传播规律和萨克奈克相移效应(简称萨克奈

克效应)而设计的。后者是法国实验物理学家萨克奈克(M·M·Saganc)在 1913 年发现的。当时他为了观察转动系统中光的干涉现象,做了两个类似于旋转陀螺力学实验的光学实验,其装置如图 4.21 所示。

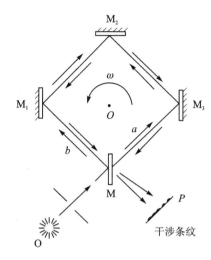

从光源 O 发出的光到达半镀银反射镜 M 后分成两束:一束是反射光,经反射镜 M_1,M_2,M_3 及 M 到达光屏 P。另一束是透射光,经 M_3,M_2,M_1 及 M 到达光屏 P。这两束光沿着相反方向汇合在光屏上,形成干涉条纹。干涉条纹用照相记录。当整个装置(包括光源和照相机)开始转动时,干涉条纹开始发生位移,观察到条纹位移与古典非相对论计算结果相符。这个实验被称为萨克奈克实验,证明了处于一个系统中的观察者确定该系统的转动速度的可能性。但是,当时只有普通光源,观察到的效应非常小,很难达到应用上要求的精确度,因此没有实用价值。到了 20 世纪 60 年代,一种新颖光源——激光器——问世后,该效应才被广泛应用于激光陀螺、光纤陀螺以及各种用途的光纤传感器上。激光光源与普通光源的重要区别就在于它是强相干光源。

图 4.21　萨克奈克实验

(1) 相干性的基本概念

光的相干性是一个比较复杂的问题,可以用光的量子论(光子统计理论)描述,也可以用经典波动理论描述。光子理论认为光是一种以光速 c 运动的光子流,光子也具有能量、动量、质量等,而且这些粒子的属性还与它的波动属性(频率、波矢、偏振等)有密切关系。光的相干性就是光子的相干性。光子的相干性要用光子态描述,属于同一光子的相干性是相同的。不同态的光子是不相干的。这种描述要应用量子力学的概念,比较复杂。下面从波动理论出发讨论光的相干性。

首先介绍两个实验。第一个实验如图 4.22(a)所示,有两个相同的光源 O_1 和 O_2,在光源前放置一个具有两个小孔的光阑。从 O_1 和 O_2 发出的光波分别通过小孔到达光屏 P。一般

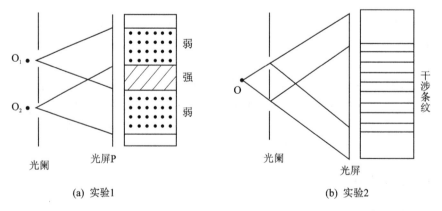

(a) 实验1　　　　　　　　　　　　　　　　(b) 实验2

图 4.22　光的干涉现象

情况下,这两束光共同照亮的地方要亮一些,其光强约为每个光源照明时的光强之和,因为这两束光互不干扰,各自独立传播。另一个实验是用一个光源 O,这两束光重叠的地方并不像第一个实验那样中间很亮,逐渐向两边衰减,而是出现一列明暗相间的条纹。在亮处的光强差不多是单独一束光照射时的 4 倍,而在暗处光强为零。这两束光不是独立地传播,而是相互干扰的。这就是光的干涉现象,明暗相间的条纹称为干涉条纹。

光在一定条件下会产生干涉条纹是因为光波也遵守波的叠加原理。根据波的叠加原理,当两列单色光波(频率单一的正弦波)同时作用于光屏的某点上时,该点光波(叠加波)的情况与这两列光波间的相位差有密切关系。如果是同相位,叠加波的频率和相位与原来的光波一样,但振幅是原来两列波的振幅之和,即相互加强,形成亮条纹。如果是相反相位,则叠加波的振幅为原来两列波振幅之差,即相互抵消,形成暗条纹,如图 4.22(b)所示。光的干涉现象正是波的叠加原理的一种表现。因为光波虽然具有波动性质,但还有其特殊性。光是一种波长很短的电磁波,其频率约为 1014 Hz。这样快的振动,人眼根本感觉不出来,通常所观察到的都是在一段短时间内光强的平均值,而且普通光源(如太阳光、灯光等)是从大量原子发出的光的总和,而各个原子发出的光的相位几乎互不相关。每个原子辐射的时间又很短,通常远小于 1 μs,随后即因失去了能量而停止辐射。当它再次吸收到较多能量(如由于原子间的碰撞等)时又开始辐射,但这次辐射出的光波的相位与前次的相位没有联系。因此,普通光源是由大量相位不相关的短波列组成的,这种光叫作非相干光。只有相位相关的光波才能发生相干现象。图 4.22 所示的第一个实验就是因为两列光波的相位是杂乱无章地变化,没有一定的相位关系和恒定的相位差,所以不会出现干涉条纹。在第二个实验中,两束光是由同一光波经过光阑而形成的,所以具有相同的相位和振幅,这两列光波在光屏上相遇时就会出现干涉条纹。激光器的各发光中心是相互关联的,可以在较长时间内存在恒定的相位差,因此有很好的相干性。在许多的应用中,激光的相干性起着关键的作用,萨克奈克效应就是一个典型例子。

在经典理论中常用"相干体积"描述光的相干性。如果在空间体积 V 中各点的光波都具有明显的相干性,则称 V 为相干体积。V 又可表示为垂直于光传播方向的截面上的相干面积 A 和沿传播方向的相干长度 L 的乘积,则

$$V = AL = Act_0 \tag{4.13}$$

式中,c 是光速;t_0 是光沿传播方向通过相干长度 L 的时间,称为相干时间。根据式(4.13)可将光的相干性分为时间相干性和空间相干性。时间相干性是指两列光波经过不同时间 t_1 和 t_2 到达同一空间点上的相干性。如果这两列光波的时间间隔 $|t_2 - t_1| < t_0$(t_0 约为 10^{-8} s),就会产生明显的相干现象。空间相干性是指在同一时刻,两个不同空间点上光波之间的相干性。光束的空间相干性越强,它的方向性越好。在实际应用中具有相干性的光波的强度(称为相干强度)也是一个重要参数。一个好的相干光源应该是在很大的相干体积内有很高的相干光强。激光器就是一种把光强和相干性两者统一起来的强相干光源,所以直到激光的出现,才使早已发现的萨克奈克效应有了使用价值。

(2) 光程差

在萨克奈克实验中,必须计算从同一光源发出,被反射镜反射和透射而经历不同路程后又到达同一地点的两列光束之间的相位差。相位差可以根据两列光波的光程差求得。在均匀介质中,光程 l 表示路程 L 与介质的折射系数的乘积,即

$$l = nL \tag{4.14}$$

在非均匀介质中,必须把光所经过的路程分成许多小段,然后用积分法求出总光程。沿着不同路径到达同一点上的两列光束的光程之差称为光程差。如果一列光束通过一根折射率为 n 的光纤,而另一与之平行的光束通过空气到达光屏,虽然它们的几何路径相同,但光程不同,其光程差为 $(n-1)$ 乘上路径的长度。下面讨论光程差与相位差间的关系。

当光波向前通过一个波长的距离时,波的相位就变化 2π。所以,当波在折射率为 n 的介质中向前通过距离 L 时,其相位变化量 $\Delta\varphi$ 为

$$\Delta\varphi = \frac{2\pi}{\lambda}L \tag{4.15}$$

式中,λ 是介质中的波长。如果 λ_0 为同一频率的波在真空中的波长,则

$$\Delta\varphi = \frac{2\pi}{\lambda_0}nL = k_0 nL \tag{4.16}$$

式中,k_0 是常系数,称为波数,于是相位差正比于光程差 nL。也就是说,相位差是光程差的 k_0 倍。因此,萨克奈克实验中沿相反方向传播的两束光的相位差就可以根据其光程差求得。

(3) 萨克奈克相移

按照古典非相对论理论,当实验装置转动时,如在光的传播方向上的速率为 v,这两束光到达光屏的时间差为

$$\Delta t = \frac{L}{c-v} - \frac{L}{c+v} = \frac{2vL}{c^2-v^2} \tag{4.17}$$

式中,L 是当装置静止时每束光所经过的路程。一般情况下,光速 $c \gg v$,式(4.17)可简化为

$$\Delta t = \frac{2vL}{c^2} \tag{4.18}$$

相应的光程差为 $\Delta L = c\Delta t = \frac{2vL}{c}$。因实验是在空气中进行的,$n=1$,所以 ΔL 就表示为光程差。

设光速所包围的正方形的面积为 A,装置旋转角速度为 ω,则光程差为

$$\Delta L = \frac{4A}{c}\omega \tag{4.19}$$

由式(4.15)可知,相应的相位差为

$$\Delta\varphi = \frac{8\pi A}{c\lambda}\omega \tag{4.20}$$

式中,$\Delta\varphi$ 称为萨克奈克相移,它与旋转角速度成正比。相移可直接转换成光强的变化反映在检测器上。根据式(4.20)可求得角速度,这就是激光陀螺和光纤陀螺的基本原理。所不同的是光纤是柔软的,其曲率半径可在几厘米以下,很容易造成圈数很多的圆环,用一个分束器,不用反射镜就能形成沿相反方向的两束光,并大大提高了灵敏度。显然由式(4.20)可知,要提高灵敏度必须增大面积 A,这样会使装置做得很大,用光纤就克服了这个缺点。光纤陀螺的相移为

$$\Delta\varphi = \frac{8\pi NA}{c\lambda}\omega = \frac{4\pi LR}{c\lambda}\omega \tag{4.21}$$

式中,N 为圈数;L 为 N 匝光纤总长度。与激光陀螺相比,在同一面积上,光纤陀螺灵敏度可提高 N 倍,同时还可消除由于反射镜振动引起的误差;但在低速转动时,灵敏度也低。

采用单模保偏光纤、集成电路和半导体激光器造成的小型、高灵敏度和价格较低的光纤陀螺,可望得到广泛的应用。

综上所述,所谓萨克奈克效应是指在任意几何形状的闭合光路中,从某一观察点发出的一对光波,沿相反方向运行一周后又回到该观察点时,这对光波的相位(或它们经历的光程)将由于该闭合环形光路相对于惯性空间的旋转而不同,其相位差(或光程差)的大小与闭合光路的转动速率成正比。

2. 激光陀螺仪的基本原理

(1) 激光陀螺的构成

激光陀螺主要由环形激光器、偏频组件、程长控制组件、信号读出系统、逻辑电路、电源组件及安装结构和电磁屏蔽罩等组成。这些组成部分可以因激光陀螺的种类而有很大的差别,但通常是必不可少的。

环形激光器是激光陀螺的核心,由它形成的正反向行波激光振荡是激光陀螺对输入转速实现测量的基础。环形激光器存在感测锁区 ω_L,其大小通常为每小时数百度。目前世界上已实现的最小锁区值约为每小时数十度。由于锁区的存在,地球的自转速度也难于检测。通过环形激光器反射镜质量的提高及激光器制作工艺的改进,锁区 ω_L 可以缩小,却不可能消失。为克服环形激光器固有锁区这一限制测量灵敏度的关键问题,必须采用偏频措施。在两束相向行波之间引入较大的频差,使激光陀螺的工作区远离锁区。偏频组件的作用就是给环形激光器输入一个特定的偏频量,以克服低转速条件下的闭锁效应。偏频方法主要有机械式小振幅高频抖动交变偏频、机械式大振幅低频交变旋转速率偏频、磁镜式高频磁光效应交变偏频、机械式大振幅低频交变旋转速率偏频、磁镜式高频磁光效应交变偏频,以及塞曼效应、法拉第效应等物理偏频。

标度因数的稳定性和精度主要取决于程长 L。为避免程长 L 受诸如温度等环境因素的影响而变化,必须采用稳定措施。最佳的方法就是利用激光器主动稳频,将程长 L 稳定。

环形激光器相向行波的频差需采用光学读出系统检测,并将偏频引入的频差处理后方能得到所需的信号。

(2) 激光陀螺的工作原理

激光陀螺仪的环形谐振腔一般做成三角形或四边形。以图 4.23 所示的三角形谐振腔为例,它由激光管 L、反射镜和半透反射镜组成。激光管内装有工作介质,一般为氦氖混合气体,由高频电压或直流电压予以激励。在激光管的两端各装有 1 个满足布氏角的端面镜片,以使光束具有一定的偏振方向。

从激光理论可知,激光管中的工作介质在外来激励作用下,原子将从基态被激发到高能级,使得某两个能级之间实现了粒子数的反转分布,此时的工作介质称为激活物质或增益介质。光通过激活物质时将被放大,获得增益。但激活物质不可能做得很长,而且光通过它时还存在损耗,所以光在一次通过激活物质时获得的增益是有限的。为了使受激辐射的光不断放大,获得足够高的增益,并使它的频率、方向偏振、相位都相同,需要有光学谐振腔才行。激光陀螺仪采用的是环形谐振腔。

在环形谐振腔内,沿光轴方向传播的光子受到反射镜的不断反射,在腔内不断绕行,这样它就不断地重复通过激活物质而不断得到放大。反射镜镀有多层薄膜,选择每层反射膜的厚度使之等于所需激光波长的 1/4,可使所需波长的光得到最大限度的反射,并限制了其他波长

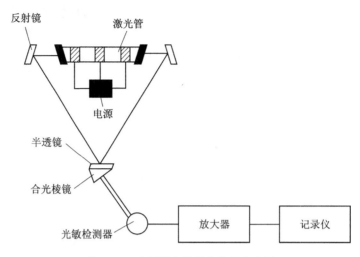

图 4.23 有源激光陀螺仪结构示意图

光的反射。而且选择谐振腔环路周长正好等于所需激光波长的整数倍,使得自镜面反射回的光形成以镜面为波节的驻波。于是,只有所需频率或波长的光才能在腔内形成稳定振荡而得到不断加强,并使相位也达到同步。另外,按布氏角设置的镜片使通过它的光成为线偏振光。也就是说,谐振腔可使同方向、同频率、同相位、同偏振的光子得到不断地放大,从而形成激光。由于激光陀螺仪采用环形谐振腔,故在腔内产生了沿相反方向传播的两束激光,其中一束沿逆时针方向,另一束沿顺时针方向。

设光在环形谐振腔内绕行一周的光程为 L,则对频率为 v_q 的光来说,在腔内绕行一周的相位差应是 $2\pi v_q t = 2\pi v_q L_c/c$。根据光在腔内绕行一周相位的改变为 $2n$ 的整数倍,即 $2\pi v_q$ 为整数才能产生激光谐振这一条件,可以写出

$$2\pi v_q L_c/c = 2\pi q \tag{4.22}$$

由此得到谐振频率为

$$v_q = qc/L_c \tag{4.23}$$

当谐振腔相对惯性空间无旋转时,两束激光在腔内绕行一周的光程相等,都等于谐振腔环路周长,即 $L_a = L_b = L$。根据式(4.23)可知,这时两束激光的振荡频率相等,即

$$v_a = v_b = v = qc/L \tag{4.24}$$

两束激光的振荡波长亦相等,即

$$\lambda_a = \lambda_b = \lambda = c/v = L/q \tag{4.25}$$

这时谐振腔环路周长 L 恰好为谐振波长 λ 的整数倍。

当谐振腔绕着与环路平面相垂直的轴以角速度(设为逆时针方向)相对惯性空间旋转时,两束激光在腔内绕行一周的光程不再相等。逆时针光束所走的光程为 $L_a = L + \Delta L$,顺时针光束所走的光程为 $L_b = L - \Delta L$,因而两束激光的谐振频率不同,分别为

$$\left.\begin{aligned} v_a = qc/L_a \\ v_b = qc/L_b \end{aligned}\right\} \tag{4.26}$$

两束激光振荡频率之差或拍频为

$$\Delta v = v_b - v_a = \frac{(L_b - L_a)qc}{L_b L_a} \tag{4.27}$$

可以证明得到

$$
\left.
\begin{array}{c}
L_a L_b = \dfrac{L^2}{1-(L\omega)^2/(8c)^2} \approx L^2 \\
L_b - L_a = \dfrac{4A}{L^2}\omega
\end{array}
\right\}
\tag{4.28}
$$

式中，A 为环形谐振腔光路包围的面积。将上述关系代入式(4.26)得

$$
\Delta v = \frac{4Aq}{L^2}\omega \tag{4.29}
$$

在考虑到式(4.24)的关系，可把式(4.29)写成

$$
\Delta v = \frac{4A}{L\lambda}\omega \tag{4.30}
$$

由于环形谐振腔环路包围的面积 A、环路周长 L 以及所采用的激光波长 λ 是确定的，激光陀螺仪的输出频差或拍频 $\Delta\gamma$ 与输入角速度 ω 成正比，即

$$
\Delta v = K\omega \tag{4.31}
$$

式中，K 称为激光陀螺标度因数，且

$$
K = \frac{4A}{L\lambda} \tag{4.32}
$$

激光陀螺仪采用有源环形谐振腔和测频差技术。与无源环形干涉仪及测光程差的方案相比，其测量角速度的灵敏度大约提高了 8 个数量级。这是因为具有一定光程差的两束光的干涉条纹只是比零图像横移了一段距离，而感测这一段距离的分辨率是很有限的；但具有一定频率差的两束光的干涉条纹，却以一定的速度向某一侧不断移动着，感测出单位时间内通过的条纹数目，即可确定出频差的大小，后者的分辨率显然要比前者高得多。

为了测量逆时针方向传播与顺时针方向传播的两束激光的频差，需要将这两束激光引出谐振腔外，使它们混合并入射在光检测器上。两束光的一小部分能量通过半透反射镜射入直角合光棱镜，再经合光棱镜相应地透射和反射，使两束光汇合。由于合光棱镜的直角不可能严格地等于 90°，总有一个小偏差角 α，两束光从合光棱镜出射后也有很小的夹角 $\varepsilon = 2n\alpha$（n 为合光棱镜的折射率），其值约为几角秒，于是就在光检测器上产生平行等距的干涉条纹。

当激光陀螺仪无角速度输入(频差 $\Delta v = 0$)时，干涉条纹的位置不随时间变化。当有角速度 ω 输入(频差 $\Delta v \neq 0$)时，干涉条纹的移动速度与 Δv 成正比，亦即与 ω 成正比。干涉条纹的移动速度可由光检测器来感测。如果检测器敏感元件的尺寸比干涉条纹的间距小，那么光检测器只能检测到 1 个干涉条纹。这样，当干涉条纹在光检测器上移动时，就会输出电脉冲信号。输入角速度愈大，干涉条纹移动的速度愈快，输出电脉冲的频率也愈高。因此，只要采用频率计测出电脉冲的频率，就可测得输入角速度如果采用可逆计数器测出电脉冲的个数，就可测得输入转角。

（3）自锁效应

根据式(4.30)可知，激光陀螺仪输出频率 Δv 与输入角速度 ω 成线性关系，其输出特性如图 4.24 中过原点的直线所示。但这只是理想的输出特性，实际的输出特性却如图中不过原点的曲线所示。当输入角速度 ω 小于某一临界值 ω_L 时，陀螺输出频差 Δv 为零，即对该范围内输入角速度不敏感，输出信号被自锁或称闭锁。这种效应会导致在零输入角速度附近的阈值误差，而且会使输出特性在一定范围内出现非线性，从而造成角速度的测量误差。

图 4.24 中 $-\omega_L \sim \omega_L$ 这一角速度范围称为激光陀螺仪的自锁区,其数值一般很大,因而自锁阈值很大。典型的自锁阈值可达 $360°/h$,通过精心设计和改进也只能降至 $30°/h$ 的量级。要使激光陀螺仪在惯导系统中获得实际应用,克服自锁效应是一个极其重要的技术关键。自锁效应主要是由沿相反方向传播的两束光之间的相互耦合引起的。在激光陀螺仪环形谐振腔中,用反射镜实现光束在环路中绕行,然而再好的反射镜也不可能做到完全地反射,总存在着各个方向的散射,其中有一部分将沿原来光路反向散射。这样,顺时针方向传播的光束的反向散射,正好耦合到逆时针方向传播的光束中去,反之亦然。由于两束光之间相互耦合,能量相互渗透,当它们的频差小到一定程度时,这两束光的频率就会被牵引至同步,以致引起输出信号被自锁。这种现象与一般电子振荡器的频率牵引现象是类似的。

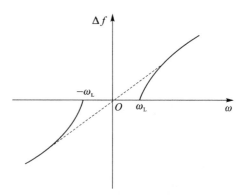

图 4.24　激光陀螺仪自锁效应示意图

克服自锁效应的正面途径就是尽力缩小自锁区。为此,必须对光学元件的质量和工作气体的纯度等提出极高的要求,以改善光路的均匀性。从目前的技术水平来看,缩小自锁区是可能的,但离惯性级陀螺仪精度要求还相差很远,必须寻求另外的技术途径,以求得问题的解决。

(4) 激光陀螺仪的偏频技术

如上所述,激光陀螺的输出特性存在着锁区,减小锁区的有效方法是采用偏频技术。由于锁区的存在,地球自转的速度也难于检测。要使环形激光器成为可用的激光陀螺,必须采用偏频措施,在两束相向行波引入特定的偏频量 Δv_s,并使 $\Delta v_s \gg \Delta v_L$,以确保在任何待测输入转速的情况下,环形激光器相向行波间的频差 Δv_s 均远大于闭锁频率 Δv_L。

从原理上讲,无论何种方法,只要能够有规律地在相向行波之间施加足够大的频差 Δv_s,并能在信号处理过程中消去此频差就可以用做激光陀螺的偏频。

目前采用的频偏技术有机械抖动偏频、速率偏频、磁镜交变偏频、法拉第磁光效应偏频等。下面重点介绍机械抖动偏频技术。

机械抖动偏频激光陀螺是世界上最早进入实用的激光陀螺,也是最早进入实用的光学陀螺。目前世界上绝大部分实际应用的光学陀螺系统,均采用机械抖动偏频的激光陀螺。这种陀螺采用小振幅高速机械抖动装置,强迫环形激光器绕垂直于谐振腔环路平面的轴来回转动,为谐振腔内相向行波提供快速交变偏频。机械抖动偏频的驱动元件,多数采用压电元件和弹性簧片相结合的结构,少数采用小巧的电磁振动结构。图 4.25 所示是典型的机械抖动偏频激光陀螺。

机械抖动偏频信号可以是正弦形式,也可以是近似于方波的梯形或其他的波形,采用的最多且最易实现的是正弦抖动信号。

设机械抖动的转动角速度 ω_{DB} 按正弦函数变化,即

$$\omega_{DB} = \omega_{DBM} \sin(2\pi f_{DB} t) \tag{4.33}$$

式中,ω_{DBM} 是抖动的最大转速,通常为每秒数十度到每秒数百度;f_{DB} 是转动角速度改变方向(抖动)的频率,通常为数十到数百赫兹,最典型的抖动频率为 $400\ Hz$。激光陀螺总输入转速

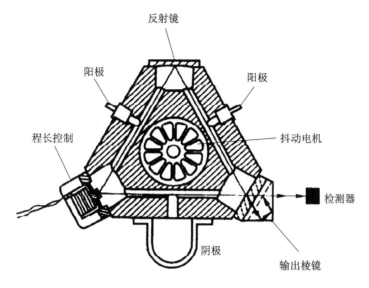

图 4.25　典型的机械抖动偏频激光陀螺仪

ω 应包含待测转速 ω_r 和偏频引入的转速 ω_{DB}。

$$\omega_{DB} = \omega_r + \omega_{DBM} \sin(2\pi f_{DB} t) \tag{4.34}$$

只有当 $|\omega| > \omega_L$,即满足

$$|\omega_r + \omega_{DBM} \sin(2\pi f_{DB} t)| > \omega_L \tag{4.35}$$

时才可能获得差频输出。

激光陀螺的抖动偏频特性及抖动偏频条件下激光陀螺对待测转速 ω_r 的敏感特性分别如图 4.26 和图 4.27 所示。

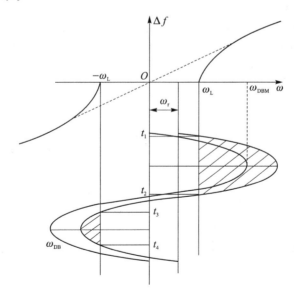

图 4.26　典型的抖动偏频示意图

从图 4.26 可以看到,在抖动偏频中,当

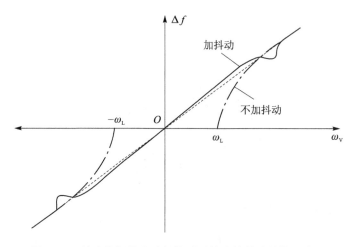

图 4.27 抖动偏频激光陀螺仪对测转速的敏感特性示意图

$$| \omega_r | - \omega_{DBM} < \omega_L \qquad (4.36)$$

时,陀螺将周期性地进入锁区,而且在每个周期 $1/f_{DB}$ 内进出锁区各两次。因为偏频的目的就是希望能够测量较小的 ω_r,所以抖动偏频激光陀螺通常工作在式(4.36)的条件下,每当陀螺进入锁区就会丢失信号,带来测量误差,这是抖动偏频无法避免的。

为了尽量减少陀螺在锁区内停留的时间,可以采用快速过锁区的偏置方式,如采用矩形抖动波形,而不是正弦抖动。为使陀螺工作于线性区,偏频抖动的最大转速 ω_{DBM} 应远大于闭锁阈值 ω_L。

4.4.5 石英加速度计

1. 加速度计测量原理

惯性导航是通过测量运载体的加速度,并经数学运算而确定运载体即时位置的一种导航定位方法。在惯性导航系统中,加速度这个物理量的测量是由加速度计来完成的。

加速度计的工作原理是基于经典的牛顿力学定律的,其力学模型如图 4.28 所示。敏感质量(质量设为 m)借助弹簧(弹簧刚度设为 k)被约束在仪表壳体内,并且通过阻尼器与仪表壳体相连。当沿加速度计的敏感轴方向无加速度输入时,质量块相对仪表壳体处于零位(见图 4.28 中(a))。当安装加速度计的运载体沿敏感轴方向以加速度 a 相对惯性空间运动时,仪

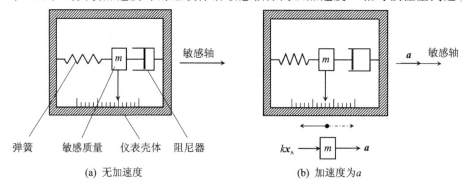

(a) 无加速度   (b) 加速度为a

图 4.28 加速度计的力学模型

表壳体也随之作加速运动,但质量块由于保持原来的惯性,故它朝着与加速度相反方向相对壳体位移而压缩(或拉伸)弹簧(见图 4.28 中(b))。当相对位移量达一定值时,弹簧受压(或受拉)变形所给出的弹簧力 $k\boldsymbol{x}_A$(x_A 为位移量)使质量块以同一加速度 $\boldsymbol{a}$ 相对惯性空间运动。

在此稳态情况下,有如下关系成立:

$$kx_A = ma \quad 或 \quad x_A = \frac{m}{k}a \qquad (4.37)$$

即稳态时质量块的相对位移量 $\boldsymbol{x}_A$ 与运载体的加速度 $\boldsymbol{a}$ 成正比。

然而,地球、月球、太阳和其他天体存在着引力场,加速度计的测量将受到引力的影响。为了便于说明,暂且不考虑运载体的加速度。如图 4.29 所示,设加速度计的质量块受到沿敏感轴方向的引力 $m\boldsymbol{G}$($\boldsymbol{G}$ 为引力加速度)的作用,则质量块将沿着引力作用方向相对壳体位移而拉伸(或压缩)弹簧。当相对位移量达一定值时弹簧受拉(或受压)所给出的弹簧力 $k\boldsymbol{x}_G$(x_G 为位移量)恰与引力 $m\boldsymbol{G}$ 相平衡。在此稳态情况下,有如下关系成立:

$$kx_G = mG \quad 或 \quad x_G = \frac{m}{k}G \qquad (4.38)$$

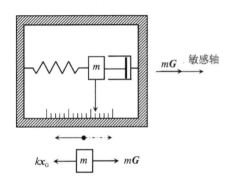

即稳态时质量块的相对位移量 $\boldsymbol{x}_G$ 与引力加速度 $\boldsymbol{G}$ 成正比。对照图 4.28 和图 4.29 可以看出,沿同一轴向的 $\boldsymbol{a}$ 矢量和 $\boldsymbol{G}$ 矢量所引起的质量块位移方向正好相反。综合考虑运载体加速度和引力加速度的情况下,在稳态时质量块的相对位移量为

$$x = \frac{m}{k}(\boldsymbol{a} - \boldsymbol{G}) \qquad (4.39)$$

即稳态时质量块相对位移量 $\boldsymbol{x}$ 与($\boldsymbol{a}-\boldsymbol{G}$)成正比。阻尼器则用来阻尼质量块到达稳定位置的振荡。借助位移传感器可将该位移量变换成电

图 4.29　引力对加速度计测量的影响

信号,所以加速度计的输出与($\boldsymbol{a}-\boldsymbol{G}$)成正比。

在惯性技术中,通常把加速度计的输入量($\boldsymbol{a}-\boldsymbol{G}$)称为"比力"(或视加速度)。因为比力的大小与弹簧变形量成正比,而加速度计输出电压的大小正是与弹簧变形量成正比,所以加速度计实际感测的量并非是运载体的加速度,而是比力。因此,加速度计又称比力敏感器。

作用在质量块上的弹簧力与惯性力和引力的合力恰好大小相等,方向相反。于是又可把比力定义为"作用在单位质量上惯性力与引力的合力(或说矢量和)"。应该注意的是,比力具有与加速度相同的量纲。

2. 石英加速度计

(1)挠性加速度计的工作原理

挠性加速度计是一种摆式加速度计。挠性加速度计有不同结构类型,图 4.30 给出了一种典型结构。摆组件的一端通过挠性支承固定在仪表壳体上。另一端可相对输出轴转动。信号器动圈和力矩器线圈固定在摆组件上,信号器定子和力矩器磁钢与仪表壳体相固联。

在挠性加速度计中,由于挠性支承位于摆组件的端部,所以摆组件的重心 C_M 远离挠性轴。挠性轴就是输出轴 OA,摆的重心 C_M 至挠性轴的垂线方向为摆性轴 PA,而与 PA,OA

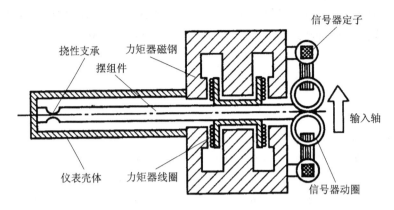

图 4.30 挠性加速度计结构示意图

轴正交的轴为输入轴 IA，它们构成右手坐标系，如图 4.31 所示。当有单位重力加速度 g 沿输入轴 IA 作用时，绕输出轴 OA 产生的摆力矩等于重力矩。当仪表内充有阻尼液体时，摆力矩等于重力矩与浮力矩之差。假设浮心 C_B 位于摆性轴上，则摆组件的摆性为

$$P = mL = \frac{GL_1 - FL_2}{g} \tag{4.40}$$

其中，G 和 F 表示摆组件重力和浮力；L_1 和 L_2 表示摆组件重心和浮心至输出轴 OA 的距离。

在挠性加速度计中，同样是由力矩再平衡回路所产生的力矩来平衡加速度所引起的摆力矩。为了抑制交叉耦合误差，力矩再平衡回路同样必须是高增益的。作用在摆组件上的力矩，除了液浮摆式加速度计中所提到的各项力矩外，这里多了一项力矩，即当摆组件出现偏转角时，挠性支承所产生的弹性力矩。因此，挠性加速度计在闭路工作条件下，摆组件的运动方程式成为

$$I\ddot{\theta} + D\dot{\theta} + (k + k_u k_a k_m \theta) =$$
$$P(a_{by} - a_{bx}\theta) + M_d \tag{4.41}$$

式中，k 为挠性支承的角刚度，其余符号代表的内容与前相同。

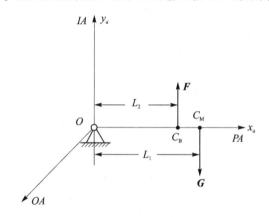

图 4.31 挠性加速度计的摆组件坐标系

根据挠性加速度计的工作原理，可以画出它的方框图，如图 4.32 所示。

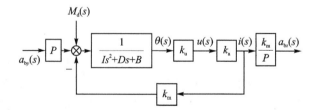

图 4.32 挠性加速度计的方块图

从该图可得输出加速度的拉氏变换式为

$$a_{bz}(s) = \frac{k_u k_a k_m}{Is^2 + Ds + k + k_u k_a k_m}\left[a_{by}(s) + \frac{M_d(s)}{P}\right] \qquad (4.42)$$

加速度误差的拉氏变换式为

$$\Delta a(s) = a_{by}(s) - a_{bz}(s) = \frac{(Is^2 + Ds + k)a_{by}(s) + (k_u k_a k_m/P)M_d(s)}{Is^2 + Ds + k + k_u k_a k_m} \qquad (4.43)$$

摆组件偏转角的拉氏变换式为

$$\theta(s) = \frac{Pa_{by}(s) + M_d(s)}{Is^2 + Ds + k + k_u k_a k_m} \qquad (4.44)$$

当输入加速度和干扰力矩为常值时，由式(4.42)可得稳态时加速度误差的表达式为

$$\Delta a = \frac{1}{1+K}a_{by} + \frac{K}{1+K}\frac{M_d}{P} \qquad (4.45)$$

式中，K 为回路的开环增益，$K = k_u k_a k_m/k$。由式(4.43)可见，为了提高加速度计的测量精度，回路的开环增益应适当增大，而干扰力矩应尽量降低。

假设输入加速度 $a_{by} = 5g$，加速度测量误差 $\Delta a_{by} \leqslant 1 \times 10^{-5}g$，则根据式(4.45)可估算出回路最小开环增益为

$$K_{min} \approx \frac{a_{by}}{\Delta a} = \frac{5}{1 \times 10^{-5}} = 5 \times 10^5 \qquad (4.46)$$

当输入加速度和干扰力矩为常值时，由式(4.44)可得稳态时摆组件偏转角的表达式

$$\theta = \frac{Pa_{by} + M_d}{k + k_u k_a k_m} = \frac{Pa_{by} + M_d}{k(1+K)} \qquad (4.47)$$

若不考虑干扰力矩，并利用上式的关系，则得

$$\theta = \frac{P}{k}\Delta a \qquad (4.48)$$

由此可见，摆组件的稳态偏转角与加速度测量误差成比例。为了限制交叉耦合误差，摆组件的偏转角应尽量小一些。通常，θ/a_{by} 的典型数值为 0.5×10^{-5} rad/g。

挠性支承实质上是由弹性材料制成的一种弹性支承，在仪表敏感轴方向上的刚度很小，而在其他方向上的刚度则较大。

适于制造挠性支承的材料一般应具有如下物理性能：弹性模量低，以获得低刚度的挠性支承；强度极限高，以便在过载情况下挠性支承具有足够的强度；疲劳强度高，特别是在采用数字再平衡回路时，摆组件可能经常处于高频振动状态，所以疲劳强度对保证仪表具有高的工作可靠性是非常重要的；加工工艺性好。

挠性支承是挠性加速度计中的关键零部件，它的尺寸小，而几何形状精度和表面光洁度的要求却很高。

摆组件由支架、力矩器线圈及信号器动圈组成。它通过挠性支承与仪表壳体弹性连接。为了提高信号器的放大系数和分辨率，它的动圈通常被胶接在摆的顶部。一对推挽式力矩器线圈也固定在摆的顶部或中部，以获得较大的力矩系数。在采用单个挠性杆或簧片的结构中，摆支架为一细长杆，而在采用成对挠性杆的结构中，摆支架一般为三角形架。

为了提供仪表需要的摆性，应仔细地设计摆组件的重心。仪表内可以不充油，成为干式仪表，也可充具有一定黏度的液体(例如硅油)，以提供适当的阻尼，获得良好的动态特性。为了

使仪表的标度因数不受环境温度变化的影响,必须对仪表进行精确的温度控制,以使阻尼液体的密度、黏度、摆组件重心的位置,以及力矩器磁场受温度变化的影响减至最小。

（2）挠性加速度计的结构组成

图 4.33 示出了石英挠性加速度计的原理结构。摆与挠性接头的一体结构用稳定的非导材料石英制成。钢的热膨胀系数是 $12 \times 10^{-6}/℃$,与之相比石英的热膨胀系数是 $0.6 \times 10^{-6}/℃$,因此摆性随温度的变化不大,而且使之对标度因数误差的影响小。一个石英片近似于圆形,通过刻蚀留有两个石英桥以形成挠性接头,如图 4.34 所示。两个接头对于在结构平面内绕输入轴的角运动提供高的阻力,并减小与敏感轴 OA 交叉的加速度耦合误差。图 4.35 所示出了这种元件的部件分解图。两个线圈分别安装在摆的正反两面,形成力发生器的活动部件;它们载有与磁场相匹配的电流,该磁场是由固定在壳体上的永久磁铁产生的。磁铁固定于壳体的方式与扬声器的驱动器一样。线圈是检测质量的一部分。它们的机械稳定性对标度因数稳定的影响决定了它们对摆性的影响。

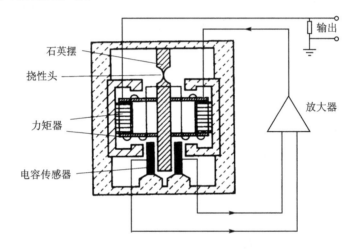

图 4.33　石英挠性加速度计原理

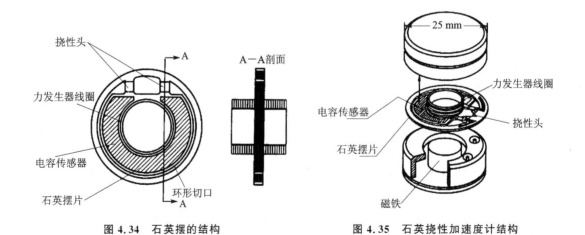

图 4.34　石英摆的结构　　　　　图 4.35　石英挠性加速度计结构

① 电容性传感器。摆片一部分被镀以金属,且放在两个与壳体固定的平板之间。它们一

起构成了电容传感器。当摆居中时,这两个电容相等,而当加速度使摆位移时,一个电容增加而另一个则减小。使电容器成为桥式电路的一部分,以此提供一个输出信号去驱动伺服回路,伺服回路产生电流,该电流通过金属化路径流经力发生器线圈。电容器极板带低电压,以使附加静电力最小。在传感器之间有小间隙,其中的气体压缩提供阻尼,称作压膜阻尼。

② 力发生器。由于力发生器的线圈携带电流,所以它们散热。在摆上产生的热很难散发,热阻抗越高,线圈中的温度越高。热能经挠性头传导。线圈中的铜丝有 $8.9 \times 10^{-6}/℃$ 的膨胀系数,比石英的大得多,必须避免线圈温度过高。力发生器的放置,必须使它平衡加速度产生的惯性力而没有力作用于挠性头上。当力发生器的作用线通过摆的质心时,该条件得到满足。

力发生器产生的力与通过磁铁的磁通密度、线圈的半径及其匝数成正比,即

$$F = \pi Bind \tag{4.49}$$

式中,B 为磁通密度;i 为电流;n 为线圈匝数;d 为线圈直径。

由于 B 随温度、磁材料特性变化,因此标度因子系数大。温度传感器固连在磁铁上,所以在导航系统中可以进行补偿。

功率散失为

$$N = i^2 R \tag{4.50}$$

其中,R 为线圈电阻。

线圈电阻与导线的全长成正比(与 N 和 d 成比例),而与导线的横截面积成反比,即

$$R = \rho n \pi d \left/ \left(\frac{1}{4}\pi d_w^2\right) = \frac{4\rho n d}{d_w^2}\right. \tag{4.51}$$

式中,ρ 为导线材料的电阻系数(电阻率);d_w 为导线直径。

设计力发生器时必须考虑到 ρ 随温度的变化(电阻的温度系数),因为温度越高电阻越高,散失的功率越大,而对于恒定的加速度,力发生器的工作电流为常数。这可以导致热流失而损坏线圈。

磁通密度 B 依赖于线圈放置中的气隙。对于给定的磁铁长度,间隙越大,磁通密度越低。B 和气隙之间的关系取决于磁材料的性能、磁铁的长度与直径比及磁路的形状。磁铁的长度受到整个加速度计的允许尺寸的限制,因此必须选择线圈尺寸,使其能提供足够的力而没有太高的阻力。

对于固定的仪表尺寸,存在一个最佳的气隙。如果间隙小,则磁通密度大,而几乎没有空间提供给线圈。反过来,大的间隙将存在低的磁通密度却提供大的线圈空间。显然,极小的间隙将带给线圈很大的阻力及产生高的功率散失,而最大的间隙将使磁通密度过低,以致必须提供很大的电流,又产生太多的热。在两者之间必存在一个最佳的工作点,即单位功率产生最大的力。

设计力发生器时,需要综合考虑上式和安培磁设计规则,确定出单位功率的最大力。将电源导向线圈而对摆不产生力矩是非常重要的。在石英挠性加速度计中,电流通过一个薄的金属导层横过挠性头,这必须得到精确的控制,因为如果在挠性头的两边金属的厚度不同,则石英和金属之间膨胀系数的差将产生一力矩,而且仪表将具有高的温度偏斜系数。

要保证摆和线圈不受铁磁污染。铁杂质或从机床带来的表面物质将引起大的偏斜,如果处理不当,会使附着膜是磁性的。

第 5 章　高超声速飞行器姿态控制系统原理

5.1　姿态控制系统概述

　　飞行器在沿预定航迹飞行的过程中,不可避免地要受到各种内部干扰(机体结构误差,控制仪器误差,发动机推力误差等)和外部干扰(气流、风等气象条件的变化)的影响,使飞行器的飞行姿态发生变化而偏离预定航迹。这时,控制系统根据姿态变化(三个姿态角偏差及其速度误差)的大小,自动进行纠正,使飞行器飞行姿态保持稳定。

　　姿态控制系统的根本任务是控制飞行器绕质心的运动,飞行并准确命中目标。姿态控制系统要在各种干扰作用下保证飞行器绕其机体三个轴(俯仰轴、偏航轴和滚动轴)的姿态角稳定在容许的范围内。姿态控制系统还要在飞行器飞行过程中执行程序转弯控制和导引控制作用,按照制导系统送来的程序转弯指令和横、法向导引指令,操纵飞行器推力方向控制,改变飞行器运动方向,从而保证飞行器准确命中目标。

　　姿态控制系统包括俯仰、偏航和滚动三个控制通道。从原理上说,飞行器姿态控制系统是多回路的反馈控制系统,飞行器是控制对象,也是姿态控制回路的一个环节。飞行器动力学特性直接影响姿态控制系统的设计与工作。从硬件构成来说,姿态控制系统一般包括三个基本部分:敏感装置、信号处理装置和执行机构。敏感装置的任务是测量飞行器的姿态角、姿态角速度和角加速度以及横向和法向的线加速度,捷联惯导系统经过解算也可得到机体姿态角,也属敏感装置。信号处理装置负责信号的变换放大,以及机载计算机对送来的控制信号进行加工处理。执行机构的作用是用于操纵产生控制力和力矩的装置,即用于操纵控制力矢量的装置。

5.1.1　姿态控制系统基本组成

　　飞行器姿态控制系统(也称为姿态稳定系统或稳定控制系统)主要是敏感飞行器自身在控制与干扰作用下的运动状态的变化,并作出相应反应,操纵飞行器按照制导指令飞行。图 5.1 所示为飞行器稳定控制系统的结构原理图。

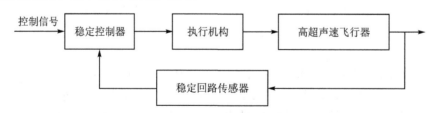

图 5.1　飞行器姿态控制系统结构原理图

　　稳定控制系统通常是由稳定控制器、惯性传感器与飞行器构成闭合回路,被称为飞行器稳定控制回路,简称为稳定回路。其基本任务是确保飞行器在飞行中具有良好的稳定性和可操纵性。

稳定控制系统的优劣,首先取决于方案设计的合理性和有效性。其设计依据是飞行器总体按战术技术指标要求所拟定的稳定控制系统设计要求。设计的主要方面包括系统结构图、调节规律、回路参数选择和系统仿真等。除此之外,设计中还须把握稳定性、反应快速性、精度、适应性及可靠性等。

5.1.2　姿态控制系统基本功用

通常飞行器姿态控制系统由俯仰、偏航和横滚三个通道组成,主要完成飞行器的俯仰、偏航控制以及倾斜稳定与控制的任务。

1. 确保飞行器在所有飞行条件下静态和动态的稳定

稳定性是实现操纵的前提。飞行器绕质心的旋转运动(角运动)是短周期的,它的稳定性是操纵质心沿基准航迹飞行的前提。稳定回路的稳定作用包括以下几个方面。

(1) 稳定机体轴在空间的角位置或角速度

有些飞行器(例如弹道导弹)不允许纵轴滚动,就必须借助稳定控制系统将倾斜角保持为零或接近于零。飞行器机体的滚动运动是没有固定稳定性的,即使在常值飞行条件下,也必须在飞行器上安装一个滚动稳定设备,构成一个镇定系统,要求该系统能快速地衰减滚动扰动运动,并具有较高的稳态精度。

有些自动导引飞行器允许绕纵轴滚动,因为探测飞行器—目标相对位置的导引头的测量坐标系与机体坐标系一起旋转,控制面也随机体一起旋转,导引头输出的控制指令通过坐标系转换装置随时分配给两个控制面(俯仰和偏航),始终能协调执行命令,不会引起混乱;但要求控制面在机体滚转过程中能响应每个瞬时的控制信号而做出相应的偏转,若滚动过快,由于舵系统通频带总是有限的,控制面可能来不及跟随指令信号而在相位上产生明显滞后,同样会导致控制面执行指令的错乱,所以必须限制干扰作用下机体的滚动角速度。

(2) 提高机体绕质心角运动的阻尼性能,改善过渡过程质量

具有较大静稳定度和在较高高度上飞行的飞行器,机体模型是严重欠阻尼的,机体阻尼系数一般在 0.1 左右或更小。在指令及干扰作用下,即使飞行器运动是稳定的,也会产生剧烈的振荡超调,使机体不得不承受大约 2 倍设计要求的横向加速度,进而导致迎角过大,增大诱导阻力,显著减小航程;飞行器的跟踪精度降低,飞行中段的剧烈振荡直接增大落点偏差;迎角和横向加速度的大幅度超调也可能引起失速。为此,稳定回路必须考虑将严重欠阻尼的自然机体改造成一个具有适当阻尼系数的人工机体,使其机体等效阻尼系数为 0.4～0.8。通常采用俯仰(偏航)速率陀螺反馈增稳构成阻尼回路的方法来实现这一要求。

(3) 稳定机体的静态传递系数及动态特性

飞行器在不同高度和不同飞行速度状态下,其速度、质量、惯量矩、重心及气动导数都在变化,飞行器的静态传递系数(如指令与飞行器法向加速度之间,指令与飞行器旋转角速度之间的传递系数)及飞行器动态特性(如稳定性及裕度、通频带宽、过渡过程质量等,可用闭环或开环传递函数表征)都在较宽范围内变化,控制对象的变参数特性使整个控制系统成为变参数系统,导致设计过程复杂化,但必须要求稳定回路能确保在各种飞行条件下,使飞行器的静态、动态特性保持在一定范围之内。

大多数飞行器控制系统属于条件稳定系统,开环增益的增大或减小都会使稳定裕度下降,

过渡过程品质变坏,甚至不稳定。通常要求稳定回路闭环增益的变化不超过额定值的±20%。通常采用线加速度计反馈增强机制、自动调节传递系数、使用变结构校正网络等方法实现这一要求。

2. 执行控制指令操纵飞行器质心准确地沿基准航迹飞行

稳定回路控制指令信号的传递通道,稳定回路的分析设计问题必须与制导协调一致。稳定回路接收控制指令,经过适当变换放大提供足够功率才能驱动控制面,继而使机体产生需要的法向过载,操纵飞行器沿基准航迹去接近目标。为此,稳定回路必须快速地执行控制指令,动态延迟(或等效时间常数)足够小,通频带宽足够,以便保证飞行器对基准航迹的动态误差不超过允许范围。但通频带宽过大,指令中随机干扰信号可能使机体横向过载及迎角的起伏的均方根值过大,使飞行器对基准航迹的散布也随机增大,通过计算稳定回路对起伏信号的响应,综合处理设计过程中快速性与准确度之间的矛盾。

有些自动导引飞行器(例如弹道导弹)的稳定回路还必须配合实现导引规律,许多飞行器利用稳定回路中的线加速度计测得飞行器法向加速度信号,与自动导引头所测得的瞄准线角速度信号进行比较,利用其误差信号控制飞行器,以便实现比例导引。

飞行器在不同高度飞行时的舵面效率不同,操纵飞行所提供的可用过载也不同,表现为不同高度时飞行器具有不同的机动能力。低空飞行时舵面效率高,控制面不大的偏转便可能提供足够的法向过载,而高空飞行时又可能嫌可用过载不足,为此要求稳定回路能适应高度变化,自动调整控制面的偏角,使飞行器在全高度范围内都能提供所需的方向过载。

飞行器质心运动的控制是通过控制飞行器的角运动来实现的,而角运动的控制与稳定是划分为俯仰、偏航、倾斜三个独立通道,但三个通道之间彼此存在交叉耦合,即各自的被调量不仅受本身通道控制量的影响,还受其他通道参量的影响。初步分析设计时,考虑这些影响必使设计严重复杂化,而稳定回路设计则应考虑,以尽可能降低交叉耦合的影响。

为提高飞行器制导精度,稳定回路必须具备适当的抵抗内外干扰的能力。常值风、各种气动不对称、推力偏心、元件或仪器误差等,都会引起飞行器对基准航迹的散布,稳定回路设计应考虑将这些干扰误差限制在要求范围之内。通常将这些误差简化为一个等效指令或一个等效舵偏角,作为控制系统的一个常值干扰来考虑,而它对制导精度的影响通过控制系统的动态误差计算来最终评定。此外,起伏干扰将引起起伏误差,单独通过控制系统起伏误差的计算来最终评定。控制系统误差为动态误差部分和起伏误差部分的矢量和。倾斜稳定回路的精度可在稳定回路设计时最终评定。

5.1.3　姿态控制系统的指标要求

稳定回路分析设计时所应满足的质量指标建议如下:

① 为了保证制导回路具有足够的稳定裕度(一般取幅值裕度不小于6~8 dB,相角裕度不小于30°~60°),稳定回路闭环频率特性曲线在制导回路增益交界频率处的相位滞后应低于某确定值,这个要求在所有飞行条件下都应满足。

② 阻尼回路的主导复极点具有0.4~0.8的相对阻尼系数,以改善稳定回路和控制回路的过渡过程。

③ 所有飞行条件下,稳定回路闭环传递系数及动态特性在±20%范围内变化。

④ 稳定回路的通频带约比飞行器制导回路通频带高一个数量级。

⑤ 稳定回路幅值稳定裕量不小于 8 dB,相角稳定裕量不小于 $60°$。稳定回路的分析设计工作,主要是分析这些指标是否满足要求,并且确定回路结构和各元件的参数。

5.1.4　典型姿态控制方法

1. 气动力控制

气动力控制是指气动力控制装置接收稳定控制回路的控制指令,操纵飞行器上的多个舵面偏转相应的舵偏角,从而产生控制力和控制力矩。根据舵面的配置情况,气动力控制可分为正常式、鸭式和全动弹翼式布局。

(1) 正常式布局飞行器的操纵特点

正常式布局飞行器的舵面在飞行器的尾部,也叫作尾部控制面。为了直观地说明操纵特点,假定飞行器在水平面内等速运动,且飞行器不滚动,若控制面偏转一个角度 δ,则在控制面上产生一个侧向力 $F(\delta)$。令 $F(\delta)$ 到飞行器质心的距离为 l_δ。在力矩 $M_\delta = F(\delta)l_\delta$ 的作用下,飞行器在水平面内绕质心转动而产生侧滑角 β,控制面与飞行器速度矢量的夹角变为 $\delta - \beta$,控制面升力变成 $F(\delta - \beta)$。

(2) 鸭式布局飞行器的操纵特点

鸭式布局飞行器的舵面在飞行器的前部,也叫作前控制面,如图 5.2 所示。若控制面有一正偏角 δ,则其侧向力亦是正的。当出现侧滑角 β 时,控制面侧向力与等效偏角 $\delta + \beta$ 有关,即 $F(\delta + \beta)$。

图 5.2　采用鸭翼布局的歼十战斗机

(3) 全动弹翼式布局飞行器的操纵特点

这种布局的飞行器的舵面就是主升力面。值得提及的是,舵面转轴位置在飞行器的质心之前,其操纵特点类似于鸭式布局飞行器。

这种气动布局的优点在于升力响应快,且较小的飞行器迎角能获得较大的侧向过载。因为在产生或调整升力的过程中,只需要转动弹翼,而不需要转动整个飞行器,飞行器的迎角是比较小的。显然,弹翼的迎角要远大于飞行器的迎角,由于弹翼的面积比较大,因而要求伺服机构有较大的功率。

2. 推力矢量控制

这种飞行器的操纵特点不同于气动力控制面,而是采用改变发动机的推力方向来控制飞行器,如图 5.3 所示。

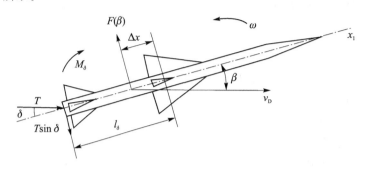

图 5.3 推力矢量控制飞行器处于静稳定状态时力和力矩的关系

当推力 T 偏转一个角度 δ 时,可以分解成有效推力 $T\cos\delta$ 和操纵力 $T\sin\delta$。飞行器在操纵力矩 $M_\delta = Tl_\delta\cos\delta$ 的作用下转动,产生侧向力 $F(\beta)$。当飞行器处于静稳定状态时,必有一确定的 β 与 δ 相对应,它与正常式布局飞行器的操纵特点类似,不同点在于操纵力矩与飞行器的姿态角及气动力效应无关,而只与推力发动机的状况有关。

在大气层中飞行的飞行器,推力矢量控制主要应用于飞行器发射后又要求飞行器立即实施机动的场合,例如图 5.4 所给出的火箭摇摆发动机。因为发射后飞行器速度很低,气动力很小,气动力控制面的操纵效率较低,而推力矢量控制不依赖于气动力的大小;推力的作用点距全弹质心的距离 l_δ 较大,又不受飞行器姿态变化的影响,操纵效率较高。

图 5.4 火箭用摇摆发动机和柔性喷管

显然,发动机停止工作后,它就不能操纵飞行器了。为此,一种推力矢量控制与气动力控制复合的方案获得了较多的应用,即当气动效率小时,使用推力矢量控制或气动力/推力矢量组合控制;而当气动效率足够大时,就改用气动力控制。

3. 直接力控制

飞行器对高速、大机动目标的有效拦截有赖于两个基本因素:

① 飞行器具有足够大的可用过载。

② 飞行器的动态响应时间足够短。

对采用比例导引律的飞行器,其需用过载的估算公式为

$$n_m \geqslant 3n_T \tag{5.1}$$

式中，n_m 为飞行器需用过载；n_T 为目标机动过载。

飞行器的可用过载必须大于对其需用过载的要求。

以再入助推滑翔式高超声速飞行器为例，在高空、低动压条件下，机动能力很小，采用直接力控制方式可以大大提高飞行器的可用过载，增强攻击运动目标的能力。空气舵控制飞行器的时间常数一般为 $150\sim350$ ms，在目标大机动条件下保证很高的控制精度是十分困难的。在直接力控制飞行器中，直接力控制部件的时间常数一般为 $5\sim20$ ms，可以有效地提高飞行器的制导精度。

4. 气动力/推力矢量复合控制

推力矢量控制系统在飞行器上有两种应用方法，即全程推力矢量控制和气动力/推力矢量组合控制。因为全程推力矢量控制和普通的空气舵控制的设计过程是相近的，所以在这里主要讨论气动力/推力矢量组合控制的设计方法。

(1) 飞行器空气舵/推力矢量组合控制的优点

飞行器空气舵/推力矢量组合控制系统设计有许多优点，主要表现在：

① 增加了有效飞行包络。

② 显著减小了飞行器自动驾驶仪的时间常数。研究结果表明，采用推力矢量控制系统，无论气动舵尺寸多大，飞行高度如何，法向过载控制系统一阶等效时间常数均可以做到小于 0.2 s。

③ 有效减小了飞行器的舵面翼展。这是因为当发动机工作时，推力矢量控制系统提供主要的机动控制。

(2) 飞行器空气舵/推力矢量组合控制的设计难点

飞行器空气舵/推力矢量组合控制系统在设计上也存在着一些难题，主要表现在：

① 在飞行器的低速飞行段和高空飞行段使用推力矢量控制，大迎角将不可避免，非线性气动力和力矩特性十分明显，常规设计的自动驾驶仪结构可能无法适应。

② 当大迎角飞行时，飞行器的俯仰－偏航－滚动通道之间存在明显的交叉耦合，这会破坏飞行器的稳定性和性能。

③ 大迎角飞行的飞行器，其动力学特性受飞行条件的影响，在很大范围内变化。

④ 空气舵/推力矢量组合控制系统是一种冗余控制系统，确定什么形式的控制器结构和选择怎样的舵混合原则使飞行器具有最佳的性能是有待进一步研究的问题。

⑤ 迎角和过载限制问题。使用推力矢量控制的飞行器，总体设计不能保证对飞行器迎角的限制，必须引入专门的迎角限制机构。

(3) 空气舵和推力矢量舵的舵混合问题

对同时具有空气舵和推力矢量舵的飞行器，其控制信号的舵混合从理论上讲存在着无穷多解。在工程中，需要研究舵混合的基本原则，确保给出一种符合工程实际、性能优异的舵混合方法。

舵混合通常应遵循以下三个基本原则：

① 满足舵的使用条件。推力矢量舵只是在当发动机工作时使用；对鸭式飞行器的空气舵，其大迎角操纵特性很差，气动交叉耦合效应明显，所以只能在中、小迎角的范围内使用；对于正常式布局的飞行器，特别是使用格栅舵的，其大迎角操纵特性仍是很好的。推力矢量舵在飞行器大迎角飞行时仍有很好的操纵性，也不会引入操纵耦合效应。

② 使飞行器具有最大的可用过载或转弯角速率。通过对两套舵系统的合理使用(选用或同时使用),产生最大的操纵能力,使飞行器具有最大的可用过载或转弯角速率。

③ 使飞行器舵面升阻比最大。使舵面升阻比最大的意义是舵面诱导阻力的极小化和舵面操纵力矩的极大化。当然这也是通过合理地组合两套舵系统来实现的。

对于具有两套控制舵面的飞行器,舵面使用的方法主要有两种:串联控制方式和并联控制方式。串联控制方式在飞行器的任何飞行状态下都只有一套舵系统在工作。通常的做法是在飞行器飞行的主动段使用推力矢量舵,被动段使用空气舵。并联控制方式是指在飞行器的任何飞行状态下,都有两套或一套舵系统工作。根据舵混合的第一个原则,在以下条件中飞行器只能用一套舵系统:

① 飞行器飞行的被动段,只能使用空气舵。

② 当迎角大于一定值时,空气舵基本不起作用,只能使用推力矢量舵。

除此之外的其他情况都可以同时使用两套舵系统。

5. 气动力/直接力组合控制

通过对直接力飞行控制机理的研究,得出以下四个设计原则:

① 设计应符合制导律提出的要求。

② 飞控系统动态滞后极小化原则。

③ 飞控系统可用法向过载极大化原则。

④ 有、无直接力控制条件下飞行控制系统结构的相容性原则。

下面提出的控制方案主要基于后三条原则给出。

(1) 控制指令误差型控制器

控制指令误差型控制器的设计思路是,在原来的反馈控制器的基础上,利用原来的控制器控制指令误差来形成直接力控制信号,控制器结构如图 5.5 所示。显然,这是一个双反馈方案。可以说,该方案具有很好的控制性能,但仍有缺点,其缺点是与原来的空气舵反馈控制系统不相容。

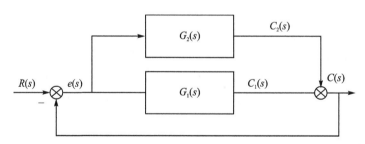

图 5.5 控制指令误差型线性复合控制器

(2) 第 I 类控制指令型控制器

第 I 类控制指令型控制器的设计思路是在原来的反馈控制器基础上,利用控制指令来形成直接力控制信号,控制器结构如图 5.6 所示。显然,这是一个前馈-反馈方案。

该方案的设计有三个明显的优点:

① 因为是前馈-反馈控制方案,前馈控制不影响系统稳定性,所以原来设计的反馈控制系统不需要重新整定参数,在控制方案上有很好的继承性。

② 直接力控制装置控制信号用做前馈信号,当其操纵力矩系数有误差时,并不影响原来

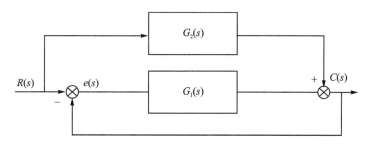

图 5.6　第 I 类控制指令型线性复合控制器

反馈控制方案的稳定性,只会改变系统的动态品质。因此,特别适合用于大气层内飞行的飞行器上。

③ 在直接力前馈作用下,该控制器具有更快速的响应能力。

（3）第 II 类控制指令型控制器

第 II 类控制指令型控制器的设计思路是,利用气动舵控制构筑迎角反馈飞行控制系统,利用控制指令来形成迎角指令,利用控制指令误差来形成直接力控制信号。控制器结构如图 5.7 所示。显然,这也是一个前馈—反馈方案,其中以气动舵面控制为基础的迎角反馈飞行控制系统作为前馈,以直接力控制为基础构造法向过载反馈控制系统。该方案的设计具有两个特点。

① 以迎角反馈信号构造空气舵控制系统可以有效地将气动舵面控制与直接力控制效应区分开来,可以单独完成迎角反馈控制系统的综合工作。事实上,该控制系统与法向过载控制系统的设计过程几乎是完全相同的。因为输入迎角反馈控制系统的指令是法向过载指令,所以需要进行指令形式的转换。这个转换工作在飞行器引入捷联惯导系统后是可以解决的,只是由于气动参数误差影响,存在一定的转换误差。由于通过设计将迎角反馈控制系统作为复合控制系统的前馈通路,这种转换误差不会带来复合控制系统的传递增益误差。

② 直接力反馈控制系统必须具有较大的稳定裕度,主要是为了适应喷流装置放大因子随飞行条件的变化。

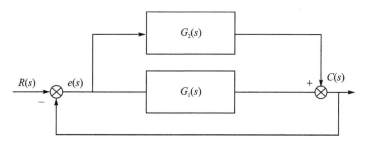

图 5.7　第 II 类控制指令型线性复合控制器

（4）第 III 类控制指令型复合控制器

提高飞行器的最大可用过载是改善飞行器制导性能的另外一个技术途径。通过直接叠加飞行器直接力和气动力的控制作用可以有效地提高飞行器的可用过载。具体的控制器形式如图 5.8 所示,即第 III 类控制指令型复合控制器。图中,K_0 为归一化增益,K_1 为气动力控制信号混合比,K_2 为直接力控制信号混合比。通过合理优化控制信号混合比,可以得到最佳的控制性能。该方案面临的问题是如何解决两个独立支路的解耦问题,因为传感器(如法向过载传感器)无法分清这两路输出对总输出的贡献。

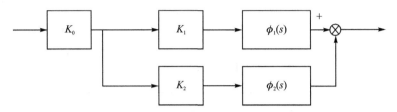

图 5.8　第 III 类控制指令型复合控制器

假定直接力控制特性已知,利用法向过载测量信号,通过解算可以间接计算出气动力控制产生的法向过载。当然,这种方法肯定会带来误差,因为在工程上直接力控制特性并不能精确已知。比较特殊的情况是,在高空或稀薄大气条件下,直接力控制特性相对简单,这种方法不会带来多大的技术问题;但是,在低空或稠密大气条件下情况将有所不同,直接变化就是直接力控制特性将变得十分复杂,需要研究直接力控制特性建模误差对控制系统性能的影响。

5.2　姿态控制系统方案

如前所述,高超声速飞行器高精度姿态控制可以采用迎角反馈控制,也可以通过姿态角反馈控制和法向过载反馈控制来实现。不同之处在于,迎角反馈控制是通过反馈迎角实现对迎角的直接测量及控制,但需要高精度的迎角测量装置;姿态角和过载的反馈控制是通过对姿态角和法向过载的高精度控制来间接实现对迎角的控制。

不同的控制形式,其飞行控制系统结构也不相同。下面以法向过载反馈为例,阐述基于极点配置的飞行控制系统设计原理。

高超声速飞行器法向过载反馈飞行控制系统结构如图 5.9 所示。

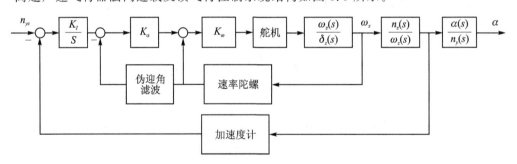

图 5.9　法向过载反馈飞行控制系统结构

5.2.1　极点配置设计原理

高超声速飞行器纵向通道传递函数为

$$\frac{\omega_z(s)}{\delta_z(s)} = \frac{-a_3(s + a_4)}{s^2 + (a_1 + a_4)s + a_2 + a_1 a_4} \tag{5.2}$$

忽略舵机、速率陀螺及加速度计的动态特性,则法向过载回路的闭环传递函数为

$$\frac{n_y(s)}{\delta_z(s)} = \frac{-\ddot{a}_3 a_4 K_u K_a K_1 V/g}{s^3 + (a_1 + a_4 - a_3 K_\omega)s^2 + a_2 + (a_1 a_4 - a_3 a_4 K_\omega - a_3 K_\mu K_a)s - a_3 a_4 K_\mu K_a K_1 V/g}$$

(5.3)

假定理想特征多项式

$$\det(s) = (T_{0s} + 1)\left(\frac{s^2}{\omega_d^2} + \frac{2\xi_d^2}{\omega_d}s + 1\right)$$

(5.4)

根据极点配置原理,法向过载闭环传函数特征多项式与理想特征多项式对应系数相等,可求得相应的控制参数为

$$K_\omega = -\left(\frac{2\xi_d \omega_d T_0 + 1}{T_0} - a_1 - a_3\right)/a_3$$

(5.5)

$$K_a = -\left(\frac{2\xi_d \omega_d + T_0 \omega_d^2}{T_0} - a_1 a_4 + a_4 a_3 K_\omega\right)/a_3 K_\omega$$

(5.6)

$$K_1 = -\left(\frac{\omega_d^2 g}{T_0 a_4 a_3 K_\omega K_a V}\right)$$

(5.7)

从式(5.5)~式(5.7)可以看出,只要给出系统的性能指标 T_0, ξ_d, ω_d 即可求出高超声速飞行器法向过载控制系统的参数。

5.2.2　控制系统的性能指标确定

对于三回路过载控制系统,一般采用时域和频域混合指标,即 τ, ξ, ω。其中,τ 为三回路控制系统闭环一阶等效时间常数。对于临近空间高超声速飞行器,时间常数一般取 0.5~1 s。二阶阻尼 ξ 一般取 0.7 附近。而穿越频率 ω,则应根据舵机的带宽来确定,一般取 $\omega_c = (1/5 \sim 1/3)\omega_a$,$\omega_a$ 为舵机的带宽频率。

5.3　一类高超声速飞行器姿态控制系统工作过程及基本原理

这里,以 HTV-2 为代表的助推滑翔式高超声速飞行器为例,介绍高超声速飞行器的姿态控制系统工作过程及基本原理。如前所述,姿态控制系统为三通道独立稳定数字控制系统,其基本工作原理可描述为:首先,利用自身携带的惯性导航系统将敏感到的飞行器质心运动信息和绕质心运动信息传递到飞控计算机,经过制导导航计算得到飞行器姿态角、指令姿态角,姿态控制系统根据指令姿态角和飞行器实际姿态角解算出姿态角偏差,然后计算出控制指令,完成对飞行器的闭环控制。

5.3.1　姿态控制系统工作过程

1. 主动段与自由飞行段

主动段和自由飞行段是指搭载高超声速飞行器的运载器按照预定程序飞行,直至高超声速飞行器与运载器分离,如图 5.10 所示。这一段的姿态控制主要由运载器的姿态控制系统来实现。

（1）主动段

根据发动机的配置和航程需求,主动段又可以分为一级主动段和二级主动段。运载器一

级飞行段按照预定程序飞行。当一级发
动机点火后即进行俯仰、偏航通道的控
制。俯仰、偏航起控之初用于消除初始
的俯仰、偏航姿态角，然后进入俯仰、偏
航方向程序角跟踪标准程序角。滚动程
序角保持为初始滚动程序角。二级飞行
前半段采用程序飞行和摄动制导，后半
段转入闭环制导和能力管理，在满足射
程的条件下消耗多余的能量，确保二级
发动机耗尽关机时可满足需要速度。

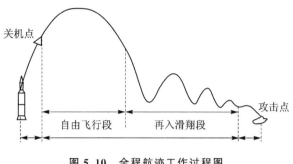

图 5.10　全程航迹工作过程图

（2）自由飞行段

自由飞行段一般可采用惯性＋星光复合导航方式以及末速修正制导方案，依次完成初始
姿态稳定、星光修正以及末速修正，满足再入的速度、高度和姿态要求。

2．再入滑翔飞行段

此阶段始于飞行器与运载器分离，经过大气层外的自由飞行后再入大气层，依靠空气动力
控制或者直接力控制实现高超声速飞行器的平衡滑翔飞行，直至目标附近区域，满足再入末制
导段的交接条件。此阶段的姿态控制系统主要由空气舵和 RCS 系统完成，采用跟踪程序迎角
和倾侧角的方式实现。

3．再入飞行段

再入飞行段始于滑翔段终端，此时飞行器的速度已降低，距离目标也很近，飞行器采用俯
冲的方式实施再入攻击，直至命中目标。此时的姿态控制系统主要跟踪末制导系统所产生的
导引指令实施控制，采用空气舵为主、RCS 为辅的控制策略。

5.3.2　姿态控制系统工作原理

1．控制系统设计难点

控制系统作为临近空间高超声速飞行器的重要分系统之一，是其安全飞行、完成既定任务
的重要保证。与传统飞行器相比，临近空间高超声速飞行器控制系统的研究具有极大的挑
战性。

首先，控制系统必须满足飞行器多任务、多工作模式、大范围机动的需求。当前应用于绝
大多数飞行器的控制算法，虽然具有很高的可靠性，但数据量庞大，设计与测试工作十分繁重。
同时多任务、多工作模式和大范围机动飞行也使得临近空间高超声速飞行器呈现出强烈的非
线性动态特性，传统的控制方法已经无法满足其控制性能和控制精度的要求。因此，需要具有
更加优异的性能以及更好的通用性，从而有效降低设计复杂度，减少设计时间和维护费用。

其次，控制系统设计必须解决快时变参数系统的稳定性问题。高超声速飞行器的整个飞
行过程可能经历高超声速、超声速、跨声速和亚声速四个阶段，这将带来飞行环境、气动特性的
快速时变特性。因此，高超声速飞行器的控制问题是一个快时变参数系统稳定性问题。

最后，控制系统应具有高控制精度和强鲁棒性特点。临近空间高超声速机动飞行条件下
存在大量的外界干扰和内部的参数不确定，特别是高超声速飞行条件下，飞行器对飞行条件的
变化异常敏感，任何控制上的误差都可能导致灾难性后果。另一方面，当前对临近空间高超声

速飞行器高超声速飞行中存在的物理机理的认识不够深入,因此对控制系统的高控制精度和鲁棒性提出了很高的要求。

2. BTT(bank-to-turn)控制

临近空间高超声速飞行器需要具备一定的侧向航迹机动能力。如果其采用侧滑转弯(side to turn,STT)控制,则在飞行的过程中需保持飞行器纵轴的相对稳定,控制飞行器在俯仰和偏航两个平面内产生的相应法向力,其合成得到的法向力指向导引律所要求的方向。飞行器加速度大小与方向的变化是通过迎角和侧滑角的协调变化来完成的。当飞行器采用STT 控制实现侧向航迹机动时,需一定的侧滑角做侧向运动,高超声速飞行时受热情况和气动性能变化较大,给总体设计带来极大困难;同时,以 STT 控制方式进行侧向航迹机动时,航迹刚性很大,需要配较大尺寸的方向舵,这给飞行器的结构设计和防热设计带来困难。

另一种可采用的控制技术为倾斜转弯(BTT)控制。这种控制技术在飞行器转弯过程中,滚动控制系统迅速将飞行器的最大升力面转到理想的机动方向,同时俯仰控制系统令飞行器在最大升力面内产生所需的机动加速度。理想的 BTT 转弯是没有侧滑的,通过滚转达到其最大升力面。如果飞行器采用 BTT 控制,其侧滑角可以控制在很小的角度,减少控制面和防热系统的设计压力,同时飞行器气动状态更简单,更容易实现优化设计;采用 BTT 方式可利用重力和升力的分量实现航迹侧向机动,以节省能量,提高侧向大范围的机动能力。

因此,临近空间高超声速飞行器在再入阶段,姿态控制系统的任务是使飞行器跟踪由制导回路提供的迎角和倾侧角指令,同时保持侧滑角为零来实现机动控制。

3. 姿态控制系统工作原理

传统的空气舵姿态控制方式,在 s 域中设计 PID 控制器,构建闭环系统实施控制。以纵向为例,其控制系统闭环的基本结构如图 5.11 所示。

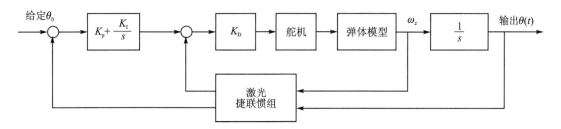

图 5.11　飞行器姿态控制系统基本结构框图

但是对于临近空间高超声速飞行器而言,其飞行初段(再入初阶段)主要在空气稀薄的临近空间,由于动压非常低,气动舵面无法正常工作,因此需要引入 RCS 系统进行控制。直接力是除气动力以外临近空间飞行器另一个重要的动力来源。因此,在姿态控制系统设计时,需要考虑直接力与气动力的复合实现。

(1)气动力/直接力组合控制策略

① 直接力矩的等效舵偏。为了便于控制策略设计,需要把舵偏输入与直接输入统一量纲,将直接力矩的输入作用变换成虚拟的升降舵或者方向舵偏角的输入作用。

② 气动力/直接力组合控制策略。在气动力控制系统和直接力控制系统的复合结构有很多种,这里仅介绍控制指令误差型控制器。它在原有的气动力控制器的基础上,利用原来控制器控制指令误差来形成直接力控制信号,其结构如图 5.12 所示。

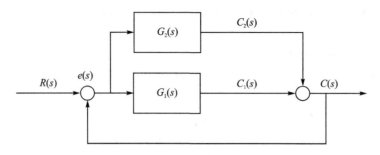

图 5.12 控制指令误差型控制系统

（2）数学模型

① 直接力模型。以燃机舵为例介绍直接力控制系统的数学模型。燃机舵接收到点火信号后，经过饱和环节、延迟环节、惯性环节以及多次信号放大后，最终产生操纵力。

图 5.13 中，δ_p 为一个阀门开度，最大推力时 $\delta_p = \pm 1$；发动机关闭时 $\delta_p = 0$，k_0 为发动机最大推力，k_1 为喷流放大因子，τ 为喷流建立延迟时间。

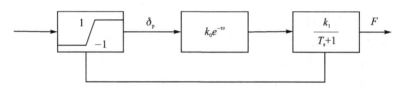

图 5.13 喷流装置简化模型

② 气动力/直接力组合控制数学模型。气动力/直接力组合控制的结构如图 5.14 所示。

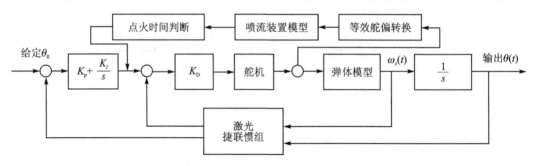

图 5.14 气动力/直接力组合控制结构图

③ 点火时间的确定。点火时间由姿态角反馈回来的误差 $e(t)$ 决定。直接力装置配置一台误差分析器，测量并量化得到 $e(t)$ 的数值大小，并以此作为是否启动的点火信号。换言之，就是设定直接力点火的阈值，一旦 $e(t)$ 超过阈值，直接力部分则开始工作；否则，仅有气动力部分产生作用。

④ 喷流量的确定

喷流量是衡量直接力工作效能的物理量，是由直接力装置所提供的操纵力矩大小和持续时间决定的。操纵力矩越大，持续时间越长，可以提供的喷流量就越大。适当的喷流量既可以保证系统的稳定性，又可以显著提高系统的响应速度。一般情况下，需要结合性能要求来确定喷流量。

第6章 高超声速飞行器制导系统原理

飞行器在实际飞行中,由于内、外干扰的作用往往会偏离目标点。偏离目标的偏差可分解为飞行航路平面内的偏差和偏离这个平面的横向偏差。因而,制导系统的作用可归结为对飞行器运动实施射程控制和射向控制。飞行器制导系统一般需要具备如下三个主要功能:

① 导航,即根据导航设备的测量输出实时解算飞行器在制导计算坐标中的位置和速度。

② 导引,即根据飞行器的当前状态(位置和速度)和其控制的终端状态,实时给出能达到终端状态的某种姿态控制指令。

③ 为实现上述制导功能,制导系统应包括测量装置、计算机(或控制组合)、姿态控制系统。

各组成部分之间的关系如图6.1所示。

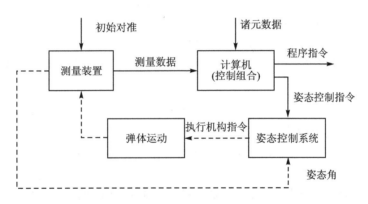

图 6.1 制导系统组成框图

为便于更好地理解制导系统基本原理,本章首先介绍高超声速飞行器制导系统的功能、组成、方法等基本概念,然后给出高超声速飞行器的运动学数学模型,更进一步结合飞行器不同的飞行阶段,介绍临近空间高超声速飞行器轨迹优化的一些典型方法以及最优末制导律的基本原理。

6.1 飞行器制导系统概述

6.1.1 制导系统分类

粗略地分,飞行器制导系统可以分成两种类型,即程序制导系统和从目标获取信息的制导系统。在程序制导系统中,由程序机构产生的信号起控制作用。这种信号确定所需的飞行航迹,制导系统的任务是力图消除航迹偏差。在飞行器发射前根据目标坐标给定飞行程序,因此这种制导系统只能导引飞行器攻击固定目标。相反,带有接收目标状态信息的制导系统,可以在飞行过程中根据目标的运动改变飞行器的航迹,这种系统既可以攻击固定目标,也可以攻击活动目标。

如果将制导系统作用原理作为分类基础,以在什么样的信息基础上产生制导信号,利用什么样的物理现象确定目标和飞行器的坐标为分类依据,那么就可将制导系统分为自主式制导系统、自动寻的制导系统和复合式制导系统。这是一种目前广泛采用的分类方法。

(1)自主式制导系统

制导指令信号仅由弹上制导设备探测地球或宇宙空间物质的物理特性而产生,制导系统和目标、指挥站不发生联系,称为自主式制导。

飞行器发射前,预先确定了飞行器的航迹。飞行器发射后,弹上制导系统的敏感元件不断测量预定的参数,如飞行器的加速度、飞行器的姿态、天体位置、地貌特征等。这些参数在弹上经适当处理,与预定航迹运动参数进行比较,一旦出现偏差,便产生制导指令使飞行器飞向预定的目标。

为了确定飞行器的位置,在飞行器上必须安装位置测量系统。常用的测量系统有地磁测量系统、卫星导航惯性系统、天文导航系统等。自主式制导设备是一种由各种不同作用原理的仪表所组成的十分复杂的动力学系统。

采用自主式制导系统的飞行器,由于和目标及指挥站不发生任何联系,隐蔽性好,不易被干扰,射程远,制导精度也较高。但飞行器一发射出去,其飞行航迹就不能再变,只能攻击固定目标或将飞行器引向预定区域。

(2)自动寻的制导系统

利用目标辐射或反射的能量(如电磁波、红外线、激光、可见光等),靠弹上制导设备测量目标、飞行器相对运动的参数,按照确定的关系直接形成制导指令,使飞行器飞向目标的制导系统,称为自动寻的制导系统。

飞行器发射后,弹上的制导系统接收来自目标的能量,角度敏感器测量飞行器接近目标时的方向偏差,弹上计算机依照偏差形成制导指令,导引飞行器飞向目标。自动寻的制导与自主制导的区别是,自动寻的制飞行器上的制导设备实时对目标进行跟踪与测量。

自动寻的制导可用于攻击高速目标,制导精度较高,而且飞行器与指挥站间没有直接联系,能够实现发射后不管。但由于它靠来自目标的能量来测量飞行器的飞行偏差,因此作用距离有限,且易受外界的干扰。

(3)复合式制导系统

不同类型的制导系统各有其特有的优缺点。当对制导性能要求较高时,可根据目标特性和要完成的任务,把不同类型的制导系统以不同的方式组合起来,以取长补短,进一步提高制导系统的性能,形成复合制导系统。

以导弹为例,为了实现导弹武器的精确制导,常采用复合式制导系统,即飞行初段采用自主制导,将其导引到要求的区域;末段则采用自动寻的制导。这不仅增大了制导系统的作用距离,更重要的是提高了制导精度。

对于助推滑翔高超声速飞行器,其主动段由运载器搭载飞行,直至器箭分离才进入独立制导工作阶段。因此,其制导系统主要包括再入滑翔制导系统和末制导系统。下面重点介绍再入滑翔制导系统和末制导系统的组成和原理。

6.1.2 再入滑翔制导系统组成及原理

由于助推滑翔高超声速飞行器在器箭分离后在临近空间实施平衡滑翔飞行,因此其飞行阶段的划分有别于传统的弹道导弹。从制导的角度看,一般将从器箭分离点到末制导起始点的飞行段,定义为助推滑翔高超声速飞行器的再入滑翔制导段。显然,再入滑翔制导系统的功能与弹道导弹有明显区别,其目的是使飞行器在不违背各种约束的情况下,将飞行器导引到指定的位置,并满足终端要求。因此,再入滑翔制导系统需具备的功能为控制高超声速飞行器按照规划的飞行轨迹飞行,将飞行器导向目标区域,完成与末制导的交接班。再入滑翔制导系统的组成如图 6.2 所示。

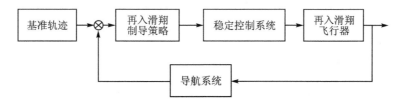

图 6.2 飞行器再入滑翔制导系统组成原理

导航系统实时输出飞行器位置姿态及速度信息,并与基准航迹相比较,由再入滑翔制导策略生成制导指令,经稳定控制系统操纵飞行器飞行并保持飞行器姿态稳定。

6.1.3 末制导系统组成及原理

为了实现飞行器精确制导,末制导段一般采用寻的制导方式,利用导引头信息按照末制导段导引律生成控制指令,导引飞行器高精度命中目标。

飞行器末制导系统按照位标器与机体的连接方式可分为捷联制导系统和随动制导系统两类。按照战术使用的特点,可分为主动寻的、半主动寻的和被动寻的制导系统。按照导引头信息频谱,可分为红外制导系统、可见光制导系统、微波制导系统、毫米波制导系统以及多模制导系统等。

末制导系统的任务是根据末制导导引头对目标的测量信息,采用合适的制导规律,控制飞行器飞向目标,最终以一定的精度击中目标。末制导系统一般由导引头、控制指令形成装置、飞行器稳定控制装置、机体和飞行器-目标相对运动学环节等组成,如图 6.3 所示。

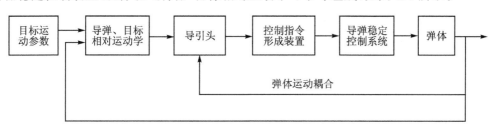

图 6.3 飞行器末制导系统组成原理

导引头实际上是制导系统的探测装置,在对目标稳定跟踪后,即可输出飞行器和目标的相对运动参数,弹上控制指令形成装置综合导引头及其他敏感元件的测量信号,形成控制指令,把飞行器导向目标。

6.2　高超声速飞行器运动数学模型

数学模型是将研究对象为特定目的做了必要的假设、归纳和抽象而形成的,能够集中反映客观事物中人们所需研究的那部分特征。由于高超声速飞行器的数学模型是实施轨迹设计与优化的理论基础,因此本节重点阐述运动模型和运载火箭质量估算模型的推导过程,最终给出飞行器的气动模型和约束模型。

在建立高超声速飞行器运动方程时,为确定位移、速度和外力矢量的分量,必须建立相应的坐标系。所选取的坐标系不同,建立的运动方程也不相同。这里用到的坐标系包括地心惯性坐标系、地心坐标系、位置坐标系(地理坐标系)、机体坐标系以及速度坐标系。前面已经介绍过的,这里不再赘述。

6.2.1　运动方程组的建立

根据牛顿第二定律,详细推导高超声速飞行器刚体六自由度运动方程组,是本小节重点介绍的内容。

飞行器运动方程组分为动力学方程组和运动学方程组两大类,共 12 个微分方程。这两大类方程组中又分别存在质心运动与绕质心转动两类方程组,如图 6.4 所示。

$$\text{飞行器运动方程} \begin{cases} \text{动力学方程} \begin{cases} \text{质心运动} \\ \text{绕质心运动} \end{cases} \\ \text{运动学方程} \begin{cases} \text{质心运动} \\ \text{绕质心运动} \end{cases} \end{cases}$$

图 6.4　飞行器运动方程

无论是质心运动还是绕质心转动方程,都有统一的矢量方程形式,只是投影在不同坐标系下会有不同的表达式。通常情况下,导航所用质心运动动力学方程是在机体坐标系下建立的,而在制导与控制设计中,则分别是在航迹坐标系和速度坐标系下建立质心运动的动力学方程。

本节将分别在机体坐标系、航迹坐标系、速度坐标系和准速度坐标系下推导质心运动的动力学方程。需要说明的是,按照常规绕质心转动的动力学方程和运动学方程均在机体坐标系下推导,质心运动学方程在地面坐标系下推导。

1. 质心运动动力学方程的一般形式

基于牛顿力学原理,飞行器质心在惯性空间运动的矢量方程描述为

$$m\boldsymbol{a}_i = \boldsymbol{F} + m\boldsymbol{g} \tag{6.1}$$

式中,m 是飞行器质量;$\boldsymbol{a}_i$ 是绝对加速度;$\boldsymbol{F}$ 是作用在飞行器上的发动机的推力 $\boldsymbol{T}$ 和空气动力 $\boldsymbol{A}$ 的合力,即

$$\boldsymbol{F} = \boldsymbol{T} + \boldsymbol{A} \tag{6.2}$$

通常关心的是飞行器相对于地球的运动,飞行器质心相对于地球的速度,即相对速度,以 $\boldsymbol{V}_k$ 表示;而相对加速度则是 $\mathrm{d}\boldsymbol{V}_k/\mathrm{d}t$。由于地球有旋转角速度,故地球坐标系 S_e 不是惯性参考系,因而在相对运动方程中出现由角速度 $\boldsymbol{\omega}_E$ 引起的惯性力项。

飞行器绝对加速度 $\boldsymbol{a}_i$ 等于相对加速度 $\mathrm{d}\boldsymbol{V}_k/\mathrm{d}t$、牵连加速度 $\boldsymbol{a}_e$ 和哥氏加速度 $\boldsymbol{a}_c$ 之和,即

$$a_i = \mathrm{d}\boldsymbol{V}_k / \mathrm{d}t + \boldsymbol{a}_e + \boldsymbol{a}_c \tag{6.3}$$

式中,牵连加速度为

$$\boldsymbol{a}_e = \boldsymbol{\omega}_E \times (\boldsymbol{\omega}_E \times \boldsymbol{r}) \tag{6.4}$$

哥氏加速度为

$$\boldsymbol{a}_c = 2\boldsymbol{\omega}_E \times \boldsymbol{V}_k \tag{6.5}$$

圆球形地球产生的引力加速度可表示成

$$\boldsymbol{g} = -(\mu / r^3)\boldsymbol{r} \tag{6.6}$$

式中,μ 为地球引力常数。

当把地球视为平面时,$\boldsymbol{g}$ 是沿地面坐标系的 z_g 轴,因而 $(\boldsymbol{g})_g = (0, 0, g)^{\mathrm{T}}$,其中,$g = 9.8 \mathrm{~m/s^2}$。

将式(6.1)和式(6.2)代入式(6.3),得到飞行器对地球的相对运动的动力学方程为

$$\frac{\mathrm{d}\boldsymbol{V}_k}{\mathrm{d}t} = -\frac{\mu \boldsymbol{r}}{r^3} + \frac{\boldsymbol{T} + \boldsymbol{A}}{m} - 2\boldsymbol{\omega}_E \times \boldsymbol{V}_k - \boldsymbol{\omega}_E \times (\boldsymbol{\omega}_E \times \boldsymbol{r}) \tag{6.7}$$

在不同的坐标系中这个矢量方程有不同的矩阵形式(或映象)。

运动方程(6.7)是在地心赤道旋转坐标系 S_e 中观察飞行器运动,地球的旋转效应已经在此方程中表现出来了,即 S_e 的单位矢量 $\boldsymbol{i}_e, \boldsymbol{j}_e, \boldsymbol{k}_e$ 是常数,所以

$$\left(\frac{\mathrm{d}\boldsymbol{V}_k}{\mathrm{d}t}\right)_e = \frac{\mathrm{d}(\boldsymbol{V}_k)_e}{\mathrm{d}t}$$

如果在地心赤道旋转坐标系下推导,则方程(6.7)的矢量形式为

$$\frac{\mathrm{d}(\boldsymbol{V}_k)_e}{\mathrm{d}t} = -\frac{\mu}{r^3}(\boldsymbol{r})_e + \frac{1}{m}\big[(\boldsymbol{T})_e + (\boldsymbol{A})_e\big] - 2(\boldsymbol{\omega}_E)_e \times (\boldsymbol{V}_k)_e - (\boldsymbol{\omega}_E)_e \times (\boldsymbol{\omega}_E)_e \times (\boldsymbol{r})_e$$

$$\tag{6.8}$$

但通常不采用这个方程。如果以活动坐标系 S_m 作为基准,S_m 相对于 S_e 具有角速度 ω_{m-e},应考虑到

$$\left(\frac{\mathrm{d}\boldsymbol{V}_k}{\mathrm{d}t}\right)_m = \frac{\mathrm{d}(\boldsymbol{V}_k)_m}{\mathrm{d}t} + (\boldsymbol{\omega}_{m-e})_m \times (\boldsymbol{V}_k)_m$$

因而运动方程的矢量形式为

$$\frac{\mathrm{d}(\boldsymbol{V}_k)_m}{\mathrm{d}t} = -(\boldsymbol{\omega}_{m-e})_m \times (\boldsymbol{V}_k)_m - \frac{\mu}{r^3}(\boldsymbol{r})_m + \frac{1}{m}\big[(\boldsymbol{T})_m + (\boldsymbol{A})_m\big] -$$

$$2(\boldsymbol{\omega}_E)_m \times (\boldsymbol{V}_k)_m - (\boldsymbol{\omega}_E)_m \times (\boldsymbol{\omega}_E)_m \times (\boldsymbol{r})_m \tag{6.9}$$

下面分别从机体坐标系、航迹坐标系和速度坐标系推导质心的动力学方程。

2. 机体坐标系中的质心动力学方程

式(6.9)在机体坐标系下表达式为

$$\frac{\mathrm{d}(\boldsymbol{V}_k)_b}{\mathrm{d}t} = -(\boldsymbol{\omega}_{b-e})_b \times (\boldsymbol{V}_k)_b - \frac{\mu}{r^3}(\boldsymbol{r})_b + \frac{1}{m}\big[(\boldsymbol{T})_b + (\boldsymbol{A})_b\big] -$$

$$2(\boldsymbol{\omega}_E)_b \times (\boldsymbol{V}_k)_b - (\boldsymbol{\omega}_E)_b \times (\boldsymbol{\omega}_E)_b \times (\boldsymbol{r})_b \tag{6.10}$$

机体坐标系相对于地球的角速度 $\boldsymbol{\omega}_{b-e}$ 由两项组成,即当地铅垂坐标系 S_u 相对于地心赤道旋转坐标系的角速度 $\boldsymbol{\omega}_{u-e}$ 和机体坐标系 S_b 相对于当地铅垂坐标系 S_u 的角速度,即

$$\boldsymbol{\omega}_{b-e} = \boldsymbol{\omega}_{u-e} + \boldsymbol{\omega}_{b-u}$$

而且

$$\boldsymbol{\omega}_{u-e} = \dot{\lambda}\boldsymbol{k}_c - \dot{\phi}_c\boldsymbol{j}_u \tag{6.11}$$

$$\boldsymbol{\omega}_{b-u} = p\boldsymbol{i}_b + q\boldsymbol{j}_b + r\boldsymbol{k}_b \tag{6.12}$$

式(6.12)中的 p、q 和 r 是飞行器角速度在本体坐标系中的分量。为尊重工程应用习惯,在此采用飞行器角速度在本体坐标系中的分量形式。为了简化表述,将机体坐标系相对于地面坐标系的转换矩阵表示如下

$$\boldsymbol{L}_{bu} = [\boldsymbol{T}] = \begin{bmatrix} \cos\theta\cos\psi & \cos\theta\sin\psi & -\sin\theta \\ \sin\phi\sin\theta\cos\psi - \cos\phi\sin\psi & \sin\phi\sin\theta\sin\psi + \cos\phi\cos\psi & \sin\phi\cos\theta \\ \cos\phi\sin\theta\cos\psi + \sin\phi\sin\psi & \cos\phi\sin\theta\sin\psi - \sin\phi\cos\psi & \cos\phi\cos\theta \end{bmatrix}$$

$$= \begin{bmatrix} T_{11} & T_{12} & T_{13} \\ T_{21} & T_{22} & T_{23} \\ T_{31} & T_{32} & T_{33} \end{bmatrix}$$

因此

$$(\boldsymbol{\omega}_{b-e})_b = (\boldsymbol{\omega}_{u-e})_b + (\boldsymbol{\omega}_{b-u})_b$$

$$= \boldsymbol{L}_{bu}\left\{\boldsymbol{L}_{ue}\begin{bmatrix} 0 \\ 0 \\ \dot{\lambda} \end{bmatrix} + \begin{bmatrix} 0 \\ -\dot{\phi}_c \\ 0 \end{bmatrix}\right\} + \begin{bmatrix} p \\ q \\ r \end{bmatrix} = \begin{bmatrix} \dot{\lambda}(T_{11}\cos\phi_c - T_{13}\sin\phi_c) - \dot{\phi}_c T_{12} + p \\ \dot{\lambda}(T_{21}\cos\phi_c - T_{23}\sin\phi_c) - \dot{\phi}_c T_{22} + q \\ \dot{\lambda}(T_{31}\cos\phi_c - T_{33}\sin\phi_c) - \dot{\phi}_c T_{32} + r \end{bmatrix} \tag{6.13}$$

由几何关系可得

$$r\phi_c = V_k\cos\gamma\cos\chi \tag{6.14}$$

$$r\cos\phi_c\dot{\lambda} = V_k\cos\gamma\sin\chi \tag{6.15}$$

其中,$V_k = \sqrt{u^2 + v^2 + w^2}$。

将式(6.14)和式(6.15)代入式(6.13),可消去 $\dot{\phi}_c$ 和 $\dot{\lambda}$。

速度矢量在机体坐标系下的分量形式为

$$(\boldsymbol{V}_k)_b = [u, v, w]^T \tag{6.16}$$

距离矢量 $\boldsymbol{r}$ 的分量

$$(\boldsymbol{r})_b = \boldsymbol{L}_{bu}(0, 0, -r)^T = -r(T_{13}, T_{23}, T_{33})^T \tag{6.17}$$

地球旋转角速度 $\boldsymbol{\omega}_E$ 的分量

$$(\boldsymbol{\omega}_E)_b = \boldsymbol{L}_{bu}\boldsymbol{L}_{ue}(\boldsymbol{\omega}_E) = \boldsymbol{\omega}_E\begin{bmatrix} T_{11}\cos\phi_c - T_{13}\sin\phi_c \\ T_{21}\cos\phi_c - T_{23}\sin\phi_c \\ T_{31}\cos\phi_c - T_{33}\sin\phi_c \end{bmatrix} \tag{6.18}$$

推力 $\boldsymbol{T}$ 与空气动力 $\boldsymbol{A}$ 在机体坐标系下的分量

$$(\boldsymbol{T})_b = \begin{bmatrix} T \\ 0 \\ 0 \end{bmatrix}, \quad (\boldsymbol{A})_b = \boldsymbol{L}_{ba}\begin{bmatrix} -D \\ Y \\ -L \end{bmatrix} = \begin{bmatrix} -D\cos\beta\cos\alpha - Y\sin\beta\cos\alpha + L\sin\alpha \\ -D\sin\beta + Y\cos\beta \\ -D\cos\beta\sin\alpha - Y\sin\beta\sin\alpha - L\cos\alpha \end{bmatrix} \tag{6.19}$$

将式(6.13)~式(6.19)代入方程(6.10)可得机体坐标系下质心运动的动力学方程组。

$$
\begin{bmatrix} \dot{u} \\ \dot{v} \\ \dot{w} \end{bmatrix} = -\frac{\sqrt{u^2+v^2+w^2}}{r}\cos\gamma \cdot
$$

$$
\begin{bmatrix} \dfrac{\sin\chi}{\cos\phi_c}[\cos\phi_c(wT_{21}-vT_{31})+\sin\phi_c(vT_{33}-wT_{23})]+\cos\chi(vT_{32}-wT_{22}) \\[2mm] \dfrac{\sin\chi}{\cos\phi_c}[\cos\phi_c(uT_{31}-wT_{11})+\sin\phi_c(wT_{13}-uT_{33})]+\cos\chi(wT_{12}-uT_{32}) \\[2mm] \dfrac{\sin\chi}{\cos\phi_c}[\cos\phi_c(vT_{11}-uT_{21})+\sin\phi_c(uT_{23}-vT_{13})]+\cos\chi(uT_{22}-vT_{12}) \end{bmatrix} +
$$

$$
\begin{bmatrix} rv-qw \\ pw-ru \\ qu-pv \end{bmatrix} + \frac{\mu}{r^2}\begin{bmatrix} T_{13} \\ T_{23} \\ T_{33} \end{bmatrix} + \frac{1}{m}\begin{bmatrix} T-D\cos\beta\cos\alpha-Y\sin\beta\cos\alpha+L\sin\alpha \\ -D\sin\beta+Y\cos\beta \\ -D\cos\beta\sin\alpha-Y\sin\beta\sin\alpha-L\cos\alpha \end{bmatrix} -
$$

$$
2\omega_E\begin{bmatrix} \cos\phi_c(wT_{21}-vT_{31})+\sin\phi_c(vT_{33}-wT_{23}) \\ \cos\phi_c(uT_{31}-wT_{11})+\sin\phi_c(wT_{13}-uT_{33}) \\ \cos\phi_c(vT_{11}-uT_{21})+\sin\phi_c(uT_{23}-vT_{13}) \end{bmatrix} \tag{6.20}
$$

由于牵连力项$(\boldsymbol{\omega}_E)_b\times(\boldsymbol{\omega}_E)_b\times(\boldsymbol{r})_b$的展开式非常复杂,本书不做介绍,读者可根据需要自行展开。

3. 航迹坐标系中的质心动力学方程

在航迹坐标系中建立质心运动方程的优点是能直接给出航迹速度大小$\boldsymbol{V}_k$和方向(χ,γ)的变化,对于飞行航迹控制分析是有利的。

式(6.10)在航迹坐标系下表达式为

$$
\frac{\mathrm{d}(\boldsymbol{V}_k)_k}{\mathrm{d}t} = -(\boldsymbol{\omega}_{k-e})_k\times(\boldsymbol{V}_k)_k - \frac{\mu}{r^3}(\boldsymbol{r})_k + \frac{1}{m}[(\boldsymbol{T})_k+(\boldsymbol{A})_k]
$$
$$
-2(\boldsymbol{\omega}_E)_k\times(\boldsymbol{V}_k)_k-(\boldsymbol{\omega}_E)_k\times(\boldsymbol{\omega}_E)_k\times(\boldsymbol{r})_k \tag{6.21}
$$

航迹坐标系相对于地球的角速度$\boldsymbol{\omega}_{k-e}$由两项组成,即当地铅垂坐标系$S_u$相对于地心赤道旋转坐标系的角速度$\boldsymbol{\omega}_{u-e}$和航迹坐标系$S_k$相对于当地铅垂坐标系$S_u$的角速度,其式为

$$
\boldsymbol{\omega}_{u-e} = \dot{\lambda}\boldsymbol{k}_e - \dot{\phi}_c\boldsymbol{j}_u \tag{6.22}
$$

$$
\boldsymbol{\omega}_{k-u} = \dot{\chi}\boldsymbol{k}_u + \dot{\gamma}\boldsymbol{j}_k \tag{6.23}
$$

因此

$$
(\boldsymbol{\omega}_{k-e})_k = \boldsymbol{L}_{ku}\left\{\boldsymbol{L}_{ue}\begin{bmatrix}0\\0\\\dot{\lambda}\end{bmatrix}+\begin{bmatrix}0\\-\dot{\phi}_c\\\dot{\chi}\end{bmatrix}\right\}+\begin{bmatrix}0\\\dot{\gamma}\\0\end{bmatrix}
$$

$$
=\begin{bmatrix} \dot{\lambda}\cos\phi_c\cos\gamma\cos\chi-\dot{\phi}_c\cos\gamma\sin\chi+\dot{\lambda}\sin\gamma-\dot{\chi}\sin\gamma \\ -\dot{\lambda}\cos\phi_c\sin\chi-\dot{\phi}_c\cos\chi+\dot{\gamma} \\ \dot{\lambda}\cos\phi_c\sin\gamma\cos\chi-\dot{\phi}_c\sin\gamma\sin\chi-\dot{\lambda}\sin\phi_c\cos\gamma+\dot{\chi}\cos\gamma \end{bmatrix} \tag{6.24}
$$

同样,将式(6.13)和式(6.14)代入式(6.24),可消去$\dot{\phi}_c$和$\dot{\lambda}$。

速度矢量在航迹坐标系下的分量形式为

$$(\boldsymbol{V}_{\mathrm{k}})_{\mathrm{k}} = [V_{\mathrm{k}}, 0, 0]^{\mathrm{T}} \tag{6.25}$$

距离矢量 $\boldsymbol{r}$ 的分量形式为

$$(\boldsymbol{r})_{\mathrm{k}} = \boldsymbol{L}_{\mathrm{ku}}(0, 0, -r)^{\mathrm{T}} = [r\sin\gamma, 0, -r\cos\gamma]^{\mathrm{T}} \tag{6.26}$$

地球旋转角速度 $\boldsymbol{\omega}_{\mathrm{E}}$ 的分量为

$$(\boldsymbol{\omega}_{\mathrm{E}})_{\mathrm{k}} = \boldsymbol{L}_{\mathrm{ku}}\boldsymbol{L}_{\mathrm{ue}}(\boldsymbol{\omega}_{\mathrm{E}})_{\mathrm{e}} = \boldsymbol{\omega}_{\mathrm{E}} \begin{bmatrix} \cos\phi_{\mathrm{c}}\cos\gamma\cos\chi + \sin\phi_{\mathrm{c}}\sin\gamma \\ -\cos\phi_{\mathrm{c}}\sin\chi \\ \cos\phi_{\mathrm{c}}\sin\gamma\cos\chi - \sin\phi_{\mathrm{c}}\cos\gamma \end{bmatrix} \tag{6.27}$$

推力 $\boldsymbol{T}$ 与空气动力 $\boldsymbol{A}$ 在航迹坐标系下的分量为

$$(\boldsymbol{T}_{\mathrm{b}})_{\mathrm{k}} = \boldsymbol{L}_{\mathrm{ka}}\boldsymbol{L}_{\mathrm{ab}} \begin{bmatrix} T \\ 0 \\ 0 \end{bmatrix} = T \begin{bmatrix} \cos\beta\cos\alpha \\ \sin\phi_{\mathrm{v}}\sin\alpha - \cos\phi_{\mathrm{v}}\sin\beta\cos\alpha \\ -\sin\phi_{\mathrm{v}}\sin\beta\cos\alpha - \cos\phi_{\mathrm{v}}\sin\alpha \end{bmatrix} \tag{6.28}$$

$$(\boldsymbol{A})_{\mathrm{k}} = \boldsymbol{L}_{\mathrm{ku}}\boldsymbol{L}_{\mathrm{ub}}\boldsymbol{L}_{\mathrm{ba}} \begin{bmatrix} -D \\ Y \\ -L \end{bmatrix} = \begin{bmatrix} -D \\ Y\cos\phi_{\mathrm{v}} + L\sin\phi_{\mathrm{v}} \\ Y\sin\phi_{\mathrm{v}} - L\cos\phi_{\mathrm{v}} \end{bmatrix} \tag{6.29}$$

推力 $\boldsymbol{T}$ 在航迹坐标系下的分量形式较复杂,在此用 T_{xk}、T_{yk} 和 T_{zk} 表示。

将式(6.24)~式(6.29)代入方程(6.20),得到航迹坐标系下质心运动的动力学方程组为

$$\begin{bmatrix} \dot{V}_{\mathrm{k}} \\ \dot{\chi}V_{\mathrm{k}}\cos\gamma \\ -\dot{\gamma}V_{\mathrm{k}} \end{bmatrix} = \frac{V_{\mathrm{k}}^2}{r} \begin{bmatrix} 0 \\ \tan\phi_{\mathrm{c}}\cos^2\gamma\sin\chi \\ -\cos\gamma \end{bmatrix} + \frac{\mu}{r^2} \begin{bmatrix} -\sin\gamma \\ 0 \\ \cos\gamma \end{bmatrix} +$$

$$\frac{1}{m} \left\{ T \begin{bmatrix} \cos\beta\cos\alpha \\ \sin\phi_{\mathrm{v}}\sin\alpha - \cos\phi_{\mathrm{v}}\sin\beta\cos\alpha \\ -\sin\phi_{\mathrm{v}}\sin\beta\cos\alpha - \cos\phi_{\mathrm{v}}\sin\alpha \end{bmatrix} + \begin{bmatrix} -D \\ Y\cos\phi_{\mathrm{v}} + L\sin\phi_{\mathrm{v}} \\ Y\sin\phi_{\mathrm{v}} - L\cos\phi_{\mathrm{v}} \end{bmatrix} \right\} +$$

$$2\omega_{\mathrm{E}}V_{\mathrm{k}} \begin{bmatrix} 0 \\ -\cos\phi_{\mathrm{c}}\sin\gamma\cos\chi + \sin\phi_{\mathrm{c}}\cos\gamma \\ -\cos\phi_{\mathrm{c}}\sin\chi \end{bmatrix} + \omega_{\mathrm{E}}^2 r \begin{bmatrix} \cos\phi_{\mathrm{c}}(-\sin\phi_{\mathrm{c}}\cos\gamma\cos\chi + \sin\phi_{\mathrm{c}}\sin\gamma) \\ \sin\phi_{\mathrm{c}}\cos\phi_{\mathrm{c}}\sin\chi \\ \cos\phi_{\mathrm{c}}(-\sin\phi_{\mathrm{c}}\sin\gamma\cos\chi - \cos\phi_{\mathrm{c}}\cos\gamma) \end{bmatrix}$$

$$\tag{6.30}$$

式(6.30)是航迹坐标系下质心运动动力学方程,可用于高超声速飞行器的制导(轨迹控制)研究,其控制变量为迎角 α、侧滑角 β 和倾侧角 ϕ_{v}。但目前国内外文献中常用两个控制变量总迎角 α_{T} 和倾斜角 σ 来控制。显然,用 2 个控制变量比用 3 个控制变量分析问题要简单。

以上动力学方程中,气动力(升力、阻力和侧力)均是建立在速度坐标系下。为能推导出适合高超声速再入飞行器制导使用的动力学方程(引入总迎角和倾斜角),气动力(总升力和阻力)应该建立在准速度坐标系下,并投影到航迹坐标系,即

$$(\boldsymbol{A}_{\mathrm{t}})_{\mathrm{k}} = \boldsymbol{L}_{\mathrm{kt}}\boldsymbol{L}_{\mathrm{tb}} \begin{bmatrix} -D \\ 0 \\ -L_{\mathrm{T}} \end{bmatrix} = \begin{bmatrix} -D \\ L_{\mathrm{T}}\sin\sigma \\ -L_{\mathrm{T}}\cos\sigma \end{bmatrix} \tag{6.31}$$

此外,为能在动力学方程中出现总迎角 α_{T} 和倾斜角 σ 变量,推力矢量表达式应为

$$(\boldsymbol{T}_\mathrm{b})_\mathrm{k}=\boldsymbol{L}_\mathrm{kt}\boldsymbol{L}_\mathrm{tb}\begin{bmatrix}T\\0\\0\end{bmatrix}=T\begin{bmatrix}\cos\alpha T\\\sin\sigma\sin\alpha T\\-\cos\sigma\sin\alpha T\end{bmatrix} \tag{6.32}$$

这也是在航迹坐标系下推导两种不同动力学方程的唯一区别。

将式(6.31)和式(6.32)结合式(6.24)～式(6.29)并代入方程(6.20)中,得到适合高超声速再入飞行器制导使用的动力学方程组如下

$$\begin{bmatrix}\dot{V}_\mathrm{k}\\\dot{\chi}V_\mathrm{k}\cos\gamma\\-\dot{\gamma}V_\mathrm{k}\end{bmatrix}=\frac{V_\mathrm{k}^2}{r}\begin{bmatrix}0\\\tan\phi_\mathrm{c}\cos^2\gamma\sin\chi\\-\cos\gamma\end{bmatrix}+\frac{\mu}{r^2}\begin{bmatrix}-\sin\gamma\\0\\\cos\gamma\end{bmatrix}$$

$$+\frac{1}{m}\left\{T\begin{bmatrix}\cos\alpha T\\\sin\sigma\sin\alpha T\\-\cos\sigma\sin\alpha T\end{bmatrix}+\begin{bmatrix}-D\\L_\mathrm{T}\sin\sigma\\-L_\mathrm{T}\cos\sigma\end{bmatrix}\right\}+2\omega_\mathrm{E}V_\mathrm{k}\begin{bmatrix}0\\-\cos\phi_\mathrm{c}\sin\gamma\cos\chi+\sin\phi_\mathrm{c}\cos\gamma\\-\cos\phi_\mathrm{c}\sin\chi\end{bmatrix}$$

$$+\omega_\mathrm{E}^2r\begin{bmatrix}\cos\phi_\mathrm{c}(-\sin\phi_\mathrm{c}\cos\gamma\cos\chi+\cos\phi_\mathrm{c}\sin\gamma)\\\sin\phi_\mathrm{c}\cos\phi_\mathrm{c}\sin\chi\\\cos\phi_\mathrm{c}(-\sin\phi_\mathrm{c}\sin\gamma\cos\chi-\cos\phi_\mathrm{c}\cos\gamma)\end{bmatrix} \tag{6.33}$$

另外,若考虑风的扰动作用,推导上述方程时,需将转换矩阵 $\boldsymbol{L}_\mathrm{ka}$,$\boldsymbol{L}_\mathrm{kb}$ 分别由 $\boldsymbol{L}_\mathrm{ka}^*$,$\boldsymbol{L}_\mathrm{kb}^*$ 代替。由于方程的展开式过于庞大,这里就不具体给出,读者可根据需要自行展开。这里定义

$$\begin{cases}\alpha_\mathrm{w}=\alpha-\alpha_\mathrm{k}\\\beta_\mathrm{w}=\beta-\beta_\mathrm{k}\end{cases} \tag{6.34}$$

由式(6.34)看出,α 和 β 由两部分组成:一部分为由风干扰引起的 α_w 和 β_w;另一部分为由航迹速度引起的 α_k 和 β_k,如图 6.5 所示。

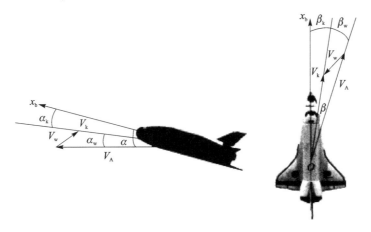

图 6.5　迎角 α 与倾侧角 β 的形成

因为有 $\alpha\approx\omega/V$,$\beta\approx\nu/V$,于是在获得风速后,可由以下近似等式计算 α_w 和 β_w

$$\begin{cases}\alpha_\mathrm{k}\approx\omega_\mathrm{k}/V\\\beta_\mathrm{k}\approx\nu_\mathrm{k}/V\end{cases} \tag{6.35}$$

其中,ν_k 与 ω_k 分别为航迹坐标系下沿轴 O_yk 与 O_zh 的速度分量在机体坐标系下的投影值。如

果风速远小于气流速度,则由式(6.34)和式(6.35)有

$$\begin{cases} \alpha_w = (\omega - \omega_k)/V = -\omega_k/V \\ \beta_w = (\nu - \omega_k)/V = -\nu_k/V \end{cases} \tag{6.36}$$

这样,便能得到变化风场中飞行器的运动方程。

4. 速度坐标系中的质心动力学方程

飞行器姿态控制中,迎角 α、侧滑角 β 和倾侧角 ϕ_v 状态量是主要的被控量,有必要进行速度坐标系中的质心动力学方程推导。由上节分析可知,在动力学方程中牵连力的数量级很小,且表达形式冗长,在速度坐标系下建立动力学方程时,可以忽略该项。

在速度坐标系下,式(6.1)的表达式为

$$\frac{d(\boldsymbol{V}_k)_a}{dt} = -(\boldsymbol{\omega}_{a-e}) \times (\boldsymbol{V}_k)_a - \frac{\mu}{r^3}(\boldsymbol{r})_a + \frac{1}{m}[(\boldsymbol{T}_a) + (\boldsymbol{A}_a)] - 2(\boldsymbol{\omega}_E)_a \times (\boldsymbol{V}_k)_a \tag{6.37}$$

将式(6.37)中各矢量逐一计算如下。

$$\frac{d(\boldsymbol{V}_k)_a}{dt} = [\dot{V} \quad 0 \quad 0]^T \tag{6.38}$$

速度坐标系相对于地球坐标系的角速度 $\boldsymbol{\omega}_{a-e}$ 由 3 项组成,即当地铅垂坐标系 S_u 相对于地心赤道旋转坐标系的角速度 $\boldsymbol{\omega}_{u-e}$、机体坐标系 S_b 相对于当地铅垂坐标系 S_u 的角速度 $\boldsymbol{\omega}_{b-u}$ 和速度坐标系 S_a 相对于机体坐标系 S_b 的角速度 $\boldsymbol{\omega}_{a-b}$,其式分别为

$$\boldsymbol{\omega}_{a-b} = -\dot{\alpha}\boldsymbol{j}_b + \dot{\beta}\boldsymbol{k}_a \tag{6.39}$$

$$\boldsymbol{\omega}_{b-u} = -p\boldsymbol{i}_b + q\boldsymbol{j}_b + r\boldsymbol{k}_b \tag{6.40}$$

$$\boldsymbol{\omega}_{u-e} = -\dot{\lambda}\boldsymbol{k}_e - \dot{\phi}_c\boldsymbol{j}_u \tag{6.41}$$

由于

$$(\boldsymbol{\omega}_{a-e})_a = (\boldsymbol{\omega}_{a-b})_a + (\boldsymbol{\omega}_{b-u})_a + (\boldsymbol{\omega}_{u-e})_a \tag{6.42}$$

因此

$$(\boldsymbol{\omega}_{a-e})_a = \boldsymbol{L}_{ab}\left\{\begin{bmatrix} 0 \\ -\dot{\alpha} \\ 0 \end{bmatrix} + \begin{bmatrix} p \\ q \\ r \end{bmatrix}\right\} + \begin{bmatrix} 0 \\ 0 \\ \dot{\beta} \end{bmatrix} + \boldsymbol{L}_{ak}\boldsymbol{L}_{ku}\left\{\boldsymbol{L}_{ue}\begin{bmatrix} 0 \\ 0 \\ \dot{\lambda} \end{bmatrix} + \begin{bmatrix} 0 \\ -\dot{\phi}_c \\ 0 \end{bmatrix}\right\}$$

$$= \begin{bmatrix} -\dot{\alpha}\sin\beta + p\cos\beta\cos\alpha + q\sin\beta + r\cos\beta\sin\alpha \\ -\dot{\alpha}\cos\beta - p\sin\beta\cos\alpha + q\cos\beta - r\sin\beta\sin\alpha \\ \dot{\beta} - p\sin\alpha + r\cos\alpha \end{bmatrix} +$$

$$\begin{bmatrix} \dot{\lambda}(\cos\phi_c\cos\gamma\cos\chi + \sin\phi_c\sin\gamma) \\ \dot{\lambda}(\cos\phi_c(-\cos\phi_v\sin\chi + \sin\phi_v\sin\gamma\cos\chi) - \sin\phi_c\sin\phi_v\cos\gamma) \\ \dot{\lambda}(\cos\phi_c(\sin\phi_v\sin\chi + \cos\phi_v\sin\gamma\cos\chi) - \sin\phi_c\cos\phi_v\cos\gamma) \end{bmatrix} +$$

$$\begin{bmatrix} -\dot{\phi}_c\cos\gamma\sin\chi \\ -\dot{\phi}_c(\cos\phi_v\cos\chi + \sin\phi_v\sin\gamma\sin\chi) \\ \dot{\phi}_c(\sin\phi_v\cos\chi - \cos\phi_v\sin\gamma\sin\chi) \end{bmatrix} \tag{6.43}$$

将式(6.6)和式(6.7)代入式(6.43),可消去 $\dot{\phi}_c$ 和 $\dot{\lambda}$。

速度矢量在速度坐标系下的分量形式为

$$(\boldsymbol{V}_k)_a = \begin{bmatrix} V_k & 0 & 0 \end{bmatrix}^T \tag{6.44}$$

距离矢量 $\boldsymbol{r}$ 的分量为

$$(\boldsymbol{r})_a = \boldsymbol{L}_{ak}\boldsymbol{L}_{ku} \begin{bmatrix} 0 \\ 0 \\ -r \end{bmatrix} = r \begin{bmatrix} -\sin\gamma \\ \sin\phi_v\cos\gamma \\ \cos\phi_v\sin\gamma \end{bmatrix} \tag{6.45}$$

地球旋转角速度 $\boldsymbol{\omega}_E$ 的分量为

$$
\begin{aligned}
(\boldsymbol{\omega}_E)_a &= \boldsymbol{L}_{ak}\boldsymbol{L}_{ku}\boldsymbol{L}_{ue} \begin{bmatrix} 0 \\ 0 \\ \omega_E \end{bmatrix} \\
&= \begin{bmatrix} \omega_E(\cos\phi_c\cos\gamma\cos\chi + \sin\phi_c\sin\gamma) \\ \omega_E(\cos\phi_c(-\cos\phi_v\sin\chi + \sin\phi_v\sin\gamma\cos\chi) - \sin\phi_c\sin\phi_v\cos\gamma) \\ \omega_E(\cos\phi_c(\sin\phi_v\sin\chi + \cos\phi_v\sin\gamma\cos\chi) - \sin\phi_c\cos\phi_v\cos\gamma) \end{bmatrix}
\end{aligned} \tag{6.46}
$$

推力 $\boldsymbol{T}$ 与空气动力 $\boldsymbol{A}$ 在速度坐标系下的分量为

$$(\boldsymbol{F})_a = (\boldsymbol{T}_b)_a + (\boldsymbol{A})_a = \boldsymbol{L}_{ab}\begin{bmatrix} T \\ 0 \\ 0 \end{bmatrix} + \begin{bmatrix} -D \\ Y \\ -L \end{bmatrix} = \begin{bmatrix} T\cos\beta\cos\alpha - D \\ -T\sin\beta\cos\alpha + Y \\ -T\sin\alpha - L \end{bmatrix} \tag{6.47}$$

将式(6.44)～式(6.46)代入方程(6.47),可得速度 V、迎角 α 和侧滑角 β 的微分形式,表达式如下

$$
\begin{cases}
\dot{V} = -g\sin\gamma - \dfrac{D - T\cos\beta\cos\alpha}{m} + \omega_E^2 r\cos\phi_c(\cos\phi_c\sin\gamma - \sin\phi_c\cos\gamma\cos\chi) \\[2mm]
\dot{\alpha} = -p\cos\alpha\tan\beta + q - r\sin\alpha\tan\beta + \dfrac{g}{V\cos\beta}\cos\phi_v\cos\gamma - \dfrac{L + T\sin\alpha}{mV\cos\beta} + \\[2mm]
\quad \dfrac{V}{r\cos\beta}[-\cos\phi_v\cos\gamma - \cos^2\gamma\sin\chi\sin\phi_v\tan\phi_c] - \\[2mm]
\quad \dfrac{2\omega_E}{\cos\beta} \cdot [\cos\phi_c(-\cos\phi_v\sin\chi + \sin\phi_v\sin\gamma\cos\chi) - \sin\phi_c\sin\phi_v\cos\gamma] \\[2mm]
\dot{\beta} = p\sin\alpha + r\cos\alpha - \dfrac{g}{V}\sin\phi_v\cos\gamma + \dfrac{Y + T\sin\beta\cos\alpha}{mV} - \\[2mm]
\quad \dfrac{V}{r}[\sin\phi_v\cos\gamma - \cos^2\gamma\sin\chi\cos\phi_v\tan\phi_c] - \\[2mm]
\quad 2\omega_E[\cos\phi_c(\sin\phi_v\sin\chi + \cos\phi_v\sin\gamma\cos\chi) - \\[2mm]
\quad \sin\phi_c\cos\phi_v\cos\gamma]
\end{cases} \tag{6.48}
$$

此外,还需得到倾侧角 ϕ_v 的微分形式表达式。因为在圆球形大地假设情况下推导此方程较繁琐,且由地球自转带给倾侧角的影响非常小,所以本文在平面大地假设情况下推导。

利用各坐标系旋转角速度之间的关系,有以下等式成立:

$$(\boldsymbol{\omega}_{b-u})_a = (\boldsymbol{\omega}_{b-a})_a + (\boldsymbol{\omega}_{a-k})_a + (\boldsymbol{\omega}_{k-u})_a \tag{6.49}$$

其中

$$(\boldsymbol{\omega}_{b-u})_a = \boldsymbol{L}_{ab} \begin{bmatrix} p \\ q \\ r \end{bmatrix} = \begin{bmatrix} p\cos\beta\cos\alpha + q\sin\beta + r\cos\beta\sin\alpha \\ -p\sin\beta\cos\alpha + q\cos\beta - r\sin\beta\sin\alpha \\ -p\sin\alpha + r\cos\alpha \end{bmatrix} \tag{6.50}$$

$$(\boldsymbol{\omega}_{k-u})_a = (\dot{\chi}\boldsymbol{k}_u + \dot{\gamma}\boldsymbol{j}_k)_a = \boldsymbol{L}_{ak}\left\{\boldsymbol{L}_{ku}\begin{bmatrix} 0 \\ 0 \\ \dot{\chi} \end{bmatrix} + \begin{bmatrix} 0 \\ \dot{\gamma} \\ 0 \end{bmatrix}\right\} = \begin{bmatrix} -\dot{\chi}\sin\gamma \\ \dot{\chi}\sin\phi_v\cos\gamma + \dot{\gamma}\cos\phi_v \\ \dot{\chi}\cos\phi_v\cos\gamma - \dot{\gamma}\sin\phi_v \end{bmatrix} \tag{6.51}$$

$$(\boldsymbol{\omega}_{a-k})_a = \boldsymbol{L}_{ak}\begin{bmatrix} \dot{\phi}_v \\ 0 \\ 0 \end{bmatrix} \tag{6.52}$$

$$(\boldsymbol{\omega}_{b-a})_a = (-\dot{\beta}\boldsymbol{k}_a + \dot{\alpha}\boldsymbol{j}_b)_a = \begin{bmatrix} 0 \\ 0 \\ -\dot{\beta} \end{bmatrix} + \boldsymbol{L}_{ab}\begin{bmatrix} 0 \\ \dot{\alpha} \\ 0 \end{bmatrix} = \begin{bmatrix} \dot{\alpha}\sin\beta \\ \dot{\alpha}\cos\beta \\ -\dot{\beta} \end{bmatrix} \tag{6.53}$$

将式(6.49)～式(6.52)代入式(6.53)左右两端,对比第 1 行,可得到倾侧角导数形式的表达式为

$$\dot{\phi}_v = -\dot{\alpha}\sin\beta + \dot{\chi}\sin\gamma + p\cos\beta\cos\alpha + q\sin\beta + r\cos\beta\sin\alpha \tag{6.54}$$

其中,$\dot{\alpha}$ 和 $\dot{\chi}$ 可由上文中推导的相关公式代入消去。

5. 准速度坐标系中的质心动力学方程

前面推导了适合再入飞行器制导的质心运动动力学方程,其控制量为总迎角 α_T 和倾斜角 σ,这两个制导控制量对控制来说属于状态量。下面推导其微分形式的动力学方程,同样忽略牵连力的影响。

式(6.1)在准速度坐标系下的表达式为

$$\frac{d(\boldsymbol{V}_k)_a}{dt} = -(\boldsymbol{\omega}_{t-e})_t \times (\boldsymbol{V}_k)_t - \frac{\mu}{r^3}(\boldsymbol{r})_t + \frac{1}{m}[(\boldsymbol{T})_t + (\boldsymbol{A})_t] - 2(\boldsymbol{\omega}_E)_t \times (\boldsymbol{V}_k)_t \tag{6.55}$$

将式(6.55)各矢量逐一计算如下。

$$\frac{d(\boldsymbol{V}_k)_t}{dt} = \begin{bmatrix} \dot{V} & 0 & 0 \end{bmatrix}^T \tag{6.56}$$

准速度坐标系相对于地心赤道旋转坐标系的角速度 $\boldsymbol{\omega}_{t-e}$ 由 3 项组成,即当地铅垂坐标系 S_u 相对于地心赤道旋转坐标系的角速度 $\boldsymbol{\omega}_{u-e}$、机体坐标系 S_b 相对于当地铅垂坐标系 S_u 的角速度 $\boldsymbol{\omega}_{b-u}$ 和准速度坐标系 S_t 相对于机体坐标系的角速度 $\boldsymbol{\omega}_{t-b}$,其表达式分别为

$$\boldsymbol{\omega}_{t-b} = -\dot{\alpha}_T\boldsymbol{j}_t \tag{6.57}$$

$$\boldsymbol{\omega}_{b-u} = p\boldsymbol{i}_b + q\boldsymbol{j}_b + r\boldsymbol{k}_b \tag{6.58}$$

$$\boldsymbol{\omega}_{u-e} = \dot{\lambda}\boldsymbol{k}_e - \dot{\phi}_c\boldsymbol{j}_u \tag{6.59}$$

由于

$$(\boldsymbol{\omega}_{t-e})_t = (\boldsymbol{\omega}_{t-b})_t + (\boldsymbol{\omega}_{b-u})_t + (\boldsymbol{\omega}_{u-e})_t \tag{6.60}$$

因此

$$(\boldsymbol{\omega}_{t-e})_t = \begin{bmatrix} 0 \\ -\dot{\alpha}_T \\ 0 \end{bmatrix} + \boldsymbol{L}_{Tb} \begin{bmatrix} p \\ q \\ r \end{bmatrix} + \boldsymbol{L}_{Tk}\boldsymbol{L}_{ku} \left\{ \boldsymbol{L}_{ue} \begin{bmatrix} 0 \\ 0 \\ \dot{\lambda} \end{bmatrix} + \begin{bmatrix} 0 \\ -\dot{\phi}_c \\ 0 \end{bmatrix} \right\}$$

$$= \begin{bmatrix} p\cos\alpha_T + r\sin\alpha_T \\ q - \dot{\alpha}_T \\ -p\sin\alpha_T + r\cos\alpha_T \end{bmatrix} +$$

$$\begin{bmatrix} \dot{\lambda}(\cos\phi_c\cos\gamma\cos\chi + \sin\phi_c\sin\gamma - \dot{\phi}_c\cos\gamma\sin\chi) \\ \dot{\lambda}[\cos\phi_c(-\cos\sigma\sin\chi + \sin\sigma\sin\gamma\cos\chi) - \sin\phi_c\sin\sigma\cos\gamma] - \\ \dot{\phi}_c(\cos\sigma\cos\chi + \sin\sigma\sin\gamma\sin\chi) \\ \dot{\lambda}[\cos\phi_c(\sin\sigma\sin\chi + \cos\sigma\sin\gamma\cos\chi) - \sin\phi_c\cos\phi_v\cos\gamma] + \\ \dot{\phi}_c(\sin\sigma\cos\chi - \cos\sigma\sin\gamma\sin\chi) \end{bmatrix} \quad (6.61)$$

同样,将式(6.5)和式(6.6)代入式(6.61),可消去 $\dot{\phi}_c$ 和 $\dot{\lambda}$。

速度矢量在速度坐标系下的分量形式为

$$(\boldsymbol{V}_k)_t = \begin{bmatrix} V_k & 0 & 0 \end{bmatrix}^T \quad (6.62)$$

距离矢量 $\boldsymbol{r}$ 的分量为

$$(\boldsymbol{r})_t = \boldsymbol{L}_{tk}\boldsymbol{L}_{ku} \begin{bmatrix} 0 \\ 0 \\ -r \end{bmatrix} = r \begin{bmatrix} -\sin\gamma \\ \sin\phi_v\cos\gamma \\ \cos\phi_v\sin\gamma \end{bmatrix} \quad (6.63)$$

地球旋转角速度($\boldsymbol{\omega}_E$)的分量为

$$(\boldsymbol{\omega}_E)_t = \boldsymbol{L}_{tk}\boldsymbol{L}_{ku}\boldsymbol{L}_{ue} \begin{bmatrix} 0 \\ 0 \\ \omega_E \end{bmatrix}$$

$$= \begin{bmatrix} \omega_E(\cos\phi_c\cos\gamma\cos\chi + \sin\phi_c\sin\gamma) \\ \omega_E[\cos\phi_c(-\cos\sigma\sin\chi + \sin\sigma\sin\gamma\cos\chi) - \sin\phi_c\sin\sigma\cos\gamma] \\ \omega_E[\cos\phi_c(\sin\sigma\sin\chi + \cos\sigma\sin\gamma\cos\chi) - \sin\phi_c\cos\sigma\cos\gamma] \end{bmatrix} \quad (6.64)$$

推力 $\boldsymbol{T}$ 与空气动力 $\boldsymbol{A}$ 在速度坐标系下的分量为

$$(\boldsymbol{F})_t = (\boldsymbol{T}_b)_t + (\boldsymbol{A})_t = \boldsymbol{L}_{tb} \begin{bmatrix} T \\ 0 \\ 0 \end{bmatrix} + \begin{bmatrix} -D \\ Y \\ -L_T \end{bmatrix} = \begin{bmatrix} T\cos\alpha_T - D \\ 0 \\ -T\sin\alpha_T - L_T \end{bmatrix} \quad (6.65)$$

将式(6.62)~式(6.64)代入方程(6.65),总迎角 α_T 的微分形式表达式为

$$\dot{\alpha}_T = q - \frac{V}{r}[\cos\sigma\cos\gamma + \cos^2\gamma\sin\chi\sin\sigma\tan\phi_c] -$$

$$\frac{\mu}{r^2V}\cos\sigma\cos\gamma + \frac{1}{mV}(-T\sin a_T - L_T) +$$

$$2\omega_E[\cos\phi_c(-\cos\sigma\sin\chi + \sin\sigma\sin\gamma\cos\chi) - \sin\phi_c\sin\sigma\cos\gamma] \quad (6.66)$$

利用各坐标系中旋转角速度之间的关系,有以下等式成立

$$(\boldsymbol{\omega}_{b-u})_t = (\boldsymbol{\omega}_{b-t})_t + (\boldsymbol{\omega}_{t-k})_t + (\boldsymbol{\omega}_{k-u})_t \tag{6.67}$$

其中

$$(\boldsymbol{\omega}_{b-u})_t = \boldsymbol{L}_{tb}\begin{bmatrix} p \\ q \\ r \end{bmatrix} = \begin{bmatrix} p\cos\alpha_T + r\sin\alpha_T \\ q \\ -p\sin\alpha_T + r\cos\alpha_T \end{bmatrix} \tag{6.68}$$

$$(\boldsymbol{\omega}_{k-u})_t = (\dot{\chi}\boldsymbol{k}_u + \dot{\gamma}\boldsymbol{j}_k)_t = \boldsymbol{L}_{tk}\left\{ L_{ku}\begin{bmatrix} 0 \\ 0 \\ \dot{\chi} \end{bmatrix} + \begin{bmatrix} 0 \\ \dot{\gamma} \\ 0 \end{bmatrix} \right\} = \begin{bmatrix} -\dot{\chi}\sin\gamma \\ \dot{\chi}\sin\sigma\cos\gamma + \dot{\gamma}\cos\sigma \\ \dot{\chi}\cos\sigma\cos\gamma - \dot{\gamma}\sin\sigma \end{bmatrix} \tag{6.69}$$

$$(\boldsymbol{\omega}_{t-k})_t = \boldsymbol{L}_{tk}\begin{bmatrix} \dot{\sigma} \\ 0 \\ 0 \end{bmatrix} \tag{6.70}$$

$$(\boldsymbol{\omega}_{b-t})_t = (-\dot{\alpha}_T\boldsymbol{j}_b)_t = \boldsymbol{L}_{tb}\begin{bmatrix} 0 \\ \dot{\alpha}_T \\ 0 \end{bmatrix} = \begin{bmatrix} 0 \\ \dot{\alpha}_T \\ 0 \end{bmatrix} \tag{6.71}$$

将式(6.68)～式(6.70)代入式(6.71)两端,对比第 1 行,可得到倾斜角微分形式的表达式为

$$\dot{\sigma} = \dot{\chi}\sin\gamma + p\cos\alpha_T + r\sin\alpha_T \tag{6.72}$$

将方程组(6.29)中第 2 式代入式(6.72),得其展开式为

$$\dot{\sigma} = p\cos\alpha_T + r\sin\alpha_T + \frac{V}{r}\tan\phi_c\sin\gamma\cos\gamma\sin\chi + \frac{\tan\gamma}{mV}L_T\sin\sigma +$$

$$2\omega_E\tan\gamma[-\cos\phi_c\sin\gamma\cos\chi + \cos\gamma\sin\phi_c] + \frac{\omega_E^2 r}{\cos\beta}\tan\gamma\sin\phi_c\cos\phi_c\sin\chi \tag{6.73}$$

6.2.2　运动方程组的简化

运动方程组的简化与所研究的问题有关,如在飞行器设计初始阶段,系统和参数未完全确定,不可能也没有必要进行精确的航迹计算,只需粗略地计算飞行轨迹,了解飞行性能,因此只需要研究质心运动。再如,进行飞行器姿态控制系统分析与设计时,主要研究姿态运动,可以忽略质心运动的影响。因此,存在多种运动方程组的简化方法,但归纳起来,主要有以下两种类型。

① 基于制导和基于控制系统设计的简化。制导即通常说的轨迹控制,针对的是飞行器质心的运动;控制即姿态控制,针对的是飞行器绕质心转动的运动。质心运动和绕质心转动的运动具有不同的特点,相对而言,绕质心转动变化得快,而质心运动变化得较慢。在研究质心运动特性,如飞行速度 V、位置 r 时,可以认为绕质心的转动处于"瞬时平衡"或者"配平状态"。同样,在研究绕质心转动时,也可忽略大时间尺度的质心运动。这样可将制导与控制系统进行相对独立的研究。

② 把空间运动分成纵向和横侧向运动的简化。这种简化忽略了纵向和横侧向运动的铰链影响。实际上,只有在飞行器的实际运动接近平面运动时,这种简化才是正确的。例如,弹

道式飞行器在主动段的运动,当控制系统设计良好时,其运动近似于平面运动,此时可将空间运动方程简化成纵向运动方程和横侧向运动方程。在飞行器再入动力学和制导设计中,除空间机动飞行航迹和精确计算航迹需要考虑空间运动外,一般都简化成平面运动问题处理,特别是研究最佳机动航迹时,多数都简化成平面运动。

临近空间高超声速飞行器的制导与控制方法研究中,大多采用第一种类型的简化方法,因此本章只介绍这种方法,同时给出高超声速飞行器制导系统设计所用的运动学简化模型。

通常将临近高超声速再入飞行器的制导划分为上升段制导、再入段制导与末段制导。三段制导各有其特点,因而所用的动力学方程也有所区别。此外,再入段的轨迹规划设计与制导律设计所用的动力学方程也有一定的差异,下面分别介绍。另外,为了与国外相关文献一致,本节介绍的制导简化动力学模型,均在苏式坐标系中推导出的动力学方程的基础上进行简化。

1. 用于主动段制导的简化模型

高超声速飞行器的主动段主要由运载器——运载火箭来完成,因此其用于制导的模型与弹道导弹相类似。根据牛顿第二定律推导出的惯性坐标系下高超声速飞行器的位置速度矢量方程为

$$
\begin{cases}
\dot{\boldsymbol{r}} = \boldsymbol{V} \\
\dot{\boldsymbol{V}} = \boldsymbol{g}(\boldsymbol{r}) + \dfrac{T}{m}\boldsymbol{i}_{\mathrm{b}} - \dfrac{A}{m}\boldsymbol{i}_{\mathrm{b}} + \dfrac{N}{m}\boldsymbol{i}_{\mathrm{n}} \\
\dot{m} = -\dfrac{T}{g_0 I_{\mathrm{sp}}}
\end{cases}
\tag{6.74}
$$

其中,$\boldsymbol{r}$,$\boldsymbol{V}$ 分别为飞行器在惯性坐标系下的位置和速度矢量;$\boldsymbol{g}$ 为飞行器在 r 处受到的重力加速度;T 为发动机的推力大小,假定推力方向与机体纵轴完全重合;m 为飞行器的质量(包含燃料的质量);$\boldsymbol{i}_{\mathrm{b}}$ 和 $\boldsymbol{i}_{\mathrm{n}}$ 为机体坐标系 $O_{\mathrm{b}}x_{\mathrm{b}}$ 轴和 $O_{\mathrm{b}}z_{\mathrm{b}}$ 轴负方向在惯性系下的单位矢量;A 和 N 为气动力在 $O_{\mathrm{b}}x_{\mathrm{b}}$ 轴和 $O_{\mathrm{b}}z_{\mathrm{b}}$ 轴负方向的分量大小;I_{sp} 为比冲;g_0 为地球表面重力加速度大小,忽略哥氏力。这种矢量描述法简单直观,意义明确,便于推导。

建立矢量运动方程时需要注意,飞行器质量 m 是否需要作为状态量进行优化。在火箭飞行器中,可以将质量 m 看作时间的函数,质量可仅由当前时间决定。如果质量与状态无关,将会大大降低问题的复杂性和求解难度。

由式(6.1)可知

$$
m\frac{\mathrm{d}\boldsymbol{V}}{\mathrm{d}t} = \boldsymbol{T} + \boldsymbol{A} + m\boldsymbol{g} - 2m\boldsymbol{\omega}_{\mathrm{E}} \times \boldsymbol{V} - m\boldsymbol{\omega}_{\mathrm{E}} \times \boldsymbol{\omega}_{\mathrm{E}} \times \boldsymbol{r}
\tag{6.75}
$$

假设 $\boldsymbol{i}$,$\boldsymbol{j}$,$\boldsymbol{k}$ 分别为地球坐标系 $Oxyz$ 的三个轴矢量,则

$$
\boldsymbol{r} = r\boldsymbol{i}
\tag{6.76}
$$

$$
\boldsymbol{V} = V\sin\gamma\boldsymbol{i} + V\cos\gamma\cos\psi\boldsymbol{j} + V\cos\gamma\sin\psi\boldsymbol{k}
\tag{6.77}
$$

$$
\boldsymbol{\omega}_{\mathrm{E}} = \boldsymbol{\omega}_{\mathrm{E}}\sin\phi\boldsymbol{i} + \boldsymbol{\omega}_{\mathrm{E}}\sin\phi\boldsymbol{k}
\tag{6.78}
$$

通过上述三个式子推导可得

$$
\begin{aligned}
\boldsymbol{\omega}_{\mathrm{E}} \times \boldsymbol{V} = {} & \boldsymbol{\omega}_{\mathrm{E}}V\cos\gamma\cos\phi\sin\psi\boldsymbol{i} + \\
& \boldsymbol{\omega}_{\mathrm{E}}V(\sin\gamma\cos\phi - \cos\gamma\sin\phi\cos\psi)\boldsymbol{j} + \\
& \boldsymbol{\omega}_{\mathrm{E}}V\cos\gamma\cos\phi\sin\psi\boldsymbol{k}
\end{aligned}
\tag{6.79}
$$

$$
\boldsymbol{\omega}_{\mathrm{E}} \times (\boldsymbol{\omega}_{\mathrm{E}} \times \boldsymbol{r}) = -\boldsymbol{\omega}_{\mathrm{E}}^2 r\cos^2\phi\boldsymbol{i} + \boldsymbol{\omega}_{\mathrm{E}}^2 r\sin\phi\cos\phi\boldsymbol{k}
\tag{6.80}
$$

重力矢量表示为

$$m\boldsymbol{g} = -mg\boldsymbol{i} \tag{6.81}$$

气动力 $\boldsymbol{R}$ 可分解为与速度方向相反的阻力 D 以及与速度方向垂直的升力 L。然后,将推力 T 沿速度方向和升力方向分解,并与气动力合并,得

$$\begin{cases} F_T = T\cos\alpha - D \\ F_N = T\sin\alpha + L \end{cases} \tag{6.82}$$

假设升力 L 与 $(\boldsymbol{r},\boldsymbol{V})$ 平面的夹角为 σ,称为滚转角,F_N 可以分解为在沿垂直平面内的垂直于速度的分量和垂直于沿垂直平面的分量,即

$$\begin{cases} \boldsymbol{F}_T = F_T\sin\gamma\boldsymbol{i} + F_T\cos\gamma\sin\psi\boldsymbol{j} + F_T\cos\gamma\cos\psi\boldsymbol{k} \\ \boldsymbol{F}_N = F_N\cos\sigma\cos\gamma\boldsymbol{i} - (F_N\cos\sigma\sin\gamma\sin\psi + F_N\sin\sigma\cos\psi)\boldsymbol{j} + \\ \quad (F_N\cos\sigma\sin\gamma\cos\psi - F_N\sin\sigma\sin\psi)\boldsymbol{k} \end{cases} \tag{6.83}$$

由于地球坐标系 $Oxyz$(极坐标)是相对地心坐标系 $OXYZ$ 绕 OZ 轴旋转 θ 角,然后绕 OY' 轴旋转 $-\phi$ 角得到的,即旋转坐标系 $OXYZ$ 的角速度 $\boldsymbol{\Omega}$ 在地球坐标系 $Oxyz$ 上表示为

$$\boldsymbol{\Omega} = \sin\phi\frac{\mathrm{d}\theta}{\mathrm{d}t}\boldsymbol{i} - \frac{\mathrm{d}\phi}{\mathrm{d}t}\boldsymbol{j} + \cos\phi\frac{\mathrm{d}\theta}{\mathrm{d}t}\boldsymbol{k} \tag{6.84}$$

由此可以得到

$$\frac{\mathrm{d}\boldsymbol{i}}{\mathrm{d}t} = \boldsymbol{\Omega} \times \boldsymbol{i} = \cos\phi\frac{\mathrm{d}\theta}{\mathrm{d}t}\boldsymbol{j} + \frac{\mathrm{d}\phi}{\mathrm{d}t}\boldsymbol{k} \tag{6.85}$$

$$\frac{\mathrm{d}\boldsymbol{j}}{\mathrm{d}t} = \boldsymbol{\Omega} \times \boldsymbol{j} = -\cos\phi\frac{\mathrm{d}\theta}{\mathrm{d}t}\boldsymbol{i} + \sin\phi\frac{\mathrm{d}\phi}{\mathrm{d}t}\boldsymbol{k} \tag{6.86}$$

$$\frac{\mathrm{d}\boldsymbol{k}}{\mathrm{d}t} = \boldsymbol{\Omega} \times \boldsymbol{k} = -\frac{\mathrm{d}\phi}{\mathrm{d}t}\boldsymbol{i} - \sin\phi\frac{\mathrm{d}\theta}{\mathrm{d}t}\boldsymbol{j} \tag{6.87}$$

根据(6.75)可得

$$\frac{\mathrm{d}\boldsymbol{r}}{\mathrm{d}t} = \frac{\mathrm{d}r}{\mathrm{d}t}\boldsymbol{i} + r\cos\phi\frac{\mathrm{d}\theta}{\mathrm{d}t}\boldsymbol{j} + r\frac{\mathrm{d}\phi}{\mathrm{d}t}\boldsymbol{k} = \boldsymbol{V} \tag{6.88}$$

同理可得

$$\begin{aligned} \frac{\mathrm{d}\boldsymbol{V}}{\mathrm{d}t} = & \left(\sin\gamma\frac{\mathrm{d}V}{\mathrm{d}t} + V\cos\gamma\frac{\mathrm{d}\gamma}{\mathrm{d}t} - \frac{V^2}{r}\cos^2\gamma\right)\boldsymbol{i} + \\ & \left(\cos\gamma\sin\psi\frac{\mathrm{d}V}{\mathrm{d}t} - V\sin\gamma\cos\psi\frac{\mathrm{d}\gamma}{\mathrm{d}t} + V\cos\gamma\cos\psi\frac{\mathrm{d}\psi}{\mathrm{d}t} + \right. \\ & \left. \frac{V^2}{r}\cos^2\gamma\sin\psi(\sin\gamma - \cos\gamma\cos\psi\tan\phi)\right)\boldsymbol{j} + \\ & \left(\cos\gamma\cos\psi\frac{\mathrm{d}V}{\mathrm{d}t} - V\sin\gamma\cos\psi\frac{\mathrm{d}\gamma}{\mathrm{d}t} + V\cos\gamma\sin\psi\frac{\mathrm{d}\psi}{\mathrm{d}t} + \right. \\ & \left. \frac{V^2}{r}\cos^2\gamma(\sin\gamma\cos\psi - \cos\gamma\sin^2\psi\tan\phi)\right)\boldsymbol{k} \end{aligned} \tag{6.89}$$

因此,在投影到地球坐标系 $Oxyz$ 上进行对比 $\frac{\mathrm{d}\boldsymbol{V}}{\mathrm{d}t}$ 和 $\frac{\mathrm{d}\boldsymbol{r}}{\mathrm{d}t}$ 可以得到

$$\begin{cases} \dfrac{\mathrm{d}r}{\mathrm{d}t} = V\sin\gamma \\[2mm] \dfrac{\mathrm{d}\theta}{\mathrm{d}t} = \dfrac{V\cos\gamma\sin\psi}{r\cos\phi} \\[2mm] \dfrac{\mathrm{d}\phi}{\mathrm{d}t} = \dfrac{V\cos\gamma\cos\psi}{r} \\[2mm] \dfrac{\mathrm{d}V}{\mathrm{d}t} = \dfrac{T\cos\alpha - D}{m} - g\sin\gamma + \omega_{\mathrm{E}}^2 r\cos\phi(\sin\gamma\cos\phi - \cos\gamma\cos\psi\sin\phi) \\[2mm] \dfrac{\mathrm{d}\gamma}{\mathrm{d}t} = \dfrac{(T\sin\alpha + L)\cos\sigma}{mV} - \dfrac{g\cos\gamma}{V} + \dfrac{V\cos\gamma}{r} + 2\omega_{\mathrm{E}}V\sin\psi\cos\phi + \\[2mm] \qquad\quad \omega_{\mathrm{e}}^2 r\cos\phi(\cos\gamma\cos\phi + \sin\gamma\cos\psi\sin\phi) \\[2mm] \dfrac{\mathrm{d}\gamma}{\mathrm{d}t} = \dfrac{(T\sin\alpha + L)\sin\sigma}{mV\cos\gamma} + \dfrac{V\cos\gamma\sin\psi\tan\phi}{r} + 2\omega_{\mathrm{E}}V(\tan\gamma\cos\psi\cos\phi - \sin\phi) + \\[2mm] \qquad\quad \dfrac{\omega_{\mathrm{E}}^2 r\sin\psi\sin\gamma\cos\phi}{\cos\gamma} \end{cases}$$

$$(6.90)$$

在运载器的主动段可以不考虑地球自转、扁率和运载器自身的滚转,因此上式中 $\omega_{\mathrm{E}} = 0$, $\sigma = 0$,可以进一步简化为

$$\begin{cases} \dfrac{\mathrm{d}r}{\mathrm{d}t} = V\sin\gamma \\[2mm] \dfrac{\mathrm{d}\theta}{\mathrm{d}t} = \dfrac{V\cos\gamma\sin\psi}{r\cos\phi} \\[2mm] \dfrac{\mathrm{d}\phi}{\mathrm{d}t} = \dfrac{V\cos\gamma\cos\psi}{r} \\[2mm] \dfrac{\mathrm{d}V}{\mathrm{d}t} = \dfrac{T\cos\alpha - D}{m} - g\sin\gamma \\[2mm] \dfrac{\mathrm{d}\gamma}{\mathrm{d}t} = \dfrac{(T\sin\alpha + L)\cos\sigma}{mV} - \dfrac{g\cos\gamma}{V} + \dfrac{V\cos\gamma}{r} \\[2mm] \dfrac{\mathrm{d}\gamma}{\mathrm{d}t} = \dfrac{V\cos\gamma\sin\psi\tan\phi}{r} \end{cases}$$

$$(6.91)$$

另外,在运载器上升阶段,质量不断发生变化,因此还需附加一个质量方程,即

$$\dot{m} = -\dfrac{T}{g_0 I_{\mathrm{sp}}}$$

$$(6.92)$$

2. 用于轨迹规划的模型简化

在进行高超声速飞行器再入滑翔段三维航迹规划时,为了抓主要矛盾,必须对运动方程组进行简化,通常采取以下策略:

① 不考虑地球自转的简化,即将运动方程组中的哥氏加速度与牵连加速度影响因素舍去;

② 考虑到再入段的纵程比较大,保留地球为圆球假设,即考虑再入过程中离心加速度的影响。

（1）用于再入制导段的归一化方法

注意到式(6-83)中变量较多,且各变量的绝对值相差非常大,如速度 V 与航迹倾角 γ,这种差距在进行数值计算时是一个极其不稳定的因素。为了提高数值计算精度、增强算法收敛性与收敛速度,通常要对运动方程组进行归一化处理。

引入元量纲替代变量,将再入运动方程组转化为无量纲方程组。对运动方程组中的相关变量进行无量纲化处理可得

$$r^* = r/R_0$$
$$V^* = V/\sqrt{g_0 R_0}$$
$$g^* = \mu R_0^2/r^2$$
$$t^* = t/\sqrt{R_0/g_0}$$
$$\omega_E^* = \omega_E \sqrt{R_0/g_0}$$
$$L_T^* = L_T/m_0 g_0$$
$$D^* = D/m_0 g_0$$
$$m^* = m/m_0$$

其中,R_0 为地球平均半径;g_0 为海平面重力加速度;m_0 为飞行器初始质量。

通过无量纲化处理,结合3个运动学方程(6.62),再入飞行器3自由度质点运动方程组为

$$\begin{bmatrix} r^* \dot{\phi}_c \\ r^* \dot{\lambda}\cos\phi_c \\ \dot{r} \end{bmatrix} = \begin{bmatrix} V_k^* \cos\lambda\cos\chi \\ V_k^* \cos\gamma\sin\chi \\ V_k^* \sin\gamma \end{bmatrix} \begin{bmatrix} V_k^* \\ \dot\chi V_k^*\cos\gamma \\ -\dot\gamma V_k^* \end{bmatrix} = \frac{V_k^{*2}}{\gamma^*}\begin{bmatrix} 0 \\ \tan\phi_c\cos^2\gamma\sin\chi \\ -\cos\gamma \end{bmatrix} +$$

$$g^*\begin{bmatrix} -\sin\gamma \\ 0 \\ \cos\gamma \end{bmatrix} + \frac{1}{m_*}\left\{ T^*\begin{bmatrix} \cos\alpha_T \\ \sin\sigma\sin\alpha_T \\ -\cos\sigma\sin\alpha_T \end{bmatrix} + \begin{bmatrix} -D^* \\ L_T^*\sin\sigma \\ -L_T^*\cos\sigma \end{bmatrix} \right\} + \qquad (6.93)$$

$$2\omega_E^* V_K^* \begin{bmatrix} 0 \\ -\cos\phi_c\sin\gamma\cos\chi + \sin\phi_c\cos\gamma \\ \cos\phi_c\sin\gamma \end{bmatrix} +$$

$$\omega_E^{*2} r^* \begin{bmatrix} \cos\phi_c(-\sin\phi_c\cos\gamma\cos\chi + \cos\phi_c\sin\gamma) \\ \sin\phi_c\cos\phi_c\sin\chi \\ \cos\phi_c(-\sin\phi_c\sin\gamma\cos\chi - \cos\phi_c\cos\gamma) \end{bmatrix}$$

此外,为了便于无动力再入飞行器的能量管理,还需推导出以飞行器总机械能为自变量的动力学方程组,具体推导如下。

定义飞行器总机械能为

$$e = \frac{GMm}{r} - \frac{1}{2}mV_k^2 \qquad (6.94)$$

式(6.94)为负比能量(negative specific energy),因此 $e > 0$。

由于不加入推力项,飞行器的质量不会随时间而变化。因此,气动力与质量元量纲化为

$$\begin{cases} L_T^* = L_T/m_0 g_0 \\ D^* = D/m_0 g_0 \\ m^* = m/m_0 \end{cases}$$

同样经过归一化,式(6.94)可变为

$$e^* = \frac{\mu}{r^*} - \frac{1}{2} m V_k^2 \tag{6.95}$$

其中,$\mu = GM$ 是地球引力常数,归一化后为 1。

将式(6.95)对时间求导,可得

$$\frac{\mathrm{d}e^*}{\mathrm{d}t} = \frac{\mu}{r^{*2}} \dot{r} - V_k^* \dot{V}_k^* \tag{6.96}$$

去掉式(6.96)中推力项,同时,牵连力对航迹影响较小,但表达式复杂,在此也忽略掉,只保留哥氏力相关项,结合 3 个质心运动学方程,经归一化处理,可得方程组

$$\begin{bmatrix} r^* \dot{\phi}_c \\ r^* \dot{\lambda} \cos \phi_c \\ -\dot{r}^* \end{bmatrix} = \begin{bmatrix} V_k^* \cos \lambda \cos \chi \\ V_k^* \cos \gamma \sin \chi \\ -V_k^* \sin \gamma \end{bmatrix}$$

$$\begin{bmatrix} \dot{V}_k^* \\ \dot{\chi} V_k^* \cos \gamma \\ -\dot{\gamma} V_k^* \end{bmatrix} = \frac{V_k^{*2}}{r^*} \begin{bmatrix} 0 \\ \tan \phi_c \cos^2 \gamma \sin \chi \\ -\cos \gamma \end{bmatrix} + g^* \begin{bmatrix} -\sin \gamma \\ 0 \\ \cos \gamma \end{bmatrix} + \begin{bmatrix} -D^* \\ L_T^* \sin \sigma \\ -L_T^* \cos \sigma \end{bmatrix} +$$

$$2\omega_E^* V_K^* \begin{bmatrix} 0 \\ -\cos \phi_c \sin \gamma \cos \chi + \sin \phi_c \cos \gamma \\ -\cos \phi_c \sin \chi \end{bmatrix} \tag{6.97}$$

将式(6.97)中相关微分方程代入式(6.96)中,得到飞行器总机械能对时间微分的方程的简化形式为

$$\frac{\mathrm{d}e^*}{\mathrm{d}t} = D V_k^* \tag{6.98}$$

将方程组(6.97)中各式分别与式(6.98)的两边相除,可得如下动力学方程组:

$$\begin{cases} \phi_c' = \dfrac{\cos \gamma \cos \chi}{\gamma^*} \left(\dfrac{1}{D^*} \right) \\[2mm] \lambda' = \dfrac{\cos \gamma \sin \chi}{\gamma^* \cos \phi_c} \left(\dfrac{1}{D^*} \right) \\[2mm] \gamma^{*\prime} = \sin \gamma \left(\dfrac{1}{D^*} \right) \\[2mm] \chi' = \left[\dfrac{\tan \phi_c \cos \gamma \sin \chi}{r^*} + \dfrac{L_T^* \sin \sigma}{V_k^{*2} \cos \gamma} \right] \left(\dfrac{1}{D^*} \right) + c_\chi \\[2mm] \gamma' = \left(\dfrac{1}{\gamma^*} \cos \gamma - \dfrac{g^* \cos \gamma - L_T^* \cos \sigma}{V_k^{*2}} \right) \left(\dfrac{1}{D^*} \right) + c_\gamma \end{cases} \tag{6.99}$$

式中

$$
\begin{cases}
c_\chi = \dfrac{2\omega_E^*}{V^*}(-\cos\phi_c\sin\gamma\cos\chi + \sin\phi_c)\left(\dfrac{1}{D^*}\right) \\[3mm]
c_\gamma = \dfrac{2\omega_E^*}{V^*}\cos\phi_c\sin\chi\left(\dfrac{1}{D^*}\right)
\end{cases}
\tag{6.100}
$$

为方程组(6.100)后两式的哥氏力相关项。

(2) 模型简化

在经过归一化处理后的"真实"再入飞行器 3 自由度运动方程组(6.91)的基础上得到下面用于航迹规划的 3 自由度质点运动方程组：

$$
\begin{bmatrix} r^*\dot\phi_c \\ r^*\dot\lambda\cos\phi_c \\ -\dot r^* \end{bmatrix} = \begin{bmatrix} V_k^*\cos\gamma\cos\chi \\ V_k^*\cos\gamma\sin\chi \\ -V_k^*\sin\gamma \end{bmatrix}
$$

$$
\begin{bmatrix} \dot V_k^* \\ \dot\chi V_k^*\cos\gamma \\ -\dot r V_k^* \end{bmatrix} = \frac{V_k^{*2}}{r^*}\begin{bmatrix} 0 \\ \tan\phi_c\cos^2\gamma\sin\chi \\ -\cos\gamma \end{bmatrix} + \frac{1}{r^{*2}}\begin{bmatrix} -\sin\gamma \\ 0 \\ \cos\gamma \end{bmatrix} +
$$

$$
\frac{1}{m^*}\left\{ T^*\begin{bmatrix} \cos\alpha_T \\ \sin\sigma\sin\alpha_T \\ -\cos\sigma\sin\alpha_T \end{bmatrix} + \begin{bmatrix} -D^* \\ L_T^*\sin\sigma \\ -L_T^*\cos\sigma \end{bmatrix} \right\}
\tag{6.101}
$$

需要说明的是,哥氏加速度取决于飞行器速度大小和它相对于地球的方向。当再入飞行时,飞行器速度与飞行高度一直保持很高的水平,哥氏加速度的影响显著。牵连加速度取决于飞行器所处的高度以及位置向量的方向,飞行器在较高轨道上飞行时,牵连加速度的影响也很明显。完成再入轨迹规划后,需要分析两者给轨迹规划带来的影响,并针对影响因素提出相应的补偿方法。

3. 用于末制导律设计的模型简化

当高超声速飞行器进行末段打击时,假设初始高度在 40 km 左右,马赫数一般在 3～7 之间,为了简化末制导律设计,飞行器末制导段运动方程组简化处理的策略为：

① 不考虑地球自转影响,即忽略哥氏加速度与牵连加速度影响；

② 采取地球平面假设,即忽略地球离心力的影响；

③ 为了方便求取弹目视线俯仰角与方位角,3 自由度运动方程组中的运动方程三维位置为地球固连弹目相对坐标系下的坐标(x, y, z)。

首先定义用于末制导律设计的地球固连坐标系。如图 6.6 所示,目标位于坐标系的原点。x 指向北,z 轴指向东,y 轴指向上。弹目视线(line of sight,LOS)为从目标到飞行器,θ_T 为视线方位角,$-\pi\leqslant\theta_T\leqslant\pi$,从

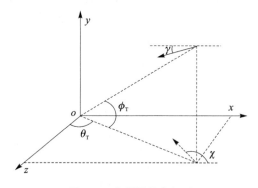

图 6.6　末制导段坐标系

x 轴起逆时针旋转为正,θ_T 为视线俯仰角,$0 \leqslant \theta_T \leqslant \pi/2$,从水平面向上为正。

这时,在归一化处理后的"真实"再入飞行器 3 自由度运动方程组(6.96)基础上,再结合式(6.101),得到用于末段制导律设计的 3 自由度质点运动方程组为

$$\begin{bmatrix} \dot{x}_g \\ \dot{y}_g \\ \dot{z}_g \end{bmatrix} = \begin{bmatrix} V_k^* \cos \lambda \sin \chi \\ V_k^* \cos \gamma \cos \chi \\ V_k^* \sin \gamma \end{bmatrix}$$

$$\begin{bmatrix} \dot{V}_k^* \\ \dot{\chi} V_k^* \cos \gamma \\ -\dot{\gamma} V_k^* \end{bmatrix} = g^* \begin{bmatrix} -\sin \gamma \\ 0 \\ \cos \gamma \end{bmatrix} + \frac{1}{m^*} \left\{ T^* \begin{bmatrix} \cos \alpha_T \\ \sin \sigma \sin \alpha_T \\ -\cos \sigma \sin \alpha_T \end{bmatrix} + \begin{bmatrix} -D^* \\ L_T^* \sin \sigma \\ -L_T^* \cos \sigma \end{bmatrix} \right\} \quad (6.102)$$

式中,(x,y,z) 为飞行器在地球固连坐标系中的三维位置坐标。V 为飞行器相对固连坐标系的速度。γ 为航迹倾角,χ 为航向角,δ 是倾斜角,为飞行器总升力方向与 (r,V) 平面之间的夹角。

需要说明的是,虽然总升力和升力的概念不同,但考虑到再入飞行器控制方式为 BTT,侧滑角一般控制在零值附近,故总升力和升力可以统一。

6.3 飞行器主动段运动数学模型

6.3.1 气动力方程

空气动力和力矩取决于飞行速度 v、飞行器几何尺寸与形状、飞行器方位角、空气密度和温度 T 等。根据量纲分析和相似理论可得

$$\begin{cases} R = C_R q S \\ M = C_m q S L \end{cases} \quad (6.103)$$

式中,q 为远前方来流动压;S 为特征面积;L 为特征长度;C_R 为气动力系数;C_m 为气动力矩系数。

在实际计算和分析飞行器的气动特性时,需要把气动力和力矩分解到一定的坐标系上,并赋予各分量相应的定义。在空气动力学中常用的坐标系有速度坐标系和机体坐标系。

气动力系数沿速度坐标系可分解为:阻力系数 C_D、升力系数 C_L 和侧力系数 C_Y。

气动力系数沿机体坐标系可分解为:轴向力系数 C_x(一般定义为前方为正)、法向力系数 C_y 和侧向力系数 C_z。

气动力矩系数沿机体坐标系分解为:滚转力矩系数 C_1、偏航力矩系数 C_m 和俯仰力矩系数 C_n。

对应的换算公式为

$$\begin{pmatrix} C_x \\ C_y \\ C_z \end{pmatrix} = \begin{pmatrix} \cos \alpha \cos \beta & \sin \alpha & -\cos \alpha \sin \beta \\ -\sin \alpha \cos \beta & \cos \alpha & \sin \alpha \sin \beta \\ \sin \beta & 0 & \cos \beta \end{pmatrix} \begin{pmatrix} C_D \\ C_L \\ C_Y \end{pmatrix} \quad (6.104)$$

1. 空气动力

空气动力是飞行器在空气中运动时产生并作用于飞行器压心上的气动力。气动力在速度坐标系上可以分解为三个分量，即阻力 D、升力 L 和侧力 Y。它们分别用气动系数表示为

$$D = C_D \frac{1}{2} \rho V^2 S \tag{6.105}$$

$$L = C_L \frac{1}{2} \rho V^2 S \tag{6.106}$$

$$Y = C_Y \frac{1}{2} \rho V^2 S \tag{6.107}$$

式中，C_D，C_L 和 C_Y 分别为阻力系数、升力系数和侧力系数；动压 $q = \frac{1}{2} \rho V^2$。

阻力 D 通常包括零升阻力和诱导阻力两部分，因此阻力系数可表示为 $C_D = C_{D0} + C_{Di}$。C_{D0} 为零升阻力系数，C_{Di} 为诱导阻力系数。前者仅取决于飞行器的飞行高度和飞行马赫数，后者还与飞行器的迎角和侧滑角有关。

升力 L 主要由机身、弹翼和舵面产生。在迎角和舵偏角比较小的情况下，升力系数可近似用线性公式表示为

$$C_L = C_{L0} + C_L^\alpha \alpha + C_L^\delta \delta \tag{6.108}$$

式中，C_{L0} 为零迎角升力系数，对于轴对称飞行器（例如弹道导弹）$C_{L0} = 0$。

对于轴对称飞行器（例如弹道导弹）来说，其侧力系数的求法与升力系数相同，即

$$\begin{cases} C_Y^\beta = -C_L^\alpha \\ C_D^\delta = -C_L^\delta \end{cases} \tag{6.109}$$

2. 空气动力产生的力矩

当研究作用在飞行器上的力矩时，可采用机体坐标系，其滚转、俯仰、偏航力矩表达式为

$$L_A = C_1 \frac{1}{2} \rho V^2 Sb \tag{6.110}$$

$$M_A = C_m \frac{1}{2} \rho V^2 S c_A \tag{6.111}$$

$$N_A = C_n \frac{1}{2} \rho V^2 Sb \tag{6.112}$$

式中，ρ 为大气密度；V 为飞行速度；S 为飞行器参考面积；b 为机翼展长；c_A 为机翼平均气动弦长，C_1，C_m，C_n 分别为滚转力矩系数、俯仰力矩系数和偏航力矩系数。

（1）俯仰力矩

俯仰力矩也称为纵向力矩，由空气动力和喷气反作用产生。在给定飞行速度和高度下，俯仰力矩系数与许多因素有关，可以表示为迎角、舵偏角、俯仰角速率以及迎角和舵偏角变化率的函数。

$$C_m = C_{m_\alpha} + C_{m,\delta_a} + C_{m,\delta_e} + C_{m,\delta_r} + C_{m,\delta_c} + C_{m_q} \frac{q c_A}{2V} \tag{6.113}$$

式中，C_{m_α} 为迎角和马赫数的函数，其余系数均为迎角、舵偏角和马赫数的函数。c_A 为纵向参考长度，q 为俯仰角速度。

（2）偏航力矩

偏航力矩主要包括由侧滑产生的偏航力矩、升降舵产生的偏航力矩、方向舵产生的偏航力矩、滚转角速度和俯仰角速度所引起的偏航力矩。因此，偏航力矩系数相加得到的总偏航力矩系数为

$$C_n = C_{n_\beta}\beta + C_{n,\delta_a} + C_{n,\delta_e} + C_{n,\delta_r} + C_{n,\delta_c} + C_{n_p}\left(\frac{pb}{2V}\right) + C_{n_r}\left(\frac{rb}{2V}\right) \tag{6.114}$$

其中，C_{n_β}，C_{n_p}，C_{n_r} 为迎角和马赫数的函数，其余系数均为迎角、舵偏角和马赫数的函数。b 为横侧向参考长度。

（3）滚转力矩

滚转力矩主要包括由侧滑产生的滚转力矩、升降舵产生的滚转力矩、方向舵产生的滚转力矩、滚转角速度和偏转角速度产生的滚转力矩。滚转力矩系数相加得到的总滚转力矩系数为

$$C_l = C_{l_\beta}\beta + C_{l,\delta_a} + C_{l,\delta_e} + C_{l,\delta_r} + C_{l_p}\left(\frac{pb}{2V}\right) + C_{l_r}\left(\frac{rb}{2V}\right) \tag{6.115}$$

式中，C_{l_β}，C_{l_p}，C_{l_r} 为迎角和马赫数的函数，其余系数均为迎角、舵偏角和马赫数的函数。

6.3.2　飞行器刚体运动方程

为描述六自由度的飞行器刚体运动，先给出机体系和航迹系飞行器刚体运动的一般表达式。

1. 质心动力学方程

（1）机体系质心动力学方程

$$\begin{cases} \dfrac{\mathrm{d}v_{x1}}{\mathrm{d}t} + \omega_y v_{z1} - \omega_z v_{y1} = a_{x1} \\[2mm] \dfrac{\mathrm{d}v_{y1}}{\mathrm{d}t} + \omega_z v_{x1} - \omega_x v_{z1} = a_{y1} \\[2mm] \dfrac{\mathrm{d}v_{z1}}{\mathrm{d}t} + \omega_x v_{y1} - \omega_y v_{x1} = a_{z1} \end{cases} \tag{6.116}$$

式中，v_{x1}，v_{y1}，v_{z1} 为飞行器飞行速度在机体坐标系上的分量；a_{x1}，a_{y1}，a_{z1} 为飞行器飞行加速度在机体坐标系上的分量。

$$v = \sqrt{v_{x1}^2 + v_{y1}^2 + v_{z1}^2}$$

第一个方程表明，若飞行器存在俯仰和（或）偏航角速度，会影响飞行器的纵向加速度特性。在第二个方程中，$-\omega_x v_{z1}$ 项表明在 Oy_1 方向上存在一个由滚动运动引起的力，换句话说，由于滚动角速度的存在，飞行器的偏航运动被耦合到俯仰运动中。第三个方程中的 $\omega_y v_{x1}$ 项亦如此，由于要求两个完全去耦，其理想的条件是 $\omega_x = 0$。这就是为什么在设计飞行器控制系统时一般采用滚动角稳定的控制方式的主要原因之一。

飞行器在机体坐标系中的加速度分量按下式计算：

$$\begin{cases} a_{x1} = (P - X_1 - g\sin\theta)/m \\ a_{y1} = (Y_1 - g\cos\theta\cos\gamma)/m \\ a_{z1} = (Z_1 + g\cos\theta\sin\gamma)/m \end{cases} \tag{6.117}$$

式中，X_1 为轴向力；Y_1 为法向力；Z_1 为侧向力；θ 为俯仰角；γ 为滚转角。

（2）航迹系质心动力学方程

$$\begin{cases} \dfrac{\mathrm{d}v}{\mathrm{d}t} = a_{x2} \\[2mm] \dfrac{v\mathrm{d}\theta}{\mathrm{d}t} = a_{y2} \\[2mm] -v\cos\theta\,\dfrac{\mathrm{d}\psi_c}{\mathrm{d}t} = a_{z2} \end{cases} \tag{6.118}$$

式中，a_{x2}，a_{y2}，a_{z2} 为飞行器飞行加速度在航迹坐标系上的分量；θ 为航迹倾角；ψ_c 为航迹偏角。

飞行器在航迹坐标系中加速度分量的计算公式为

$$\begin{cases} a_{x2} = (P\cos\alpha\cos\beta - D - g\sin\theta)/m \\[1mm] a_{y2} = [P(\cos\alpha\cos\gamma_c + \cos\alpha\sin\beta\sin\gamma_c) + L\cos\gamma_c - Y\sin\gamma_c - g\cos\theta]/m \\[1mm] a_{z2} = [P(\sin\alpha\sin\gamma_c - \cos\alpha\sin\beta\cos\gamma_c) + L\sin\gamma_c + Y\cos\gamma_c]/m \end{cases} \tag{6.119}$$

式中，D 为阻力；L 为升力；Y 为侧力；α 为迎角；β 为侧滑角；γ_c 为速度倾斜角。

2. 机体旋转动力学方程

$$\begin{cases} J_x\dfrac{\mathrm{d}\omega_x}{\mathrm{d}t} + (J_z - J_y)\omega_y\omega_z = M_x \\[2mm] J_y\dfrac{\mathrm{d}\omega_y}{\mathrm{d}t} + (J_x - J_z)\omega_z\omega_x = M_y \\[2mm] J_z\dfrac{\mathrm{d}\omega_z}{\mathrm{d}t} + (J_y - J_x)\omega_x\omega_y = M_z \end{cases} \tag{6.120}$$

在第一个方程中，$(J_z - J_y)\omega_y\omega_z$ 是惯性积，它表明了交叉耦合的特性。若飞行器具有两个对称面，即轴对称布局，则 $J_z = J_y$，那么 $J_z - J_y = 0$，即表明交叉耦合不存在。在第二、三这两个方程中，若仍采用 $\omega_x = 0$ 的措施，则交叉耦合项可以忽略，即

$$(J_x - J_z)\omega_z\omega_x = (J_y - J_x)\omega_x\omega_y = 0 \tag{6.121}$$

3. 机体质心运动学方程

飞行器在地面坐标系中位置的计算公式为

$$\begin{cases} \dfrac{\mathrm{d}x}{\mathrm{d}t} = v_{x1}\cos\theta\cos\psi + v_{y1}(-\sin\theta\cos\psi\cos\gamma + \sin\psi\sin\gamma) + \\ \qquad\qquad v_{z1}(\sin\theta\cos\psi\sin\gamma + \sin\psi\cos\gamma) \\[1mm] \dfrac{\mathrm{d}y}{\mathrm{d}t} = v_{x1}\sin\theta + v_{y1}\cos\theta\cos\gamma - v_{z1}\cos\theta\sin\gamma \\[1mm] \dfrac{\mathrm{d}z}{\mathrm{d}t} = -v_{x1}\cos\theta\sin\psi + v_{y1}(\sin\theta\sin\psi\cos\gamma + \cos\psi\sin\gamma) + \\ \qquad\qquad v_{z1}(-\sin\theta\sin\psi\sin\gamma + \cos\psi\cos\gamma) \end{cases} \tag{6.122}$$

4. 机体旋转运动学方程

$$\begin{cases} \dfrac{\mathrm{d}\theta}{\mathrm{d}t}=57.3(\omega_y\sin\gamma+\omega_z\cos\gamma)\\[2mm] \dfrac{\mathrm{d}\psi}{\mathrm{d}t}=57.3[(\omega_y\cos\gamma-\omega_z\sin\gamma)/\cos\theta]\\[2mm] \dfrac{\mathrm{d}\gamma}{\mathrm{d}t}=57.3[\omega_x-\tan\theta(\omega_y\cos\gamma-\omega_z\sin\gamma)] \end{cases} \tag{6.123}$$

6.3.3　气动力/推力矢量组合控制飞行器动力学方程

1. 推力矢量控制系统力和力矩模型

(1) 推力模型

考虑飞行器飞行条件下的气压影响,发动机推力可描述为

$$P=P_0+A_e(p_e-p) \tag{6.124}$$

式中,A_e 为发动机喷管处的截面积;p_e 为发动机喷管处燃气流静压强;p 为飞行器所处高度处的大气静压强。

(2) 推力矢量系统舵面升力、侧力模型

若推力矢量舵面为一对舵面产生升力和侧力,则有

$$L_v=C_{lv}q_aF_{gv} \tag{6.125}$$

式中,L_v 为一对燃气舵面升力;C_{lv} 为一对燃气舵升力系数;F_{gv} 为燃气舵面积;q_a 为燃气流速压。

又有

$$Z_v=C_{zv}q_aF_{gv} \tag{6.126}$$

式中,Z_v 为一对燃气舵面侧力;C_{zv} 为一对燃气舵侧力系数,$C_{zv}=-C_{yv}$。

(3) 推力矢量系统两对舵面阻力模型

$$D_v=q_aF_{gv}[4C_{xov}+2C_{xiv}(\delta_{yv})+2C_{xiv}(\delta_{zv})] \tag{6.127}$$

式中,D_v 为两对舵面阻力;C_{xov} 为一片燃气舵面零阻系数;C_{xiv} 为一片燃气舵面诱导阻力系数。

(4) 推力矢量系统两对舵面滚转力矩模型

$$\begin{cases} M_{xv}=2M_x^{\delta_v}\delta_{xv}\\ M_x^{\delta_v}=2D_vx_{cpv.b} \end{cases} \tag{6.128}$$

式中,$x_{cpv.b}$ 为燃气舵展向压心位置。

(5) 推力矢量系统一对舵面俯仰、偏航力矩模型

$$\begin{cases} M_{yv}=Y_v(x_{cpv}-x_{cm})\\ M_{zv}=L_v(x_{cpv}-x_{cm}) \end{cases} \tag{6.129}$$

式中,x_{cpv} 为燃气舵压心到单体头部距离,有

$$x_{cpv}=x_{WLE}+x_{W_{cpv}} \tag{6.130}$$

式中,x_{WLE} 为燃气舵前缘至机体头部距离;$x_{W_{cpv}}$ 为燃气舵前缘至舵面压心的距离。

因为燃气舵前缘至机体头部距离远大于其至舵面压心的距离,且舵面压心变化很小,可以以足够的精度将压心取成常数。

2．推力矢量控制飞行器刚体运动方程

（1）飞行器加速度计算

考虑推力矢量控制后，飞行器在机体坐标系中加速度分量的计算公式为

$$\begin{cases} a_x = (P - D_v - D - g\sin\theta)/m \\ a_y = [L_v + L - g\cos\theta\cos\gamma]/m \\ a_z = [Y_v + Y - g\cos\theta\cos\gamma]/m \end{cases} \tag{6.131}$$

（2）机体旋转动力学方程

$$\begin{cases} J_x \dfrac{\mathrm{d}\omega_x}{\mathrm{d}t} + (J_z - J_y)\omega_y\omega_z = M_x + M_{xv} \\[2mm] J_y \dfrac{\mathrm{d}\omega_y}{\mathrm{d}t} + (J_x - J_z)\omega_z\omega_x = M_y + M_{yv} \\[2mm] J_z \dfrac{\mathrm{d}\omega_z}{\mathrm{d}t} + (J_y - J_x)\omega_x\omega_y = M_z + M_{zv} \end{cases} \tag{6.132}$$

其余方程和常规气动力控制飞行器模型一致。

6.3.4　气动力/喷流组合控制飞行器动力学方程

1．喷流装置模型

定义一个喷流装置的阀门开度 δ_p，令最大推力时的 $\delta_p = \pm 1$，发动机关闭时的 $\delta_p = 0$。

喷流与外流场作用得到实际侧力与喷流真空推力之比，将其定义为喷流放大因子。它与飞行马赫数、飞行高度、总迎角和气流扭角等因素有关，即

$$K_P(Ma, H, \alpha_c, \varphi) = \frac{F_{DQ}}{F_{ZK}} \tag{6.133}$$

式中，F_{DQ} 为大气中飞行的实际侧力；F_{ZK} 为真空中飞行的实际侧力。

2．直接力控制飞行器刚体运动方程

直接力/气动力组合控制飞行器在机体坐标系中加速度分量的计算式为

$$\begin{cases} a_x = (P - X_V - X - G\sin\vartheta)/m \\ a_y = (Y + F_{DQ} - G\cos\vartheta\cos\gamma)/m \\ a_z = (Z + F_{DQ} + G\cos\vartheta\sin\gamma)/m \end{cases} \tag{6.134}$$

其余方程和常规气动力模型一致。

6.3.5　飞行器机体动力学模型简化

1．飞行器机体动力学小扰动线性化

将飞行器刚体动力学数学模型的一般表达式用来选择自动驾驶仪的参数是不方便的，通常只是在最后确定自动驾驶仪参数和评定制导控制系统性能时才使用它。为使设计工作简便可靠，必须对该式进行简化。简化条件如下：

① 采用固化原则。取航迹上某一时刻 t 飞行速度 v 不变，飞行高度 H 不变，发动机推力 P 不变，飞行器的质量 m 和转动惯量 J 不变。

② 飞行器在受到控制或干扰作用时，飞行器的参数变化不大，且飞行器的使用迎角较小。

③ 控制系统保证实现滚动角稳定，并具有足够的快速性。

采用上述简化条件后,就可得到无耦合的、常系数的飞行器刚体动力学简化数学模型。

飞行器空间运动通常由一组非线性微分方程组来描述,非线性问题往往是用一个近似的线性系统来代替,分析飞行器的动态特性时,经常采用的是基于泰勒级数的线性化方法。

根据泰勒级数线性化方法,各空气动力和力矩可线性化为

$$
\begin{cases}
\Delta X = X^V \Delta V + X^a \Delta \alpha + X^H \Delta H \\
\Delta Y = Y^V \Delta V + Y^a \Delta \alpha + Y^H \Delta H + Y^{\delta_z} \Delta \delta_z \\
\Delta Z = Z^V \Delta V + Z^\beta \Delta \beta + Z^H \Delta H + Y^{\delta_y} \Delta \delta_y \\
\Delta M_x = M_x^V \Delta V + M_x^\beta \Delta \beta + M_x^a \Delta \alpha + M_x^{\omega_x} \Delta \omega_x + M_x^{\omega_y} \Delta \omega_y + M_x^{\omega_z} \Delta \omega_z + \\
\qquad M_x^H \Delta H + M_x^{\delta_x} \Delta \delta_x + M_x^{\delta_y} \Delta \delta_y \\
\Delta M_y = M_y^V \Delta V + M_y^\beta \Delta \beta + M_y^{\omega_x} \Delta \omega_x + M_y^{\omega_y} \Delta \omega_y + M_y^{\dot\beta} \Delta \dot\beta + M_x^H \Delta H + \\
\qquad M_y^{\delta_y} \Delta \delta_y + M_y^{\dot\delta_y} \Delta \dot\delta_y + M_x^{\delta_x} \Delta \delta_x \\
\Delta M_z = M_z^V \Delta V + M_z^a \Delta \alpha + M_z^{\omega_x} \Delta \omega_x + M_z^{\omega_z} \Delta \omega_z + M_z^{\dot\alpha} \Delta \dot\alpha + M_z^H \Delta H + \\
\qquad M_z^{\delta_z} \Delta \delta_z + M_z^{\dot\delta_z} \Delta \dot\delta_z
\end{cases}
\tag{6.135}
$$

据此对飞行器刚体运动进行线性化处理,分别得到轴对称和面对称飞行器小扰动线性化模型。

(1) 轴对称飞行器小扰动线性化模型

若飞行器采用轴对称布局,它的俯仰和偏航运动由两个完全相同的方程描述。俯仰运动小扰动线性化模型为

$$
\begin{cases}
\ddot\vartheta + a_{22}\dot\vartheta + a_{24}\alpha + a'_{24}\dot\alpha + a_{25}\delta_z = 0 \\
\dot\theta - a_{34}\alpha - a_{35}\delta_z = 0 \\
\vartheta = \theta + \alpha
\end{cases}
\tag{6.136}
$$

偏航运动小扰动线性化模型为

$$
\begin{cases}
\ddot\psi + b_{22}\dot\psi + b_{24}\beta + b'_{24}\dot\beta + b_{27}\delta_y = 0 \\
\dot\psi_v - b_{34}\beta - b_{37}\delta_y = 0 \\
\psi = \psi_v + \beta
\end{cases}
\tag{6.137}
$$

滚动运动小扰动线性化模型为

$$
\ddot\gamma + b_{11}\dot\gamma + b_{18}\delta_x = 0
\tag{6.138}
$$

以上各式中各个系数通常称为动力系数,下面分别介绍其物理意义。

$$
a_{22} = -\frac{M_z^{\omega_z}}{J_z} = -\frac{m_z^{\bar\omega_z} qSL}{J_z}\frac{L}{v}
\tag{6.139}
$$

其中,a_{22} 表征飞行器的空气动力阻尼。它是角速度增量为单位增量时所引起的飞行器转动角加速度增量。因为 $M_z^{\omega_z} < 0$,所以角加速度的方向永远与角速度增量 $\Delta\omega_z$ 的方向相反。由于角加速度 $a_{22}\dot\vartheta$ 的作用是阻碍飞行器绕 Oz_1 轴的转动,所以它的作用称为阻尼作用。a_{22} 就称为阻尼系数。

$$a_{24} = -\frac{M_z^a}{J_z} = -\frac{57.3m_z^a qSL}{J_z} \tag{6.140}$$

式中,a_{24} 表征飞行器的静稳定性。

$$a_{25} = -\frac{M_z^\delta}{J_z} = -\frac{57.3m_z^\delta qSL}{J_z} \tag{6.141}$$

式中,a_{25} 为飞行器的舵效率系数,是操纵面偏转一单位增量时所引起的飞行器角加速度。

$$a_{34} = \frac{Y^a + P}{mv} = \frac{57.3C_y^a qS + P}{mv} \tag{6.142}$$

式中,a_{34} 为航迹切线转动的角速度增量。

$$a_{35} = \frac{Y^{\delta_x}}{mv} = \frac{57.3C_y^\delta qS}{mv} \tag{6.143}$$

式中,a_{35} 为当迎角不变时,由于操纵面作单位偏转所引起的航迹切线转动的角速度增量。

$$a'_{24} = -\frac{M_z^{\dot{a}}}{J_z} = -\frac{m_z^{\bar{\dot{a}}} qSL}{J_z}\frac{L}{v} \tag{6.144}$$

式中,a'_{24} 为洗流延迟对于俯仰力矩的影响。

$$b_{11} = -\frac{M_x^{\omega_x}}{J_x} = -\frac{m_x^{\bar{\omega}_x} qSL}{J_x}\frac{L}{2v} \tag{6.145}$$

式中,b_{11} 为飞行器滚动方向的空气动力阻尼系数。

$$b_{18} = -\frac{M_x^{\delta_x}}{J_x} = -\frac{57.3m_x^{\delta_x} qSL}{J_x} \tag{6.146}$$

式中,b_{18} 为飞行器的副翼效率。

$$b_{22} = -\frac{M_y^{\omega_y}}{J_y} \tag{6.147}$$

式中,b_{22} 为阻尼动力系数。

$$b_{24} = -\frac{M_y^\beta}{J_y} \tag{6.148}$$

式中,b_{24} 为恢复动力系数。

$$b'_{24} = -\frac{M_y^{\dot{\beta}}}{J_y} \tag{6.149}$$

式中,b'_{24} 为下洗动力系数。

$$b_{27} = -\frac{M_y^{\delta_y}}{J_y} \tag{6.150}$$

式中,b_{27} 为操纵动力系数。

$$b_{34} = \frac{P - Z^\beta}{J_y} \tag{6.151}$$

式中,b_{34} 为侧向力动力系数。

$$b_{37} = -\frac{Z^{\delta_y}}{J_y} \tag{6.152}$$

式中，b_{37} 为舵面动力系数。

a_{24} 系数的表达式可以写成

$$a_{24} = -\frac{57.3 C_N^\alpha qSL}{J_x} \frac{x_T - x_d}{L} \tag{6.153}$$

众所周知，压心位置 x_d 是迎角的函数。因此，a_{24} 亦是迎角 α 的函数。因为 $\Delta x = (x_T - x_d)/L$，若 C_N^α 不变，则

① 当 $\Delta x > 0$ 时，$a_{24} < 0$，即飞行器处于不稳定状态；

② 当 $\Delta x = 0$ 时，$a_{24} = 0$，即飞行器处于中立不稳定状态；

③ 当 $\Delta x < 0$ 时，$a_{24} > 0$，即飞行器处于稳定状态。

因此，系数 a_{24} 的正或负和数值大小反映了飞行器静稳定度的情况。同时，随着迎角的变化，飞行器的静稳定度亦发生变化。

（2）面对称飞行器小扰动线性化模型

面对称飞行器纵向小扰动线性化模型和轴对称飞行器一样，其横侧向小扰动线性化模型为

$$\begin{cases} \dfrac{d\omega_x}{dt} + b_{11}\omega_x + b_{14}\beta + b_{12}\omega_y = -b_{18}\delta_x - b_{17}\delta_y \\[2mm] \dfrac{d\omega_y}{dt} + b_{22}\omega_y + b_{24}\beta + b'_{24}\dot{\beta} + b_{21}\omega_x = -b_{27}\delta_y \\[2mm] \dfrac{d\beta}{dt} + (b_{34} + a_{33})\beta + b_{36}\omega_y - \alpha\dot{\gamma} + b_{35}\gamma = -b_{37}\delta_y \\[2mm] \dfrac{d\gamma}{dt} - \omega_x - b_{56}\omega_y = 0 \end{cases} \tag{6.154}$$

式中，动力系数定义为

$$a_{33} = -\frac{g}{v}\sin\theta \tag{6.155}$$

$$b_{36} = -\frac{\cos\theta}{\cos\vartheta} \tag{6.156}$$

$$b_{56} = \tan\vartheta \tag{6.157}$$

2. 轴对称飞行器刚体运动传递函数

在经典的自动控制理论中，要用传递函数和频率特性来表征系统的动态特性。因此，设计飞行器制导控制系统时，需要建立机体的传递函数。

（1）纵/侧向刚体运动传递函数

纵向刚体运动传递函数为

$$\frac{\dot{\vartheta}(s)}{\delta(s)} = \frac{-(a_{25} - a'_{24}a_{35})s + (a_{24}a_{35} - a_{25}a_{34})}{s^2 + (a_{22} + a'_{24} + a_{34})s + (a_{22}a_{34} + a_{24})} \tag{6.158}$$

$$\frac{\dot{\theta}(s)}{\delta(s)} = \frac{a_{35}s^2 + (a_{22} + a'_{24})a_{35}s + (a_{24}a_{35} - a_{25}a_{34})}{s^2 + (a_{22} + a'_{24} + a_{34})s + (a_{22}a_{34} + a_{24})} \tag{6.159}$$

忽略 a'_{24} 及 a_{35} 的影响（对旋转弹翼式飞行器和快速响应飞行器，a_{35} 不能忽略），有：

① 当 $a_{24} + a_{22}a_{34} > 0$ 时，纵向运动传递函数为

$$W_{\delta_c}^{\dot{\vartheta}}(s) = \frac{K_d(T_{1d}s+1)}{T_d^2 s^2 + 2\xi_d s + 1} \qquad (6.160)$$

$$W_{\delta_c}^{a}(s) = \frac{K_d T_{1d}}{T_d^2 s^2 + 2\xi_d T_d s + 1} \qquad (6.161)$$

传递函数系数计算公式为

$$\begin{cases} T_d = \dfrac{1}{\sqrt{a_{24} + a_{22}a_{34}}} \\[4mm] K_d = -\dfrac{a_{25}a_{34}}{a_{24} + a_{22}a_{34}} \\[4mm] T_{1d} = \dfrac{1}{a_{34}} \\[4mm] \xi_d = \dfrac{a_{22} + a_{34}}{2\sqrt{a_{24} + a_{22}a_{34}}} \end{cases} \qquad (6.162)$$

② 当 $a_{24} + a_{22}a_{34} < 0$ 时,纵向运动传递函数为

$$W_{\delta_c}^{\dot{\vartheta}}(s) = \frac{K_d(T_{1d}s+1)}{T_d^2 s^2 + 2\xi_d s - 1} \qquad (6.163)$$

$$W_{\delta_c}^{a}(s) = \frac{K_d T_{1d}}{T_d^2 s^2 + 2\xi_d T_d s - 1} \qquad (6.164)$$

传递函数系数计算公式为

$$\begin{cases} T_d = \dfrac{1}{\sqrt{|a_{24} + a_{22}a_{34}|}} \\[4mm] K_d = -\dfrac{a_{25}a_{34}}{|a_{24} + a_{22}a_{34}|} \\[4mm] T_{1d} = \dfrac{1}{a_{34}} \\[4mm] \xi_d = \dfrac{a_{22} + a_{34}}{2\sqrt{|a_{24} + a_{22}a_{34}|}} \end{cases} \qquad (6.165)$$

③ 当 $a_{24} + a_{22}a_{34} = 0$ 时,纵向运动传递函数为

$$W_{\delta_c}^{\dot{\vartheta}}(s) = \frac{K_d'(T_{1d}s+1)}{s(T_d's+1)} \qquad (6.166)$$

$$W_{\delta_c}^{a}(s) = \frac{K_d' T_{1d}}{s(T_d's+1)} \qquad (6.167)$$

传递函数系数计算公式为

$$\begin{cases} T_d' = \dfrac{1}{a_{22} + a_{34}} \\[4mm] K_d' = \dfrac{a_{25}a_{34}}{a_{22} + a_{34}} \\[4mm] T_{1d} = \dfrac{1}{a_{34}} \end{cases} \qquad (6.168)$$

轴对称飞行器侧向刚体运动传递函数与纵向刚体运动传递函数完全相同。

（2）倾斜刚体运动传递函数

倾斜运动传递函数为

$$W_{\xi_v}^{\omega_z}(s) = \frac{K_{dx}}{T_{dx}s+1} \tag{6.169}$$

传递函数系数计算公式为

$$\begin{cases} K_{dx} = -b_{18}/b_{11} \\ T_{dx} = 1/b_{11} \end{cases} \tag{6.170}$$

3. 面对称飞行器刚体运动传递函数

（1）面对称飞行器纵向刚体运动传递函数

面对称飞行器纵向刚体运动传递函数和轴对称飞行器一样，在此不再叙述。

（2）面对称飞行器横侧向刚体运动状态方程

面对称飞行器侧向扰动的状态向量为 $[\omega_x, \omega_y, \beta, \gamma]^T$，其小扰动线性化模型可以写成状态方程形式，即

$$\begin{bmatrix} \dot{\omega}_x \\ \dot{\omega}_y \\ \dot{\beta} \\ \dot{\gamma} \end{bmatrix} = A_{xy} \begin{bmatrix} \omega_x \\ \omega_y \\ \beta \\ \gamma \end{bmatrix} - \begin{bmatrix} b_{18} \\ 0 \\ 0 \\ 0 \end{bmatrix} \delta_x - \begin{bmatrix} b_{17} \\ b_{27} \\ b_{37} \\ 0 \end{bmatrix} \delta_y + \begin{bmatrix} M_{gx} \\ M_{gy} - b'_{24}F_{gz} \\ F_{gz} \\ 0 \end{bmatrix} \tag{6.171}$$

显然，侧向扰动运动的性质取决于

$$G(s) = |sI - A_{xy}| = s^4 + A_1s^3 + A_2s^2 + A_3s + A_4 = 0 \tag{6.172}$$

式中，特征方程各系数表达式为

$$\begin{cases} A_1 = b_{22} + b_{34} + b_{11} + \alpha b_{24}b_{56} + a_{33} - b'_{24}b_{36} \\ A_2 = b_{22}b_{34} + b_{22}b_{33} + b_{22}b_{11} + b_{34}b_{11} + b_{11}a_{33} - b_{24}b_{36} - b'_{24}b_{36}b_{11} - \\ \quad b_{21}b_{12} + (b_{14} + b_{24}b_{56} + b'_{24}b_{11}b_{56} - b'_{24}b_{12})\alpha - b'_{24}b_{35}b_{56} \\ A_3 = (b_{22}b_{14} - b_{21}b_{14}b_{56} + b_{24}b_{11}b_{56} - b_{24}b_{12})\alpha - (b_{24}b_{56} + b'_{24}b_{11}b_{56} - \\ \quad b'_{24}b_{12} + b_{14})b_{35} + b_{22}b_{34}b_{11} + b_{22}b_{11}b_{33} + b_{21}b_{14}b_{36} - b_{21}b_{12}b_{33} - \\ \quad b_{21}b_{12}b_{34} - b_{24}b_{11}b_{36} \\ A_4 = -b_{35}(b_{22}b_{14} - b_{21}b_{14}b_{56} - b_{24}b_{11}b_{56} - b_{24}b_{12}) \end{cases} \tag{6.173}$$

横侧向运动为偏航横滚耦合模型，其传递函数为四阶，公式比较繁琐，不再赘述。

6.4　临近空间高超声速飞行器轨迹优化

前述建立了飞行器的运动学模型，本节进一步讨论高超声速飞行器的轨迹优化问题。轨迹设计是概念设计、方案设计和作战运用等阶段的关键技术，目的是获得与飞行器性能与其所执行的飞行任务相匹配的飞行轨迹。所谓轨迹优化，是指在规定的飞行任务条件下寻找一条某种性能指标最优而又不违背热流、动压、过载等各种约束的飞行轨迹。高超声速飞行器的飞行轨迹优化对其设计有着十分重要的意义。在方案论证与设计阶段，轨迹优化能为飞行器的各类性能指标和总体设计的可行性提供重要参考依据；同时，轨迹优化也是提高任务需求和改善飞行器性能的重要途径。

6.4.1　高超声速飞行器轨迹优化概述

轨迹优化是根据飞行任务的飞行条件和技术指标,寻找一条某种性能指标最优而又不违背各种约束的飞行轨迹。高超声速飞行器轨迹优化技术的理论基础是高超声速飞行力学和最优化理论。高超声速飞行器轨迹优化问题可以归结为强非线性、多阶段、多约束的最优控制问题,可以统一描述为:对于给定的受控系统,寻找控制变量 $U(t) \in R^m$,使系统由指定状态转移到期望状态,给出的具有一般性的 Bolza 型性能指标取最优值。

$$J = \phi[X(t_0), t_0, X(t_f), t_f] + \int_{t_0}^{t_f} L(X(t), U(t), t)\mathrm{d}t \qquad (6.174)$$

系统状态变量 $X(t) \in R^n$、初始时刻 t_0 和终端时刻 t_f(自由或固定)满足系统状态方程式约束。对于高超声速飞行器的轨迹优化问题,系统状态方程即为飞行器运动方程。

$$\dot{X}(t) = f(X(t), U(t), t), \quad t \in [t_0, t_f] \qquad (6.175)$$

系统初始状态和终端状态满足边界条件

$$\psi(X(t_0), t_0, X(t_f), t_f) = 0 \qquad (6.176)$$

此外,飞行过程中的状态变量和控制变量还具有等式或不等式约束,可统一描述为

$$C[X(t), U(t), t] \leqslant 0 \qquad (6.177)$$

从最早约翰·伯努利(Johann Bernoulli)提出的最速降线问题,到欧拉(Euler)提出的变分法,贝尔曼(Bellman)的动态规划方法,柯西(Cauchy)的经典极值计算方法——梯度法,再到庞特里亚金(Pontryagin)极小值原理,最优控制理论的研究取得了巨大的成就。但由于高超声速飞行器轨迹优化问题的复杂性,即使在最优控制理论相对成熟的今天,要解决实际工程问题还存在很大的困难,问题的关键在于如何设计寻求最优解的数值方法。计算机技术的发展使最优化理论的数值方法在轨迹优化问题上发挥了重要作用。

轨迹优化问题涉及两方面内容:轨迹优化的数值方法和数值优化方法。数值方法根据不同标准可以有不同分类,但习惯上按照是否直接对性能指标进行寻优,而将其分为间接法和直接法。

间接法基于经典的变分法或者庞特里亚金极小值原理,将最优控制问题转化为哈密尔顿两点边值问题(Hamiltonian boundary value problem,HBVP)进行求解。直接法是将最优控制问题中的变量离散并参数化,从而将最优控制问题转化为非线性规划问题(nonlinear programming,NLP),再结合数值优化方法进行求解。由于计算能力的限制,早期直接法研究发展缓慢,随着计算机技术的发展,近几十年来有了较快发展。根据参数化方法的不同,直接法分类如图 6.7 所示。

运用间接法转换得到的哈密尔顿两点边值问题,要想得到解析解非常困难,大都采用数值方法(如间接打靶法、有限差分法等),将两点边值问题再转换为参数优化问题求解。而直接法则是直接将最优控制问题转化为参数优化问题进行求解。因此,无论直接法还是间接法,都需要选择有效的数值优化方法。

经典的数值优化方法包含无约束优化方法和约束优化方法。高超声速飞行器的轨迹优化问题是约束优化问题。约束优化问题可以通过惩罚函数法,将约束优化问题转化为无约束优化问题,再应用求解无约束优化问题的直接优化方法(单纯形法、Powell 法等)或者基于梯度的间接优化方法(拟牛顿法、共轭梯度法等)进行求解,也可以通过可行方向法或者序列二次规

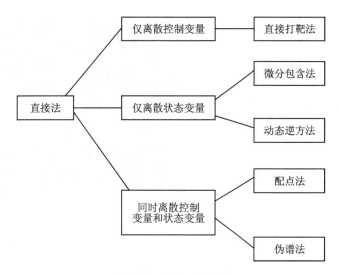

图 6.7 直接法分类

划方法等直接处理约束的优化方法进行求解。尤其是序列二次规划方法,被公认为是当今求解光滑非线性规划问题的最优秀算法之一,成功应用于轨迹优化领域,并占主导地位。将该方法与直接法相结合,几乎是当今所有轨迹优化软件的通用做法。

近年来,随着最优化理论与方法取得的一系列进展,新技术、新方法层出不穷,其中智能优化方法便是其中的佼佼者。智能优化方法是指以模仿自然与生物机理为特征的随机搜索算法。到目前为止,多种基于启发式的智能优化算法被众多的科学工作者相继提出,比如遗传算法、模拟退火算法、粒子群算法、差分进化算法、蚁群算法以及基于以上各种智能算法组合的混合算法等等。经典优化方法存在一定的局限性,如局部收敛等。智能优化方法以其广泛的适用性、强鲁棒性、良好的全局收敛性以及易并行性等优点,在飞行器轨迹优化领域得到了广泛的应用。

6.4.2 临近空间高超声速飞行器制导模型

本节对几类典型的高超声速飞行器制导模型进行系统化的整理。这些模型既可用于轨迹优化研究,也可用于制导方法的研究,并为后续研究提供了方便。

1. 升力体高超声速再入飞行器

升力体高超声速再入飞行器(CAV)的再入轨迹优化和制导研究中,常用的模型主要有CAV-L(图 6-8 左)和 CAV-H(图 6-8 右)两种。

CAV-L 长度为 107~144 in(约 2.72~3.66 m),宽度/直径为 36 in(约 0.91 m),有效载荷为 800~1000 lbs(约 362.9~453.6 kg)。CAV-H 长度为 107~144 in(约 2.72~3.66 m),宽度/直径为 48 in(约 1.2 m),有效载荷为 800~1000 lbs(362.9~453.6 kg)。

CAV-L 在以下四种典型飞行状态下的气动数据如表 6.1、表 6.2、表 6.3 和图 6.9、图 6.10 所示。

飞行状态:ⓐ 质量为 1200 lbs(约 544.3 kg),参考面积约为 400 in^2(约 0.258 m^2);ⓑ 质量约为 1500 lbs(约 680.4 kg),参考面积约为 450 in^2(约 0.29 m^2);ⓒ 质量约为 1800 lbs(约 816.5 kg),参考面积约为 500 in^2(约 0.323 m^2);ⓓ 质量约为 2000 lbs(约 907.2 kg),参考面

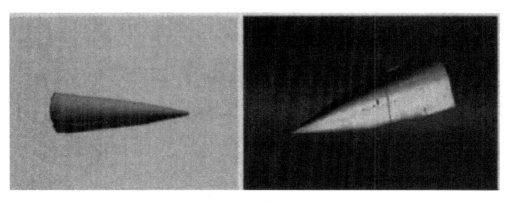

图 6.8 CAV - L 和 CAV - H

积约为 550 in^2（约 0.355 m^2）。

表 6.1 CAV - L 阻力系数 C_L

Ma / $\alpha/(°)$	3.5	5.0	8.0	15	20	23
10	0.340 1	0.326 4	0.310 8	0.285 6	0.276 0	0.273 9
15	0.578 6	0.535 8	0.488 3	0.449 1	0.434 9	0.431 9
20	0.797 5	0.729 1	0.671 3	0.613 7	0.597 5	0.596 6

表 6.2 CAV - L 阻力系数 C_D

Ma / $\alpha/(°)$	3.5	5.0	8.0	15	20	23
10	0.183 8	0.148 3	0.129 5	0.122 6	0.121 0	0.121 7
15	0.269 1	0.250 5	0.230 8	0.217 8	0.215 0	0.215 9
20	0.419 7	0.386 1	0.359 9	0.338 8	0.337 0	0.340 9

表 6.3 CAV - L 升阻比 L/D

Ma / $\alpha/(°)$	3.5	5.0	8.0	15	20	23
10	1.850 0	2.200 0	2.400 0	2.330 0	2.280 0	2.250 0
15	2.150 0	2.138 5	2.115 4	2.061 5	2.023 1	2.000 0
20	1.900 0	1.888 5	1.865 4	1.811 5	1.773 1	1.750 0

CAV - H 在质量为 $2\,000 \text{ lbs}$（约 907.2 kg）、参考面积为 750 in^2（约 0.484 m^2）的飞行状态下的气动数据如表 6.4、表 6.5、表 6.6 和图 6.11、图 6.12 所示。

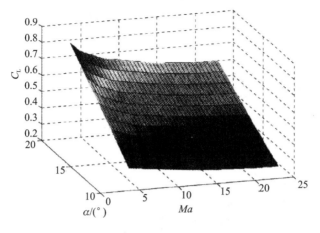

图 6.9　C_L 随 Ma, α 的变化

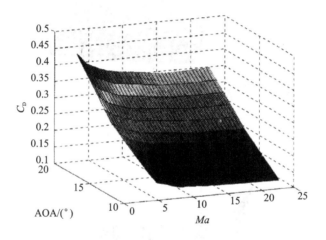

图 6.10　C_D 随 Ma, α 的变化

表 6.4　CAV - H 升力系数 C_L

Ma / α/(°)	3.5	5.0	8.0	10	15	20	23
10	0.450 0	0.425 0	0.400 0	0.380 0	0.370 0	0.360 0	0.350 0
15	0.740 0	0.700 0	0.670 0	0.630 0	0.600 0	0.570 0	0.557 0
20	1.050 0	1.000 0	0.950 0	0.900 0	0.850 0	0.800 0	0.780 0

表 6.5　CAV - H 阻力系数 C_D

Ma / α/(°)	3.5	5.0	8.0	10	15	20	23
10	0.204 5	0.170 0	0.129 0	0.109 0	0.109 0	0.109 0	0.109 0
15	0.296 0	0.263 0	0.224 0	0.197 0	0.195 0	0.192 0	0.192 0
20	0.477 0	0.423 0	0.354 0	0.310 0	0.305 0	0.300 0	0.300 0

表 6.6　CAV‑H升阻比 L/D

$\alpha/(°)$ ＼ Ma	3.5	5.0	8.0	10	15	20	23
10	2.0000	2.5000	3.1000	3.5000	3.3846	3.2692	3.2000
15	2.5000	2.6616	2.9846	3.2000	3.0846	2.9692	2.9000
20	2.2000	2.3616	2.6846	2.9000	2.7846	2.6692	2.6000

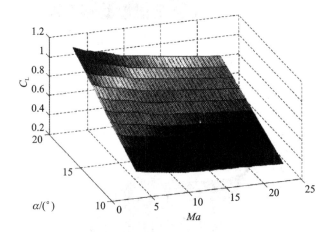

图 6.11　C_L 随 Ma , α 的变化

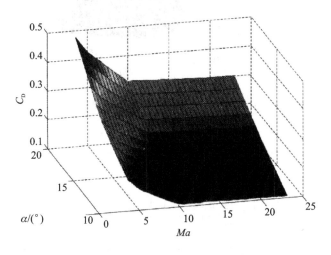

图 6.12　C_D 随 Ma , α 的变化

2. 机动再入飞行器

机动再入飞行器(Maneuverable reentry vehicle,MaRV)是对再入过程中具有机动能力的飞行器的统称。在很多情况下,它就是指机动再入弹头。本小节介绍的 MaRV 模型是 Textron Systems 公司设计的,相关数据来源于有关参考文献。该飞行器的外形如图 6.13 所示,其几何形状主要包括三个部分:前端椎体、中间段的柱状结构及尾部椎体,且带反作用控制系统(RCS)。

图 6.13 某机动再入飞行器外形图

该飞行器的质量为 1 100 lbs(约 498.95 kg),参考面积为 175 in^2(约 0.113 m^2)。其气动参数以轴向力系数 C_X 和法向力系数 C_N 的形式给出,同时还给出了压心位置 C_P 这一重要参数,具体数据见表 6.7、表 6.8 和表 6.9。

表 6.7 轴向力系数 C_X

$\alpha/(°)$ Ma	0	1.0	5.0	10	15	30
0.0	−1.066 3	−1.066 3	−1.053 2	−1.012 0	−0.995 0	−1.090 0
1.0	−1.066 3	−1.066 3	−1.053 2	−1.012 0	−0.995 0	−1.090 0
1.2	−1.066 3	−1.066 3	−1.053 2	−1.012 0	−0.995 0	−1.090 0
1.5	−1.066 3	−1.066 3	−1.053 2	−1.012 0	−0.995 0	−1.090 0
2.0	−1.066 3	−1.066 3	−1.053 2	−1.012 0	−0.995 0	−1.090 0
3.0	−0.795 0	−0.795 0	−0.790 4	−0.779 1	−0.797 0	−0.969 4
4.0	−0.680 3	−0.680 3	−0.679 5	−0.681 1	−0.713 5	−0.969 4
5.0	−0.565 6	−0.565 6	−0.568 6	−0.583 1	−0.630 0	−0.969 4
8.0	−0.445 5	−0.445 5	−0.453 1	−0.484 2	−0.600 0	−0.969 4
10.0	−0.409 5	−0.409 5	−0.418 5	−0.455 2	−0.600 0	−0.969 4
12.5	−0.391 4	−0.391 4	−0.401 2	−0.441 0	−0.600 0	−0.969 4
15.0	−0.373 2	−0.373 2	−0.383 9	−0.462 7	−0.600 0	−0.969 4
20.0	−0.363 4	−0.363 4	−0.374 8	−0.421 1	−0.600 0	−0.969 4
25.0	−0.363 4	−0.363 4	−0.374 8	−0.421 1	−0.600 0	−0.969 4

表 6.8 法相力系数 C_N

$\alpha/(°)$ Ma	0	1.0	5.0	10	15	30
0.0	0.0	0.083 7	0.428 3	0.883 7	1.5	3.11
1.0	0.0	0.083 7	0.428 3	0.883 7	1.5	3.11
1.2	0.0	0.083 7	0.428 3	0.883 7	1.5	3.11
1.5	0.0	0.083 7	0.428 3	0.883 7	1.5	3.11
2.0	0.0	0.083 7	0.428 3	0.883 7	1.5	3.11
3.0	0.0	0.083 7	0.428 3	0.883 7	1.5	3.11
4.0	0.0	0.088 2	0.445 5	0.922 4	1.5	3.11

续表 6.8

Ma $\alpha/(°)$	0	1.0	5.0	10	15	30
5.0	0.0	0.087 7	0.439 9	0.903 4	1.5	3.11
8.0	0.0	0.085 5	0.424 7	0.863 2	1.5	3.11
10.0	0.0	0.084 6	0.418 9	0.849 1	1.5	3.11
12.5	0.0	0.084 1	0.415 1	0.940 9	1.5	3.11
15.0	0.0	0.083 5	0.411 3	0.832 7	1.5	3.11
20.0	0.0	0.083 0	0.408 0	0.822 5	1.5	3.11
25.0	0.0	0.083 0	0.408 0	0.822 5	1.5	3.11

表 6.9 压心位置 C_P

Ma $\alpha/(°)$	0	1.0	5.0	10	15	30
0.0	2.396	2.396	2.412	2.249	2.546	2.736
1.0	2.396	2.396	2.412	2.249	2.546	2.736
1.2	2.396	2.396	2.412	2.249	2.546	2.736
1.5	2.396	2.396	2.412	2.249	2.546	2.736
2.0	2.396	2.396	2.412	2.249	2.546	2.736
3.0	2.483	2.483	2.496	2.532	2.679	2.736
4.0	2.508	2.508	2.516	2.550	2.684	2.736
5.0	2.534	2.534	2.536	2.569	2.689	2.736
8.0	2.551	2.551	2.542	2.571	2.689	2.736
10.0	2.551	2.551	2.540	2.569	2.689	2.736
12.5	2.551	2.551	2.537	2.568	2.689	2.736
15.0	2.550	2.550	2.534	2.565	2.689	2.736
20.0	2.550	2.550	2.531	2.559	2.689	2.736
25.0	2.550	2.550	2.531	2.559	2.689	2.736

由轴向力系数 C_X 和法向力系数 C_N 到升力系 C_L 和阻力系数 C_D 的转换关系式为

$$\begin{cases} C_L = -C_X \sin \alpha + C_N \sin \alpha \\ C_D = C_X \cos \alpha + C_N \sin \alpha \end{cases} \tag{6.178}$$

升力系数 C_L、阻力系数 C_D 和升阻比 L/D 随马赫数及迎角的变化如图 6.14～图 6.16 所示。

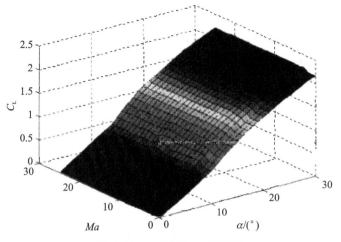

图 6.14　C_L 随 Ma, α 的变化

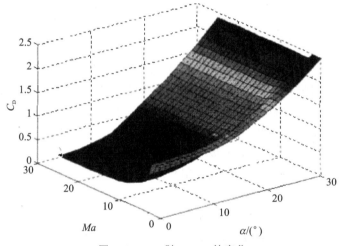

图 6.15　C_D 随 Ma, α 的变化

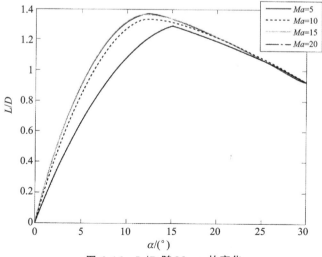

图 6.16　L/D 随 Ma, α 的变化

6.4.3　轨迹优化的数值方法

本节主要阐述在轨迹优化研究中应用较多的间接法和直接法的基本原理,并对它们的特点进行总结与对比。此外,还将介绍动态规划方法、滚动时域优化方法和快速探索随机树方法。

1. 间接法

间接法(indirect method)的理论基础是最优控制理论中的经典变分法和庞特里亚金极小值原理。由于该方法不对性能指标直接寻优,而是将最优控制问题转化为哈密尔顿两点边值问题进行求解,故被称作间接法。

(1) 基本原理

经典变分法首先定义状态变量 X、协态变量 λ、控制变量 U 和哈密尔顿函数 H,通过对哈密尔顿函数关于控制变量求偏导为零获得最优控制解。经典变分法在求解时,做出了如下假设:

① 变分 ∂U 是任意的,即控制变量 U 不受限制,它遍及整个向量空间,是一个开集;

② $\dfrac{\partial H}{\partial U}=0$ 总是存在的。

实际工程问题中,控制变量往往是有界的,例如飞行器舵偏角限制、发动机推力大小限制、飞行器倾侧角和迎角限制等。此时,第一个假定不满足,并且在控制集合边界上 $\partial H/\partial U=0$ 也不一定能满足。此外,$\partial H/\partial U=0$ 也不一定存在,例如系统状态方程的右端 $f(X,U,t)$ 对控制变量的一阶偏导数可能不连续等。为解决该问题,苏联学者庞特里亚金于 1956 年在经典变分法的基础上,提出了著名的庞特里亚金极小值原理(通常也称为极大值原理)。极小值原理的显著特点是,所求出的结果易于建立最优控制系统的普遍形式,且适用于处理无论开集性还是闭集性约束条件下的最优控制问题。

对于最优控制问题,定义其哈密尔顿函数为

$$H(X,U,\lambda,t)=L(X,U,t)+\lambda^{\mathrm{T}}f(X,U,t) \tag{6.179}$$

若 U^*,t_{f}^* 是最优解,其必要条件是存在一个非零矢量函数 $\lambda^*(t)(t\in[t_0,t_{\mathrm{f}}])$,使 U^*,t_{f}^*,$\lambda^*(t),X^*(t)$ 满足哈密尔顿正则方程组:

$$X^*(t)=\frac{\partial H\left[X^*(t),U^*(t),\lambda^*(t),t\right]}{\partial\lambda} \tag{6.180}$$

$$\lambda^*(t)=-\frac{\partial H\left[X^*(t),U^*(t),\lambda^*(t),t\right]}{\partial X} \tag{6.181}$$

$\lambda^*(t)$ 和 $X^*(t)$ 满足的边界条件为:

初始条件

$$X^*(t_0)=X_0^* \tag{6.182}$$

终端约束条件

$$N(X^*(t_{\mathrm{f}}^*),t_{\mathrm{f}}^*)=0 \tag{6.183}$$

终端横截条件

$$\lambda^*(t_{\mathrm{f}}^*)=\left\{\frac{\partial\Phi}{\partial X}+\frac{\partial N^{\mathrm{T}}}{\partial X}\upsilon\right\}\Bigg|_{t=t_{\mathrm{f}}} \tag{6.184}$$

哈密尔顿函数相对最优控制取绝对极小值,即

$$H[X^*(t),U^*(t),\lambda^*(t),t]=\min H[X^*(t),U^*(t),\lambda^*(t),t]$$
$$U^*(t)\in\Omega \tag{6.185}$$

如果哈密尔顿函数不显含时间 t,且终端时间固定,则

$$H[X^*(t),U^*(t),\lambda^*(t)]=\text{常数} \tag{6.186}$$

如果哈密尔顿函数、终端价值函数 Φ 和约束条件 N 都不显含 t,且终端时刻未定,由此可以得到

$$H[X^*(t),U^*(t),\lambda^*(t),t]=0 \tag{6.187}$$

基于极小值原理求解轨迹优化问题,一般先求出最优控制变量关于协态变量和状态变量的函数,再求解由哈密尔顿正则方程组、终端横截条件和边界条件构成的哈密尔顿两点边值问题,从而获得最优轨迹 X^* 和最优控制 U^* 的解。

(2) 两点边值问题求解方法

轨迹优化问题经过间接法转换后的两点边值问题,可用以下通用形式表示:

$$\frac{\mathrm{d}\boldsymbol{Y}}{\mathrm{d}t}=f(t,\boldsymbol{Y}) \tag{6.188}$$

$$B_0(\boldsymbol{Y}_0)=0 \tag{6.189}$$

$$B_f=\boldsymbol{Y}_f \tag{6.190}$$

其中,$\boldsymbol{Y}=[X,\lambda]^{\mathrm{T}}$ 为状态变量矢量和协态变量矢量的组合矢量;$f(t,\boldsymbol{Y})$ 为非线性方程组,$B_0(\boldsymbol{Y}_0)$ 和 $B_f(\boldsymbol{Y}_f)$ 由状态变量和协态变量的初值和末值条件确定。

从形式上讲,虽然轨迹优化问题被转换为两点边值问题,但由于约束条件不同、建模方式不同,在具体求解时仍然是千差万别的。由于解析推导的相关性,有时重要参数中存在多维自变量,例如升力系数表达式为 $C_L(\alpha,M_a)$ 或者 $C_L(\alpha,M_a,h)$,可能导致解析表达式的烦冗程度剧增。此外,虽然最优控制变量通常可以表示为 $U^*(X^*,\lambda^*,t)$,但由于协态变量 λ 又没有物理意义,并且通常初值未知,一般来说,其求解是比较困难的。由于推导解析解十分困难,因此可采用数值的方法求解两点边值问题。求解两点边值问题的数值方法很多,在此介绍两种应用较多的数值方法的基本思路。

① 间接打靶法。

间接打靶法的基本思路是将哈密尔顿两点边值问题转换为初值问题(IVP)进行求解,其一般步骤如下。

1) 取状态变量和协态变量未知初始条件的猜测值,连同已知初始条件,构成一组初始条件的迭代初值。

2) 以时间 t 为自变量,根据步骤 1)中所得初始条件,将状态方程和协态方程从初始时刻向前积分到末端时刻。积分过程中,可以根据极小值原理,同时得到状态变量、协态变量和最优控制变量随时间的变化历程。计算状态变量和协态变量的末值与给定末值条件的偏差,如果偏差在允许范围内,则求解结束;否则转步骤 3)。

3) 对每一个未知的初始条件进行微小改变,重复步骤 2)的积分过程,得到各末值的改变量,从而得到末值对初值的数值偏微商矩阵。

4) 根据步骤 2)得到的末值与给定末值之差和步骤 3)得到的偏微商矩阵,求得未知初值的新猜测值。

5) 重复步骤 1)～ 4),直到末值满足预定的要求。

间接打靶法是一种简单的寻根方法。利用间接打靶法寻根时,只需求解未知初始条件,因此求解变量的数目较少,求解的问题维数低,因此所需计算机的内存少。在控制参数较少、方程积分特性较好、不易发散时,间接打靶法较为有效。随着需要初始猜想的参数增加,以及积分收敛性变差,间接打靶法所得的结果,对初始猜想参数非线性特性明显增强,收敛域明显减小,其结果对初始猜想参数变得十分敏感,迭代收敛将十分困难。另外在轨迹优化设计中,需猜想的初值多为协态变量初值,这些变量毫无物理意义,因此其初值估计较为困难。

② 有限差分法。

为克服间接打靶法的初值敏感性,数值有限差分法(finite difference method)是一个较为有效的手段。该方法的基本思路是,将整个轨迹平均划分为有限个时间段,并通过有限差分的方法将微分方程组转换为一系列代数方程组,从而将哈密尔顿两点边值问题转化为代数方程组的求根问题。

对于式(6.189)和式(6.190)定义的两点边值问题,将时间平均划分为 M 段,得到 $M+1$ 个时间节点,定义为 $t_k(k=0,1,\cdots,M)$,每段的长度定义为 $h=(t_1-t_0)/M$,根据中心差分法则,可以得到的代数方程为

$$Y_k - Y_{k-1} = hf\left(\frac{t_k + t_{k-1}}{2}, \frac{Y_k - Y_{k-1}}{2}\right) \tag{6.191}$$

定义差分误差为

$$E_k(Y_k, Y_{k-1}) = Y_k - Y_{k-1} - hf\left(\frac{t_k + t_{k-1}}{2}, \frac{Y_k - Y_{k-1}}{2}\right) \tag{6.192}$$

假设状态方程是 $2N$ 维,因此将有 $2N\times(M+1)$ 个状态量需要求解。方程(6.192)提供了 $2N\times M$ 个方程,式(6.190)、式(6.191)所示的端点条件有 $2N$ 个约束方程,一共构成了 $2N\times(M+1)$ 个方程,方程数和状态量个数相等。由此,两点边值问题转化成了一个有限维代数方程求解问题。

$$E_o(Y_0) = B_0(Y_o) = 0 \tag{6.193}$$

$$E_M(Y_M) = B_f(Y_f) = 0 \tag{6.194}$$

由于没有数值积分,因此有限差分法不存在积分发散问题。同时由于将动力学和各种约束都看成一种约束存在,有限差分法在某些程度上与直接法十分类似。但间接法求解中,采用了有限差分法,同时也离散了协态方程,其最优性更有保证。有限差分法的缺点也是十分明显的,它所需要搜索的参数量庞大,且与节点数成正比。

(3) 间接法小结

① 间接法的优点。

1) 解的精度非常高。由于间接法是建立在对问题深入理解的基础上,求解过程中需要依据极小值原理,并结合飞行器运动特性,因此具有很好的精度。此外,在合理的初始猜想下,迭代计算量要远远小于直接法,时效性很好,有实时在线轨迹优化的应用潜质。

2) 最优解满足一阶最优性必要条件,同时能求出状态变量、协态变量和最优控制序列,所得结果与原问题模型相符合;由于满足一阶最优性必要条件,有时可满足二阶必要条件,最优性相对有保证,可信度好。

② 间接法的缺点。

1）基于极小值原理的最优解的推导过程复杂繁琐；在求取偏导数的过程中,经常需要对复杂的运动方程组的状态变量求偏导,而这些状态变量又是紧密耦合的,导致偏导数的项很多、很复杂,推导过程比较容易出错。

2）求解两点边值问题时,收敛域小,对初值估计精度要求高,共轭变量没有物理意义,初值估计十分困难；间接法对于不同性能指标、不同约束条件和不同建模方式,求解问题的难易程度可能相差很大。

3）对于存在过程约束的问题,间接法求解存在一定的困难；在某些假设条件下,可将过程约束转化为等价的终端约束或控制约束,间接法可以得到问题的闭环次优解。

2. 直接法

直接法（direct method）就是直接对性能指标进行寻优。其基本思路是通过把控制变量、状态变量离散并参数化,从而将连续的最优控制问题转换成有限维的非线性规划问题,再利用参数优化数值方法进行求解。根据参数化方法的不同,可以将直接法分为以下三类：

1）仅离散控制变量的方法。以直接打靶法为代表,这类方法只离散控制变量,描述运动轨迹的状态变量,需根据参数化的控制变量对运动方程组进行数值积分获得,因此也被称为显式积分方法。

2）仅离散状态变量的方法。以微分包含法和动态逆方法为代表,其中动态逆方法也被称为轨迹优化的微分方法。

3）同时离散控制变量和状态变量的方法。包括配点法和伪谱法,这类方法描述运动轨迹的控制变量和状态变量都是通过多项式逼近,也被称为隐式积分方法。

（1）直接打靶法

直接打靶（direct shooting）法是一种仅离散控制变量的方法。直接打靶法一般以时间作为离散自变量,按照一定的间隔对其进行离散,得到参考序列 T。离散时间序列 T 为

$$t_0 = t_1 < t_2 < \ldots < t_{N-1} < t_N = t_f \tag{6.195}$$

以控制变量为设计变量,在离散时间点上,将连续空间的控制变量函数离散为控制序列 U,离散控制序列 U 为

$$[u_1, u_2, \cdots, u_{N-1}, u_N] \tag{6.196}$$

时间节点之间的控制变量 u_{ki} 的值,通过插值基函数 φ_k 获取。常采用分段线性插值的方法来近似节点之间的控制变量。简单分段线性插值为

$$u_{ki}(t) = u_{i-1} + \frac{u_i - u_{i-1}}{t_i - t_{i-1}}(t_i - t_{i-1}), \quad t \in (t_i, t_{i-1}) \tag{6.197}$$

通常情况下,飞行器初始状态 X_1 已知。在给定一组控制变量初始猜想 U_1 的前提下即可采用数值积分的方法,按照一定步长 d_t,从 t_0 迭代积分到 t_f。对于高超声速飞行器轨迹优化,通常选择 4 阶 Runge-Kutta 方法,已可以保证相当的积分精度。每次数值积分完成后,便可得到与时间序列对应的状态变量序列 X。状态变量序列 X 为

$$[X_1, X_2, \cdots, X_{N-1}, X_N = X_f] \tag{6.198}$$

令设计变量集合为

$$Y = [X_1, u_1, t_1, X_2, u_2, t_2, \cdots, X_{N-1}, u_{N-1}, X_f, u_f, t_f] \tag{6.199}$$

此时,性能指标可以表示为

$$J = \phi[X_1, u_1, t_1, t_f] + \sum_{i=1}^{N} L[X_i(t_i), u_i(t_i), t_i] = F(Y) \tag{6.200}$$

边界条件和过程约束可以表示为

$$g_1(Y) = 0 \tag{6.201}$$

$$g_2(Y) \geqslant 0 \tag{6.202}$$

综合式(6.179)~式(6.202)可以看出,轨迹优化问题已经被转化为一个经典的非线性规划问题,即

$$\begin{cases} \min J = F(Y) \\ g_1(Y) = 0 \\ g_2(Y) \geqslant 0 \end{cases} \tag{6.203}$$

直接打靶法的基本原理如图 6.17 所示。

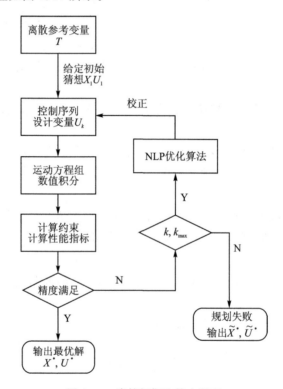

图 6.17　直接打靶法基本原理

离散化的参考自变量不一定只选择实际时间或者归一化的时间,也可以是能量 e、高度 r、速度 V 等。离散自变量通常由飞行器运动方程的相对独立变量决定。在轨迹优化中,一般推荐选择单调变化的物理量为离散参考自变量。如果参考自变量不单调,过程中高度可能出现长周期振荡,那么就需要将其分段离散,并分段求取性能指标后再求和,否则将导致结果出现较大误差,甚至不正确。对于终端时刻 t_f 不固定的轨迹优化问题,在优化过程中,需要时间历程动态离散的过程,这可以通过随 t_f 变化,动态改变离散点个数、动态改变离散步长 d_t 来实现。

直接打靶法思路明确,实现起来简单。但由于直接打靶法是在单区间上进行数值积分,当时间间隔较大时,积分精度会下降。若增加分段节点个数,则又会使运算量变得庞大。对于模

型简单、积分时间短的最优控制问题，直接打靶法是可行的，且求解效果不错。而对于较为复杂的轨迹优化问题，则需进行相应的改进。多重打靶(multiple shooting)法是将时间区间分段，采用参数化方法在各段逼近控制值，在节点处实施打靶并提出匹配原则，最后利用合适的数值优化方法求出参数向量，近似逼近最优控制。该方法不是严格意义上的仅离散控制变量的方法，它将节点处的状态变量也作为设计变量，虽然可以经过降阶处理，减少变量数目，但处理过程中，线性化处理使二次规划设计在很大程度上偏离原模型。

（2）配点法

配点法是一种将控制变量和状态变量同时离散的方法，也称作直接配点非线性规划。

配点法的前两步与直接打靶法类似，先将参考自变量(时间等)离散，并以此通过分段线性插值来近似控制变量 U。与直接打靶法不同的是，飞行器的状态变量 X 不是通过数值积分获得，而是通过分段采用 Gauss-Lobatto 多项式族插值的方法获得，这种方法是近似节点间的状态变量随参考自变量的变化关系，并要求在一定精度条件下，对配点处插值多项式求导得到的状态变量导数 $\dot{X}$ 与飞行器运动方程组右边求得的 $\dot{X}$ 近似相等，从而将运动方程组的微分约束转化为一组代数约束。再以节点处的状态变量、控制变量以及配点处的控制变量作为优化设计变量(对于终端时间不固定问题，还需加入终端时间 t_f)，进而将轨迹优化问题转化为非线性规划问题求解。

配点法因其选取的插值多项式的阶次和类型不同而不同。此处以 3 次 Hermite 插值方法为例，说明配点法的基本求解步骤。

第 1 步：将时间和控制变量进行离散，之后直接给出一组状态变量的初始猜想，而不是数值积分获取，将其离散为如式(6.198)所示的形式。

$$X(t) = c_0 + c_1 t + c_2 t^2 + c_3 t^3, \quad c_i \in R^n \tag{6.204}$$

第 2 步：对状态变量进行参数化。将子区间 $t \in [t_{i-1}, t_i]$ 通过插值多项式转换为 $\tau \in [0, 1]$，再根据边界条件，在相邻两节点之间，采用 3 次 Hermite 插值多项式对状态变量进行近似。插值多项式为

转换公式
$$\tau = \frac{t - t_{i-1}}{\tau_i - \tau_{i-1}} \quad (i = 2, 3, \cdots, N) \tag{6.205}$$

边界条件
$$X(0) = X_{i-1}, \quad X(1) = X_i$$

$$\left. \frac{\mathrm{d}x}{\mathrm{d}\tau} \right|_{\tau=0} = \dot{X}_{i-1}, \left. \frac{\mathrm{d}x}{\mathrm{d}\tau} \right|_{\tau=1} = \dot{X}_i \tag{6.206}$$

由相关文献可知，节点处的状态变量及其导数与插值多项式系数有

$$\begin{bmatrix} c_1 \\ c_2 \\ c_3 \\ c_4 \end{bmatrix} = \begin{bmatrix} 1 & 0 & 0 & 0 \\ 0 & 1 & 0 & 0 \\ -3 & -2 & 3 & -1 \\ 2 & 1 & -2 & 1 \end{bmatrix} \begin{bmatrix} X_{i-1} \\ \dot{X}_{i-1} \\ X_i \\ \dot{X}_i \end{bmatrix} \tag{6.207}$$

所示的关系，从而给定一组节点处的状态变量，便可求解出相应的插值多项式系数，相应的插值多项式可改写为

$$X(\tau) = X_{i-1} + \dot{X}_{i-1}\tau + (-3X_{i-1} - 2\dot{X}_{i-1} + 3X_i - \dot{X}_i)\tau^2 + (2X_{i-1} + \dot{X}_{i-1} - 2X_i + \dot{X}_i)\tau^3 \tag{6.208}$$

配点取子区间的中点,即 $t = 1/2$,则配点处的状态变量及其导数可以表示为

$$\begin{cases} X_{ci} = \dfrac{X_{i-1} + X_i}{2} + \dfrac{(\dot{X}_i + \dot{X}_{i-1})}{8} \\ \dot{X}_{ci} = \dfrac{3(X_i - X_{i-1})}{2(t_i - t_{i-1})} - \dfrac{(\dot{X}_i - \dot{X}_{i-1})}{4} \end{cases} \tag{6.209}$$

第 3 步:计算配点处的 Defect 矢量。为确保插值多项式能更好地逼近状态变量的变化,应使子区间内配点处由状态方程计算的状态变量导数 $\dot{X}_{EDM}$ 与多项式求得的状态变量导数 $\dot{X}_c$ 相等,即期望向量 $d = \dot{X}_{EOM} - \dot{X}_c$ 趋于零。这里的 d 即 Defect 矢量,该矢量构成了系统的非线性等式约束。

第 4 步:选择系统设计变量如下

$$Y = [X_1, u_1, u_{c1}, t_1, X_2, u_2, u_{c2}, t_2, \cdots, X_f, u_f, u_{cf}, t_f] \tag{6.210}$$

轨迹优化问题转化为以 $\boldsymbol{d} = 0$ 以及原有约束为约束,使某性能指标为最优值的非线性规划问题。

配点法的基本原理图如图 6.18 所示。

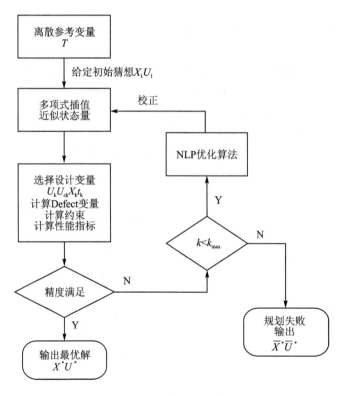

图 6.18 配点法基本原理

经过配点法转化所得到的非线性规划问题的优化变量维数远高于直接打靶法,但以此为代价,降低了目标函数的病态程度,提高了收敛性和精度,且对初始猜想更不敏感。

（3）微分包含法

微分包含（differential inclusion）法是一种仅离散状态变量的方法，其基本思想是通过对状态变量的变化率的限制而消去受限控制变量。

轨迹优化问题的数学描述如下：

性能指标

$$J = \boldsymbol{\Phi}[X(t_0), t_0, X(t_f), t_f] + \int_{t_0}^{t_f} L[X(t), U(t), t] \mathrm{d}t \qquad (6.211)$$

系统状态方程

$$\dot{X}(t) = f[X(t), U(t), t], \quad t \in (t_0, t_f) \qquad (6.212)$$

边界条件

$$\Phi[X(t_0), t_0, X(t_f), t_f] = 0 \qquad (6.213)$$

过程约束（等式和不等式统一形式）

$$C[X(t), U(t), t] \leqslant 0 \qquad (6.214)$$

根据系统状态方程，推导出控制变量空间 Ω（式 6.215）到速度图（hodograph）空间 S（式 6.216），即状态变量变化率空间的映射 $F: \Omega \rightarrow S$，从而将性能指标和过程约束转化为式（6.217）和式（6.218）所示的形式。

控制变量空间

$$\Omega = \{U(t) \in R^m \mid C[X(t), U(t), t] \leqslant 0\} \qquad (6.215)$$

速度图空间

$$S = \{\dot{X}(t) \in R^n \mid \dot{X}(t) - f[X(t), U(t), t], \quad U(t) \in \Omega\} \qquad (6.216)$$

转化后的性能指标

$$J = \Phi[X(t_0), t_0, X(t_f), t_f] + \int_{t_0}^{t_f} L[X(t), \dot{X}(t), t] \mathrm{d}t \qquad (6.217)$$

转化后的过程约束

$$C[X(t), \dot{X}(t), t] \leqslant 0 \qquad (6.218)$$

至此可参考直接打靶法中的离散化方法，仅对状态变量进行离散化即可，将最优控制问题转化为非线性规划问题再求解。微分包含法的基本原理如图 6.19 所示。

该方法最大的优点就是降低了转化后的 NLP 问题的变量维数，提高了求解速度，对于求解维数小的问题有很好的鲁棒性；该方法的缺点是显式的微分包含形式不容易获得，NLP 求解器所需约束的梯度解析表达式很难获得，在后续处理过程中，可能要用到控制变量的时间历程，而控制变量已经通过某种映射而消去。正因为有上述局限性，微分包含法在轨迹优化领域很难成为一种广泛适用的方法。

（4）动态逆方法

动态逆（inverse dynamic）方法也是一种仅离散状态变量的直接法，其控制变量通过动态逆变换获得。该方法早期主要用于非线性控制系统的设计，用非线性逆和非线性函数对消被控对象的非线性，然后在变换后的伪线性系统基础上，设计相应的控制器。

动态逆方法应用于轨迹优化，首先需定义期望输出 $C(t)$ 满足的代数约束条件，可以表示为

$$g[X(t), c(t), t] = 0, \quad t \in [t_0, t_1] \qquad (6.219)$$

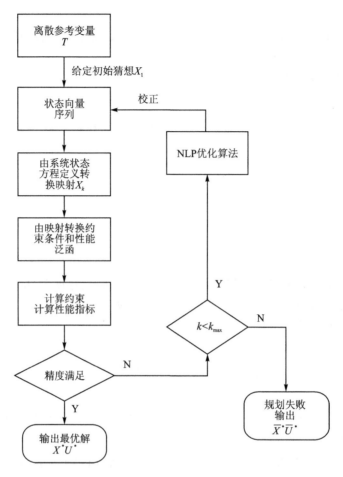

图 6.19　微分包含法的基本原理

其中，$g: R^n \times R^l \times R \rightarrow R^l$ 是完全可微的，期望输出 $c(t) \in R^l$ 是光滑的。上式定义了输出关系，对其不断微分，直到出现控制变量 $U(t)$ 的显式表达式，可得

$$G[X(t), U(t), c(t), \dot{c}(t), \cdots, t] = 0 \tag{6.220}$$

式(6.219)和式(6.220)组成了关于状态变量和控制变量的约束方程组。在动态逆方法求解控制问题中，一般是针对给定期望输出 $c(t)$ 求出控制变量 $U(t)$。而对于轨迹优化问题，如果最优期望输出 $c^*(t)$ 已求出，则相应的最优控制 $U^*(t)$ 可以通过式(6.220)确定。

　　动态逆方法之所以被认为是一种仅离散状态变量的直接法，正是因为通过动态逆变换，可以将求解最优控制解转换为求解最优期望输出解，而期望输出一般选择与描述轨迹相关的最有影响的状态变量，同时运用式(6.220)使求解控制变量相对简单。对于转换后的问题再进行离散化和参数化，将其转化为非线性规划问题，再用数值优化方法寻优。动态逆方法的基本原理如图 6.20 所示。

　　动态逆方法可以缓解优化计算时的参数敏感问题，且期望输出的初值估计相对比较容易。但是，动态逆方法需要用到期望输出的前几阶导数信息，比一般直接法的参数化要求更高。对于较为平缓的轨迹，采用 3 次多项式即可获得精度较高的期望输出的各阶导数信息，而对于多次跳跃的期望轨迹，则需采用分段 3 次样条插值的方法才能对其各阶导数有较好的近似，且精

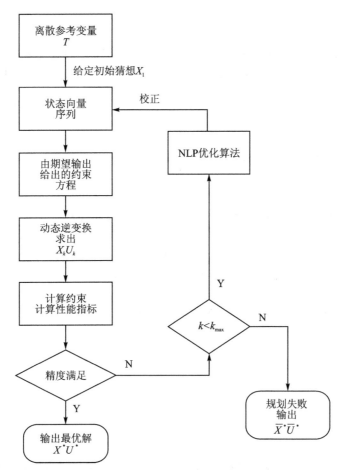

图 6.20　动态逆法的基本原理

度与划分网格点的密度相关。因此,动态逆方法对于解决轨迹优化问题还需进一步改进和完善。

（5）伪谱法

伪谱法（pseudospectral method）是近年来发展迅速、应用较多的一种同时离散控制变量和状态变量的直接法。该方法的求解基本思路与配点法相似。由于其配点一般选择正交多项式的根,又被称作正交配点（orthogonal collocation）法。同时该方法一般采用全局多项式插值,对控制变量和状态变量进行近似,而非分段多项式插值的方法。一些文献还将伪谱法称作全局方法,而将配点法称作局部方法。

伪谱法的种类很多。采用不同的节点、配点位置和插值基函数,各种伪谱法在数值近似方法上有所不同。航空航天领域应用较多的伪谱法包括 Chebyshev 伪谱法（CPM）、Legendre 伪谱法（LPM）、Gauss 伪谱法（GPM）和 Radau 伪谱法（RPM）。

利用上述 4 种伪谱法对最优控制问题进行转化时由于所涉及的正交多项式的正交区间是 $\tau \in [-1,1]$,因此需要将最优控制问题的时间区间由 $t \in [t_0, t_f]$ 转换到 $\tau \in [-1,1]$,转换公式为

$$\tau = \frac{2t}{t_f - t_0} - \frac{t_f + t_0}{t_f - t_0} \tag{6.221}$$

Radau 伪谱法的配点是 Legendre-Gauss-Radau（LGR）点，即是多项式 $P_k(\tau) + P_{k-1}(\tau)$ 或者 $P_k(\tau) - P_{k-1}(\tau)$ 的根，前者在区间 $[-1,1)$，后者在区间 $(-1,1]$。这里讨论第 2 种，其中 $P_k(\tau)$ 是 k 阶 Legendre 正交多项式 $P_k(\tau) = \frac{1}{2^k k!} \frac{d^k}{d\tau^k}[(\tau^2 - 1)^k]$ 的节点为配点与初始时刻点 $\tau_0 = -1$。设节点个数为 N，则配点个数为 $k = N - 1$，即配点取 $k-1$ 阶 LGR 点。采用 Lagrange 插值的方法对状态变量进行近似可得

$$x(\tau) \approx X(\tau) = \sum_{i=0}^{N-1} L_i(\tau) X(\tau_i) \tag{6.222}$$

其中，$L_i(\tau)$ 为插值基函数，τ_i 为插值节点即 RPM 的节点，表示为

$$L_i(\tau) = \prod_{j=0, j \neq i}^{N-1} \frac{\tau - \tau_j}{\tau_i - \tau_j} \tag{6.223}$$

对式（6.223）求导，可得配点 τ_k 处状态变量的导数为

$$\dot{x}(\tau_k) \approx \dot{X}(\tau_k) = \sum_{i=0}^{N-1} \dot{L}_i(\tau_k) X(\tau_i) = \sum_{i=0}^{N-1} D_{ki} X(\tau_i), \quad (k=1,\cdots,N-1) \tag{6.224}$$

式中

$$D_{ki} = \begin{cases} \dfrac{\dot{q}(\tau_k)}{(\tau_k - \tau_i)c}, & k \neq i \\[3mm] \dfrac{q(\ddot{\tau}_i)}{2\dot{q}(\tau_k)}, & k = i \end{cases} \tag{6.225}$$

$$q(\tau_i) = (1 + \tau_i)[P_{N-1}(\tau_i) - P_{N-2}(\tau_i)] \quad i = 0, \cdots, N-1 \tag{6.226}$$

由此，配点处飞行器运动方程组对应的微分方程约束可以转换为代数方程约束，即

$$\sum_{i=0}^{N-1} D_{ki} X(\tau_i) - \frac{t_f - t_0}{2} f[X(\tau_k), U(\tau_k), \tau_k; t_0, t_f] = 0 \tag{6.227}$$

控制变量也采用 Lagrange 插值的方法近似，可得

$$u(\tau) \approx U(\tau) = \sum_{\tau=1}^{N-1} \overline{L_i}(\tau) U(\tau_i) \tag{6.228}$$

对于一般性的 Bolza 型性能指标函数，其积分项用 Gauss 积分来近似，可得转换后的结果为

$$J = \phi[X(t_0), t_0, X(t_f), t_f] + \frac{t_f - t_0}{2} \sum_{k=1}^{N-1} \omega_k L(X(\tau_k), U(\tau_k), \tau_K; t_0, t_f) \tag{6.229}$$

式中

$$\begin{cases} \omega_1 = \dfrac{2}{(N-2)^2} \\[3mm] \omega_k = \dfrac{1}{(1 - \tau_k)[\Gamma_{N-2}(\dot{\tau}_k)]^2}, & k = 2, \cdots, N-1 \end{cases} \tag{6.230}$$

至此，RPM 离散后的轨迹优化问题的一般描述为：求解离散的状态变量 $X(\tau_k)$ 和控制变量 $U(\tau_k)$ 及初始时刻 t_0 和终端时刻 t_1（如果 t_0、t_1 未知），使式（6.229）所示的性能指标取最优值，并满足配点处的状态约束式（6.228）、边界条件约束式（6.231）以及过程约束式（6.232）。

$$\psi[X(t_0),t_0,X(t_f),t_f]=0 \tag{6.231}$$

$$C[X(\tau_k),U(\tau_k),\tau_k;t_0,t_f]\leqslant 0 \tag{6.232}$$

非线性规划问题的设计变量包括节点处状态变量$[X(t_0),X(\tau_1),\cdots,X(\tau_{N-1})]$、配点处控制变量$[U(\tau_1),U(\tau_2),\cdots,U(\tau_{N-1})]$及初始时刻$t_0$和终端时刻$t_1$(如果$t_0,t_1$未知),其约束为转换后的飞行器运动代数方程组约束式(6.228)、边界条件约束式(6.231)及过程约束式(6.232)。

表 6.10 给出了 4 种伪谱法的配点、节点等主要因素的比较。

表 6.10　4 种伪谱法的比较

方法	配点	以配点为根的多项式	配点区间	节点
CPM	Chebyshev-Gauss-Lobatto	$\sin(N\arccos r)$	$\tau\in[-1,1]$	配点
LPM	Legendre-Gauss-Lobatto	$(1-\tau^2)\dot{P}_{k-1}(\tau)$	$\tau\in[-1,1]$	配点
GPM	Legendre-Gauss	$P_k(\tau)$	$\tau\in(-1,1)$	配点及 $\tau_0\equiv -1$
RPM	Legendre-Gauss-Radau	$P_k(\bar{\tau})+P_{k-1}(\bar{\tau})$ 或 $P_k(\bar{\tau})-P_{k-1}(\bar{\tau})$	$\tau\in[-1,1)$ 或 $\tau\in(-1,1]$	配点及 $\tau_0\equiv 1$ 或者 配点及 $\tau_0\equiv -1$

接下来对 4 种伪谱法转换后的 NLP 问题中(假定配点数为 N)的两个主要区别,即运动方程组约束和性能指标函数进行总结。

① CPM 法。

运动方程组约束为

$$\sum_{i=1}^{N}D_{ki}X(\tau_i)-\frac{t_i-t_0}{2}f(X(\tau_k),U(\tau_k),\tau_k;t_0,t_f)=0 \tag{6.233}$$

$$D_{ki}=\begin{cases} \dfrac{(-1)^{i+k}C_k}{C_i(\tau_k-\tau_i)}, & k\neq i \\[2mm] -\dfrac{(2N^2+1)}{6}, & k=i=1 \\[2mm] \dfrac{(2N^2+1)}{6}, & k=i=N \\[2mm] \dfrac{\tau_k}{2-2\tau_k^2}, & 2\leqslant k\leqslant i\leqslant N-1 \end{cases} \tag{6.234}$$

$$\begin{cases} C_k=\begin{cases} 2, & k=1,N \\ 1, & 2\leqslant k\leqslant N-1 \end{cases} \\ i=1,2,\cdots,N;\quad k=1,2,\cdots,N \end{cases} \tag{6.235}$$

性能指标函数为

$$J=\phi[X(t_0),t_0,X(t_f),t_f]+\frac{t_f-t_0}{2}\sum_{k=1}^{N}\omega_k L(X(\tau_k),U(\tau_k),\tau_k;t_0,t_f) \tag{6.236}$$

N 为偶数

$$\omega_1=\omega_N=\frac{1}{(N-1)^2}$$

$$\omega_S=\omega_{N+1-s}=\frac{4}{N}\sum_{i=1}^{N/2}\frac{1}{4i^2}\cos\left(\frac{2\pi is}{N}\right), \quad s=2,3,\cdots,N/2 \tag{6.237}$$

N 为奇数
$$\omega_1 = \omega_N = \frac{1}{N^2}$$

$$\omega_S = \omega_{N+1-s} = \frac{4}{N} \sum_{i=1}^{(N+1)/2} \frac{1}{1-4i^2} \cos\left(\frac{2\pi i s}{N}\right), \quad s = 2,3,\cdots,(N+1)/2 \tag{6.238}$$

② LPM 法。

运动方程组约束为

$$\sum_{i=1}^{N} D_{ki} X(\tau_i) - \frac{t_f - t_0}{2} f(X(\tau_k), U(\tau_k), \tau_k; t_0, t_f) = 0 \tag{6.239}$$

$$D_{ki} = \begin{cases} \dfrac{P_{N-1}(\tau_k)}{(\tau_k - \tau_i) P_{N-1}(\tau_i)}, & k \neq i \\[2mm] -\dfrac{(N-1)N}{4}, & k = i = 1 \\[2mm] \dfrac{(N-1)N}{4}, & k = i = N \\[2mm] 0, & 2 \leqslant k - i \leqslant N-1 \end{cases} \tag{6.240}$$

$$i = 1,2,\cdots,N; \quad k = 1,2,\cdots,N$$

性能指标函数为

$$J = \phi[X(t_0), t_0, X(t_f), t_f] + \frac{t_f - t_0}{2} \sum_{k=i}^{N} \omega_k L(X(\tau_k), U(\tau_k), \tau_k; t_0, t_f) \tag{6.241}$$

$$\omega_k = \frac{2}{N(N-1)} \frac{1}{[P_{N-1}(\tau_k)]^2}, \quad k = 1,\cdots,N \tag{6.242}$$

③ GPM 法。

运动方程组约束为

$$\sum_{i=0}^{N-2} D_{ki} X(\tau_i) - \frac{t_f - t_0}{2} f[X(\tau_k), U(\tau_k), \tau_k; t_0, t_f] = 0 \tag{6.243}$$

$$X(\tau_F) - X(\tau_0) - \frac{t_f - t_0}{2} \sum_{k=1}^{N-2} \omega_k f(X(\tau_k), U(\tau_k), \tau_k; t_0, t_f) = 0 \tag{6.244}$$

$$D_{ki} = \begin{cases} \dfrac{(1+\tau_k)\dot{P}_{N-2}(\tau_k) + P_{N-2}(\tau_k)}{(\tau_k - \tau_i)[(1+\tau_i)\dot{P}_{N-2}(\tau_i) + P_{N-2}(\tau_i)]}, & k \neq i \\[3mm] \dfrac{(1+\tau_i)\ddot{P}_{N-2}(\tau_i) + 2\dot{P}_{N-2}(\tau_i)}{2[(1+\tau_i)\dot{P}_{N-2}(\tau_i) + P_{N-2}(\tau_i)]}, & k = i \end{cases} \tag{6.245}$$

$$i = 0,1,\cdots,N-2; \quad k = 1,2,\cdots,N-2$$

性能指标函数为

$$J = \phi[X(t_0), t_0, X(t_f), t_f] + \frac{t_f - t_0}{2} \sum_{k=i}^{N-2} \omega_k L[X(\tau_k), U(\tau_k), \tau_k; t_0, t_f] \tag{6.246}$$

$$\omega_k = \frac{2}{(1-\tau_k^2)[\dot{P}_{N-2}(\tau_k)]^2}, \quad k = 1,2,\cdots,N-2 \tag{6.247}$$

④ RPM 法。

运动方程组约束为

$$\sum_{i=0}^{N-1} D_{ki} X(\tau_i) - \frac{t_f - t_0}{2} f[X(\tau_k), U(\tau_k), \tau_k; t_0, t_f] = 0 \quad (6.248)$$

$$D_{ki} = \begin{cases} \dfrac{\dot{q}(\tau_k)}{(\tau_k - \tau_i)\dot{q}(\tau_i)}, & k \neq i \\ \dfrac{\ddot{q}(\tau_i)}{2\dot{q}(\tau_i)}, & k = i, k = i \end{cases} \quad (6.249)$$

$$q(\tau_i) = (1 + \tau_i)[P_{N-1}(\tau_i) - P_{N-2}(\tau_i)], \quad i = 0, 1, \cdots, N-1; k = 1, 2, \cdots, N-1 \quad (6.250)$$

性能指标函数为

$$J = \phi[X(t_0), t_0, X(t_f), t_f] + \frac{t_f - t_0}{2} \sum_{k=1}^{N-1} \omega_k L[X(\tau_k), U(\tau_k), \tau_k; t_0, t_f] \quad (6.251)$$

$$\begin{cases} \omega_k = \dfrac{2}{(N-1)^2} \\ \omega_k = \dfrac{2}{(1-\tau_k)[\dot{P}_{N-2}(\tau_k)]^2}, & k = 2, 3, \cdots, N-1 \end{cases} \quad (6.252)$$

最近,关于伪谱法的大量研究表明,伪谱法相对于配点法具有参数较少和计算精度较高等优势。伪谱法以其较少的参数、较高的计算精度、指数级的收敛速度以及在一定条件下实现了直接法与间接法结果相统一等优势,被认为在实际系统中具有实时最优控制(例如飞行器在线轨迹优化)应用的潜力。

(6)直接法小结

上面从仅离散控制变量、仅离散状态变量及同时离散控制和状态变量的角度介绍了 5 种直接法,其中应用较多的是直接打靶法和配点法,微分包含法和动态逆方法具有一定的局限性,伪谱法是近年来发展迅速的一种方法。在此,主要对直接打靶法和配点法所代表的传统直接法以及伪谱法的特点进行小结。

① 传统直接法的特点。传统直接法比间接法更早出现,但受到计算工具的限制而发展缓慢,近年来随着计算机技术的迅速发展和工业应用,尤其是航空航天领域的强烈需求,传统直接法才有了较快的发展。传统直接法目前已广泛应用于各种飞行器的轨迹优化设计中。

传统直接法的优点为:

1)不需要推导一阶最优性条件;

2)收敛域相对间接法较宽,对初值估计精度要求不高;

3)不需要给出毫无物理意义的协态变量初值估计;

4)通用性好,不需要对系统内部状态有深刻理解。

由于参数优化问题交给 NLP 求解器解决,因此直接法求解问题时,几乎可以等价为对问题的数学描述过程。

传统直接法的缺点为:

1)不提供协态变量信息,不能保证所获得的非线性规划解是原最优控制问题的解;

2)将控制变量参数化的直接法容易收敛到局部最优解,即依赖于初始猜测值。

特别是对于高超声速飞行器的轨迹优化,其飞行轨迹对控制参数非常敏感,传统的直接法很难给定合理的初值。由于一些智能优化方法(例如遗传算法、蚁群算法、粒子集群算法等)具有全局寻优能力,国内外已有许多利用这些算法求解NLP的应用。但这些算法在处理大规模参数的时候,计算量都非常庞大,运算速度很慢,而且不一定绝对收敛。

②伪谱法的特点。伪谱法属于直接法的一类,但不同于传统的直接法。伪谱法转化后的NLP的Karush-Kuhn-Tucker(KKT)条件,在一定条件下与离散的哈密尔顿边值问题的一阶最优性条件具有一致性,且能估算出原最优控制问题的协态变量,从而避免了传统直接法无法提供协态信息的不足。对于光滑问题,伪谱法能通过较少的节点获得较高精度的解且有快速的收敛性。对于非光滑问题和大型复杂问题,可将问题划分成若干个单元,每个单元采用阶数相对较低的多项式去近似,同时划分的单元数和插值的多项式阶数可采用自适应的方法(hp自适应)确定,这样既能提高求解快速性,同时也不失高精度。

3. 其他方法

本小节介绍动态规划方法、滚动时域优化方法和快速探索随机树方法等3种非典型的轨迹优化方法。

(1) 动态规划方法

动态规划(dynamic programming)是运筹学的一个分支,是求解决策过程最优化的数学方法。20世纪50年代初,美国数学家R·E·贝尔曼(R. E. Bellman)等人在研究多段决策过程的优化问题时,把多段决策过程转化为一系列相对简单的单段决策,将全局最优解问题分解为各单段决策最优解集合的子问题,大大简化了求解过程。这就是著名的贝尔曼最优性原理:一个最优策略的子策略总是最优的。

动态规划诞生以来,在经济生产、工程技术和最优控制等方面得到了广泛的应用。例如最短路线、资源分配等问题,用动态规划方法比用其他方法求解更为方便。而对于轨迹优化问题(例如最短飞行路径或最短时间到达问题),当采用最优控制建模后,也可以利用动态规划方法求解。虽然,动态规划主要用于求解以时间划分阶段的动态过程的优化问题,但是一些与时间无关的静态规划,只要人为地引进时间因素,把它视为多阶段决策过程,也可以用动态规划方法方便地求解,并且这里的参考变量也不一定是时间。例如,对于无动力滑翔再入问题,参考变量也可以是总机械能或者再入速度(在大气稠密的平衡滑翔阶段)等。

动态规划方法是求解最优控制问题的一种思想、一种系统方法,而不是一种特殊算法。它不像最速下降法、牛顿法、BFGS等那些数值搜索算法那样,具有一个标准的数学表达式和明确清晰的求解方法。与间接法类似,动态规划程序设计往往是针对不同问题的。由于最优性能指标形式和约束条件各不相同,动态规划的设计方法和求解过程也各具特色,而不存在一种普适的动态规划算法。

动态规划方法的优点是计算原理简单,精确度相对较高,有严格的理论支撑。贝尔曼提出的动态规划,以Hamilton-Jacobi方式发展了经典变分法,可以解决比常微分方程所描述的更具一般性的最优控制问题,并且对于连续系统,给出了一个偏微分方程表示的充分条件。动态规划方法最大的不足,正如贝尔曼所说,是"维数灾难"现象。动态规划将原来具有指数级复杂度的搜索算法改进成了具有多项式时间的算法。其中的关键在于解决冗余,这是动态规划算法的根本目的。动态规划实质上是一种以空间换时间的技术,在实现的过程中,不得不存储过程中产生的大量的各种状态参数。另外,离散格式的选择无统一的标准,离散化程度会影响计算速度和精度。

（2）滚动时域优化方法

滚动时域（receding horizon）优化的思想来源于模型预测控制。预测控制是针对传统最优控制在工业化过程中的不适用性而提出的一种优化控制方法，其重要思想是利用滚动的有限时段优化取代一成不变的全局优化。

将预测控制思想引入到飞行器轨迹优化设计时，还需要考虑终端价值函数最优。因此，在应用滚动时域优化时，还必须解决剩余时间价值函数（cost-to-go function）的描述问题。一般的方法是采用某种近似模型来描述该函数。实际轨迹优化问题往往存在一定程度的不确定性，比如，飞行器到达目的地之前，或许目标已发生变化（例如 RLV 返回着陆前，目标着陆场因为天气等原因会更换），且环境参数的详细信息也很难预先准确获知。同时，轨迹越长，不确定性就越大。滚动优化可以在有限时段内优化轨迹，因此在应对不确定性问题上具有优势，同时有利于实现轨迹的实时规划。

目前，该方法主要用于低空无人飞行器的轨迹规划，如地形跟踪飞行器的二维或三维轨迹实时规划，以及在预先已知的威胁、地形等信息或任务目标改变的情况下，飞行器轨迹需在线重新规划等。将该方法与动态规划等离线优化方法相结合，可实现实时轨迹规划。

（3）快速探索随机树方法

快速探索随机树（rapidly-exploring random tree，RRT）方法是拉维勒（LaValle）于 1998 年提出的一种路径规划算法。该方法的基本原理为：建立两个状态树，一个以初始状态为起点，向前积分；另一个以目标（终端）状态为起点，向后积分。状态树每一步增长过程都是对飞行器运动方程组进行前向或后向积分。相应的控制变量，由使这两个状态树以更快的速度接近的 RRT 算法决定。一旦两个状态树接近到一定的空间距离，就可连接起来作为一条可行轨迹。RRT 方法的基本原理如图 6.21 所示。

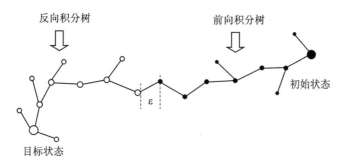

图 6.21　RRT 方法基本原理

快速探索随机树方法的最显著优点就是能够自动满足状态变量和控制变量的空间约束。因为控制变量是由 RRT 算法在各种控制约束对应的空间中计算出来的，同时超过状态变量约束的状态树分支会自动去除。但是，该方法的随机特性是我们不期望的，尤其对于在线轨迹优化问题，可能在一个特定时间区间内，随机过程无法获得可行的轨迹，且当问题规模增大时，其难度急剧增加。该方法的最大困难是，对于那些复杂动力学系统，如何确定性能较好的收敛标准（metric）。例如 X-33 飞行器再入问题中的归一化速度和航迹倾角这两个状态变量，如果不知道如何从每一个状态变量将飞行器控制到目标点，就很难判断哪一个状态更接近目标。该问题与全部状态轨迹设计是等价的。此外，该方法应用于飞行器轨迹规划，得到的解不一定是最优解，但是，是可行解或者是可行解的集合。

快速探索随机树方法在解决轨迹优化问题中,表现出了很好的应用前景,尤其是飞行器区域规避轨迹优化问题,例如再入轨迹优化中的地理禁飞区规避。该方法曾被应用于 X-33 飞行器再入轨迹设计,获得了多条满足各种约束的轨迹的可行解。

6.5　临近空间高超声速飞行器末制导律设计

制导是指按照一定的规律将飞行器从空间某点导引到目标点,其所遵从的规律即为制导律。制导律设计的目的是使飞行器在不违背各种约束的情况下,将飞行器导引到指定的位置,并满足终端要求。对于临近空间滑翔高超声速飞行器整个飞行过程来说,再入段是一个非常严峻的阶段,因此再入段的制导律设计是本章关注的重点。

一般来说,助推滑翔式高超声速飞行器在主动段及滑翔段采用方案飞行航迹,可以不考虑制导律对航迹的修正。高超声速飞行器在进入俯冲攻击段之后进入末制导段,因此这里仅考虑末制导阶段的制导律设计问题。当飞行器滑翔到适当的交接班条件时,转而进入末制导阶段,飞行器将由导航、制导及控制系统控制其飞行轨迹,通过气动力作为控制力来控制器飞行器姿态,实施精确打击。作为飞行的最后阶段,精确制导技术直接决定了整个作战任务的成败。为了更好地确定飞行器的作战能力,有必要对末制导的制导方式开展研究。基于此,本章重点介绍高超声速飞行器的最优导引律的设计方法。

6.5.1　运动方程

1. 几个相关的坐标系

(1) 目标坐标系 O_0-xyz,简记为 O

该坐标系的原点在目标处,取目标处的地理坐标系为目标坐标系 O_0-xyz。因为高超声速飞行器末制导阶段飞行时间短,可以认为地球为不旋转的圆球,认为目标为固定点,则该坐标系为惯性系。O_0y 在目标与地球球心的连线上,指向目标为正,O_0x 在当地水平面内指向弹头为正,O_0z 与 O_0x 和 O_0y 构成右手直角坐标系。

(2) 视线坐标系 $O_0-\xi\eta\zeta$,简记为 S

该坐标系的原点也在目标处,$O_0\xi$ 轴由目标指向飞行器质心,$O_0\zeta$ 轴在目标当地水平面内,即在 O_0-xz 平面内,且与 $O_0\xi$ 轴垂直,向右为正,$O_0\eta$ 轴与 $O_0\xi$、$O_0\zeta$ 轴组成右手直角坐标系。该坐标系也称导引坐标系。

(3) 地心坐标系 O_E-XYZ,简记 E

同前面定义的坐标系相同,只是 O_EX_E 在赤道平面内指向过目标的子午线与赤道平面的交点。

讨论中还用到半速度坐标系、速度坐标系、地理坐标系和机体坐标系,其定义和简记的符号分别为 H、V、T 和 B。

2. 坐标系间的方向余弦阵

(1) 目标坐标系与视线坐标系之间的方向余弦阵 S_o。

如图 6.22 所示,定义视线角 λ_D 和 λ_T。λ_T 是视线 $O_0\xi$ 在地平面上的投影与 O_0x 之间的夹角,也称方位角。λ_D 是视线 $O_0\xi$ 与地平面之间的夹角,也称高低角。视线坐标系是目标坐

标系按 2-3-1 的次序转动两次得到的坐标系,故

$$\begin{pmatrix} O_o\xi \\ O_o\eta \\ O_o\zeta \end{pmatrix} = \boldsymbol{S}_o \begin{pmatrix} O_ox \\ O_oy \\ O_oz \end{pmatrix} \tag{6.253}$$

$$\begin{pmatrix} O_o\xi \\ O_o\eta \\ O_o\zeta \end{pmatrix} = \boldsymbol{S}_o \begin{pmatrix} \cos\lambda_D\cos\lambda_T & \sin\lambda_D & -\cos\lambda_D\sin\lambda_T \\ -\sin\lambda_D\cos\lambda_T & \cos\lambda_D & \sin\lambda_D\sin\lambda_T \\ \sin\lambda_T & 0 & \cos\lambda_T \end{pmatrix} \tag{6.254}$$

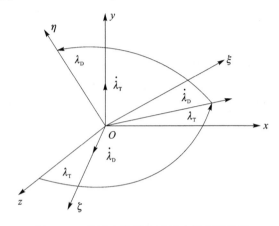

图 6.22　导引坐标系和目标坐标系的关系

(2) 半速度坐标系和目标坐标系之间的方向余弦阵 $\boldsymbol{H}$。

原则上讲,其方向余弦阵同半速度坐标系与地理坐标系 H_T;相同地,只是地理坐标系为动坐标系,目标坐标系为惯性坐标系。

$$\begin{pmatrix} x_h^0 \\ y_h^0 \\ z_h^0 \end{pmatrix} = \boldsymbol{H}_o \begin{pmatrix} x^0 \\ y^0 \\ z^0 \end{pmatrix} \tag{6.255}$$

$$\boldsymbol{H}_o = \begin{pmatrix} \cos\sigma\cos\theta & \sin\theta & -\sin\sigma\cos\theta \\ -\cos\sigma\sin\theta & \cos\theta & \sin\sigma\sin\theta \\ \sin\sigma & 0 & \cos\sigma \end{pmatrix} \tag{6.256}$$

(3) 地心坐标系和目标坐标系之间的方向余弦阵 E。

$$\begin{pmatrix} O_EX \\ O_EY \\ O_EZ \end{pmatrix} = \boldsymbol{E}_o \begin{pmatrix} O_ox \\ O_oy \\ O_oz \end{pmatrix} \tag{6.257}$$

$$\boldsymbol{E}_o = \begin{pmatrix} -\sin\Phi_0 & \cos\Phi_0 & 0 \\ 0 & 0 & 1 \\ \cos\Phi_0 & \sin\Phi_0 & 0 \end{pmatrix} \tag{6.258}$$

（4）目标坐标系和地理坐标系之间的方向余弦阵 T。

$$\begin{pmatrix} x_T^0 \\ y_T^0 \\ z_T^0 \end{pmatrix} = \boldsymbol{T}_\circ \begin{pmatrix} x^0 \\ y^0 \\ z^0 \end{pmatrix} \tag{6.259}$$

$$\boldsymbol{T}_\circ = \begin{pmatrix} -\sin\phi_0\cos A_0 & \cos\phi_0 & \sin\phi_0\sin A_0 \\ \sin A_0 & 0 & \cos A_0 \\ \cos\phi_0\cos A_0 & \sin\phi_0 & -\cos\phi_0\sin A_0 \end{pmatrix} \tag{6.260}$$

3. 质心运动方程

（1）在半速度坐标系列写运动方程

设地球为不旋转的圆球，故目标坐标系为惯性坐标系。将质心动力学方程投影到半速度坐标系 $O_1 - x_hy_hz_h$。在三自由度航迹仿真中，设速度坐标系与半速度坐标系重合，即倾侧角 $v=0$，速度坐标系与目标坐标系按 $2-3-1$ 的次序旋转。不考虑姿态发动机的推力，气动系数用平衡气动力系数，可得质心运动方程为

$$\begin{cases} \dfrac{dv}{dt} = \dfrac{R_{xh}}{m} + g_{xh} \\[2mm] \dfrac{d\theta}{dt} = \dfrac{R_{yh}}{mv} + g_{yh}/v \\[2mm] \dfrac{d\sigma}{dt} = -\dfrac{R_{zh}}{mv\cos\theta} - \dfrac{g_{zh}}{v\cos\theta} \\[2mm] \dfrac{dx}{dt} = v\cos\theta\sin\sigma \\[2mm] \dfrac{dy}{dt} = v\sin\theta \\[2mm] \dfrac{dz}{dt} = -v\cos\theta\sin\sigma \end{cases} \tag{6.261}$$

上式中，R_{xh}，R_{yh}，R_{zh} 为空气动力在半速度坐标系中投影，g_{xh}，g_{yh}，g_{zh} 为引力加速度在半速度坐标系中投影

$$\begin{pmatrix} R_{xh} \\ R_{yh} \\ R_{zh} \end{pmatrix} = \begin{bmatrix} D \\ L \\ Z \end{bmatrix} = \begin{bmatrix} C_x \\ C_y \\ C_z \end{bmatrix} qS \tag{6.262}$$

$$\begin{pmatrix} g_{xh} \\ g_{yh} \\ g_{zh} \end{pmatrix} = \boldsymbol{H}_0 \begin{bmatrix} x \\ y+R_0 \\ z \end{bmatrix} \left(-\dfrac{\mu}{r^3} \right) \tag{6.263}$$

（2）几个辅助关系

经度和纬度的确定，即

$$\begin{cases} \varPhi = \arcsin\left(\dfrac{x\cos\varPhi_0}{r} + \dfrac{(y+R_0)\sin\varPhi_0}{r} \right) \\[3mm] \lambda = \lambda_0 + \arctan\left(\dfrac{x}{y} \right) \end{cases} \tag{6.264}$$

$$r = \sqrt{x^2 + (y + R_0)^2 + z^2} \tag{6.265}$$

地理坐标系的速度倾角和航迹偏航角为

$$\theta_T = \arctan\left(\frac{v_{Ty}}{\sqrt{v_{Tz}^2 + v_{Tx}^2}}\right) \tag{6.266}$$

$$\sigma_T = \arctan\left(-\frac{v_{Tz}}{v_{Tx}}\right) \tag{6.267}$$

$$\begin{pmatrix} v_{Tx} \\ v_{Ty} \\ v_{Tz} \end{pmatrix} = \boldsymbol{T}_0 \begin{pmatrix} v_x \\ v_y \\ v_z \end{pmatrix} \tag{6.268}$$

式(6.261)共有六个微分方程,其中前三个用来确定再入飞行器质心运动速度的大小和方向,后三个用来确定质心的坐标,辅助关系用来确定几个需要的量。

但式(6.261)是将速度坐标系按 2 - 3 - 1 次序由目标坐标系转动两次得到的。由前述可知,在接近目标时要求 θ 接近 90°,式(6.261)第三式出现分母为零的情况。为避免此现象,可按 3 - 2 - 1 转动次序得到速度坐标系,式(6.261)可改写为

$$\begin{cases} \dot{v} = (R_{xh}/m) + g_{xh} \\ \dot{\theta} = \dfrac{R_{yh}}{mv\cos\sigma} + g_{yh}/v\cos\sigma \\ \dot{\sigma} = -\dfrac{R_{zh}}{mv\cos\theta} - \dfrac{g_{zh}}{v\cos\theta} \\ \dot{x} = v\cos\theta\cos\sigma \\ \dot{y} = v\sin\theta\cos\sigma \\ \dot{z} = -v\sin\sigma \end{cases} \tag{6.269}$$

其余的关系类似。

但要求解式(6.269),需知 α,β 的变化规律。故实际求解飞行器再入的质心运动时,还需补充决定 α,β 大小的导引方程。

4. 导引方程

速度方向控制既要保证在无干扰情况下命中目标,又要保证末速有一定的方向,即应该由导引方程来确定所需要的 α,β 的变化规律,以便确定航迹。

关于从优化原理得到导引方程将在下一小节讨论,现仅把结果写出来。

为了命中目标和控制末速在确定的方向上,速度方向的变化率在视线坐标系 $O_0\xi\eta\zeta$ 内应满足

$$\begin{cases} \dot{\gamma}_D = K_{GD}\dot{\lambda}_D + K_{LD}(\lambda_D + \gamma_{DF})/T_g \\ \dot{\gamma}_T = K_{GT}\dot{\lambda}_T\cos\lambda_D \end{cases} \tag{6.270}$$

其中,K_{GD},K_{LD} 和 K_{GT} 是由优化原理推导出的有关常数;γ_{DF} 是末端所要求的速度倾角;$\dot{\gamma}_T$,$\dot{\gamma}_D$ 分别是高超声速飞行器再入速度方向转动绝对角速度在视线坐标系 η 和 ζ 轴上的投影。

而

$$\begin{cases} \lambda_D = \arctan\left(\dfrac{y}{\sqrt{x^2+z^2}}\right) \\ \lambda_T = \arctan\left(-\dfrac{z}{x}\right) \end{cases} \tag{6.271}$$

$$\begin{cases} \dot\lambda_D = v_\eta/\rho \\ \dot\lambda_T = -v_\zeta/(\rho\cos\lambda_D) \end{cases} \tag{6.272}$$

$$T_g = \rho/v_\xi \tag{6.273}$$

$$\rho = \sqrt{x^2+y^2+z^2} \tag{6.274}$$

其中，v_ξ,v_η,v_ζ 为速度在视线坐标系各轴上的投影，即

$$\begin{pmatrix} v_\xi \\ v_\eta \\ v_\zeta \end{pmatrix} = \boldsymbol{S}_o \begin{pmatrix} v_x \\ v_y \\ v_z \end{pmatrix} \tag{6.275}$$

当已知$(x，y，z)$和$(v_x，v_y，v_z)$时，可用式(6.271)～式(6.275)确定 $\lambda_D,\lambda_T,\dot\lambda_D$ 和 $\dot\lambda_T$，再利用式(6.270)即可确定导引规律所要求的 $\dot\gamma_T$ 和 $\dot\gamma_D$。

$\dot\theta,\dot\sigma$ 和 $\dot\gamma_T,\dot\gamma_D$ 关系为

$$\begin{pmatrix} \gamma_\xi \\ \gamma_\eta \\ \gamma_\zeta \end{pmatrix} = \boldsymbol{S}_o \begin{pmatrix} -\dot\theta\sin\sigma \\ \dot\sigma \\ -\dot\theta\cos\sigma \end{pmatrix} \tag{6.276}$$

式(6.276)中$\dot\theta$前面负号是因为速度方向由质心指向目标所引起。将$\boldsymbol{S}_o$代入式(6.276)可以得

$$\begin{cases} \dot\gamma_D = -\dot\theta\cos(\lambda_T-\sigma) \\ \dot\gamma_T = \dot\sigma\cos\lambda_D - \dot\theta\sin(\lambda_T-\sigma)\sin\lambda_D \end{cases} \tag{6.277}$$

解上式可得

$$\begin{cases} \dot\theta = \dfrac{-\dot\gamma_D}{\cos(\lambda_T-\sigma)} \\ \dot\sigma = \dfrac{1}{\cos\lambda_D}[\dot\gamma_T - \dot\gamma_D\tan(\lambda_T-\sigma)\sin\lambda_D] \end{cases} \tag{6.278}$$

当已知$\dot\lambda_D$和$\dot\lambda_T$，由式(6.278)可求出$\dot\theta,\dot\sigma$，再利用式(6.262)可求出R_{yh},R_{zh}，即可求出C_y和C_x，在α,β较小时利用$C_y=C_y^\alpha\alpha,C_z=C_z^\beta\beta$可求出需要的$\alpha,\beta$。若$\alpha,\beta$较大，则要利用$C_y,C_x$及$Ma$数反查$\alpha,\beta$。

6.5.2　最优导引律设计

1. 相对运动方程

为了简化问题，以目标和高超声速飞行器质心为基准，将运动分解为俯仰平面和转弯平面，如图6.23所示。俯仰平面定义为飞行器质心M和目标O及地心O_E所确定的平面，转弯

平面定义为过目标和飞行器质心而垂直于俯冲平面的平面。如图 6.23 所示，$\boldsymbol{v}$ 为速度矢量，γ_D 为速度在俯冲平面内的方位角，λ_D 为视线角，η_D 为速度方向与视线间的夹角，ρ 为视线距离。

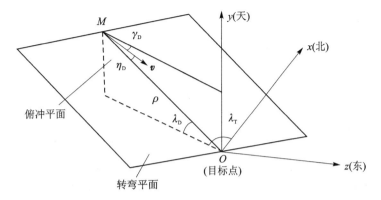

图 6.23　高超声速飞行器再入俯冲平面和转弯平面示意图

基于高超声速飞行器运动和控制的特点，转弯平面内的运动参数可视为小量，在确定末段导引规律时，可将俯冲平面和转弯平面的运动分开研究。若不考虑飞行器的侧向运动，则俯冲平面内航迹运动方程描述为

$$\begin{cases} \dfrac{\mathrm{d}v}{\mathrm{d}t} = \dfrac{-D}{m} - g\sin\gamma \\[2mm] \dfrac{\mathrm{d}\gamma}{\mathrm{d}t} = \dfrac{L\cos\sigma}{mv} - \dfrac{g\cos\gamma}{v} \\[2mm] \dfrac{\mathrm{d}\rho}{\mathrm{d}t} = v\cos\gamma \\[2mm] \dfrac{\mathrm{d}y}{\mathrm{d}t} = v\sin\gamma \end{cases} \tag{6.279}$$

设 v 在俯冲平面内，如图 6.23 所示，$\gamma_D < 0$，则

$$\eta_D = \gamma_D + \lambda_D \tag{6.280}$$

由图 6.23 可知

$$\begin{cases} \dot\rho = -v\cos\eta_D \\[2mm] \rho\dot\lambda_D = v\sin\eta_D \end{cases} \tag{6.281}$$

对于式(6.281)中第二式，两边对时间 t 求导，并将式(6.279)和式(6.280)代入，可得俯冲平面内的相对运动方程为

$$\ddot\lambda_D = \left(\dfrac{\dot v}{v} - \dfrac{2\dot\rho}{\rho}\right)\dot\lambda_D - \dfrac{\dot\rho}{\rho}\dot\gamma_D \tag{6.282}$$

同理，令

$$\eta_T = \lambda_{TT} - \gamma_T \tag{}$$

η_T 为速度矢量在转弯平面内与俯冲平面的夹角，γ_T 为速度在转弯平面内的方向角，λ_{TT} 为视线角，此处的视线角为在转弯平面内的视线角，与前面定义的视线角有区别。类似式(6.281)可知

$$\begin{cases} \dot\rho = -v\cos\eta_T \\[2mm] \rho\dot\lambda_{TT} = v\sin\eta_T \end{cases} \tag{6.283}$$

同俯冲平面内运动方程的推导,可得到在转弯平面内运动方程为

$$\ddot{\lambda}_{TT} = \left(\frac{\dot{v}}{v} - \frac{2\dot{\rho}}{\rho}\right)\dot{\lambda}_{TT} + \frac{\dot{\rho}}{\rho}\dot{\gamma}_T \tag{6.284}$$

综上所述,可得再入机动弹头相对运动方程为

$$\begin{cases} \ddot{\lambda}_D = \left(\dfrac{\dot{v}}{v} - \dfrac{2\dot{\rho}}{\rho}\right)\dot{\lambda}_D - \dfrac{\dot{\rho}}{\rho}\dot{\gamma}_D \\ \ddot{\lambda}_{TT} = \left(\dfrac{\dot{v}}{v} - \dfrac{2\dot{\rho}}{\rho}\right)\dot{\lambda}_{TT} + \dfrac{\dot{\rho}}{\rho}\dot{\gamma}_T \end{cases} \tag{6.285}$$

2. 俯冲平面内最优导引控制规律

高超声速飞行器再入的最优导引规律是终端有约束的最优导引规律,其终端约束条件包括再入飞行器的落地倾角和落地速度大小(或者是某一高度上的速度倾角和速度大小)。因为要打到目标点,对射程也是有要求的。为简化研究,把速度大小和速度方向的控制分开进行。速度大小的控制在后面讨论,本小节研究的最优导引规律是对落地速度倾角有约束,对固定目标进行攻击的机动弹头导引规律。

如前所述,俯冲平面内的相对运动方程描述为

$$\ddot{\lambda}_D = \left(\frac{\dot{v}}{v} - \frac{2\dot{\rho}}{\rho}\right)\dot{\lambda}_D - \frac{\dot{\rho}}{\rho}\dot{\gamma}_D \tag{6.286}$$

终端约束取视线角与要求的速度倾角相等,且视线转率等于零,即

$$\begin{cases} \lambda_D(t_f) = -\gamma_{DF} \\ \dot{\lambda}_D(t_f) = 0 \end{cases} \tag{6.287}$$

该条件可保证落地时的速度倾角等于要求的落地倾角。记

$$\begin{cases} x_1 = \lambda_D + \gamma_{DF} \\ x_2 = \dot{\lambda}_D \end{cases} \tag{6.288}$$

可得状态方程为

$$\begin{cases} \dot{x}_1 = x_2 \\ \dot{x}_2 = \left(\dfrac{\dot{v}}{v} - \dfrac{2\dot{\rho}}{\rho}\right)x_2 - \dfrac{\dot{\rho}}{\rho}\dot{\gamma}_D \end{cases} \tag{6.289}$$

终端约束条件表达式(6.288)变成

$$\begin{cases} x_1(t_f) = 0 \\ x_2(t_f) = 0 \end{cases} \tag{6.290}$$

在研究导引规律时,一般假定$\frac{\dot{v}}{v} = 0$,且定义

$$T_g = -\frac{\rho}{\dot{\rho}} \tag{6.291}$$

为什么要假定$\frac{\dot{v}}{v} = 0$呢？因为不这样假设,得不到显式解,不便于分析,且导引控制为闭路控制,这样假定也是允许的。此时状态方程简化为

$$\begin{cases} \dot{x}_1 = x_2 \\ \dot{x}_2 = \dfrac{2}{T_g}x_2 - \dfrac{1}{T_g}\dot{\gamma}_D \end{cases} \tag{6.292}$$

记

$$\begin{cases} \boldsymbol{A} = \begin{pmatrix} 0 & 1 \\ 0 & \dfrac{2}{T_g} \end{pmatrix} \\[4mm] \boldsymbol{B} = \begin{pmatrix} 0 \\ \dfrac{1}{T_g} \end{pmatrix} \\[4mm] \boldsymbol{x} = (x_1, x_2)^{\mathrm{T}} \\[2mm] \boldsymbol{u} = \dot{\gamma}_{\mathrm{D}} \end{cases} \tag{6.293}$$

则状态方程改写为

$$\begin{cases} \dot{\boldsymbol{x}} = \boldsymbol{A}\boldsymbol{x} + \boldsymbol{B}\boldsymbol{u} \\ \boldsymbol{x}(t_f) = 0 \end{cases} \tag{6.294}$$

式中，t_f 为 $\rho = \rho_f$ 时的时间，ρ_f 为不等于零的小量。

这是一个变系数非齐次线性微分方程组，其中 $\boldsymbol{x}$ 为状态变量，$\boldsymbol{u}$ 为控制变量。

终端约束条件是射程一定时对落地速度倾角的要求，而性能指标是什么呢？因为机动弹头不仅对落角有要求，而且对落速大小也有要求，因此在最优导引规律研究中应该使速度损失尽量小，以便有富余速度用来减速，否则满足了落速较小时的要求，但要求落速较大时，便不能满足要求了。落速的大小主要取决于诱导阻力的大小，而诱导阻力的大小又近似与 α^2 成正比，而迎角 α 又近似与 $\dot{\gamma}_{\mathrm{D}}$ 的大小成正比，所以速度损失要小，即要求 $\int_0^{t_f} \dot{\gamma}_{\mathrm{D}}^2 \mathrm{d}t$ 要小，所以求最优再入机动导引规律的性能指标可选取为

$$J = \boldsymbol{x}^{\mathrm{T}}(t_f)\boldsymbol{F}\boldsymbol{x}(t_f) + \frac{1}{2}\int_0^{t_f}\dot{\gamma}_{\mathrm{D}}^2 \mathrm{d}t \tag{6.295}$$

其中，$\boldsymbol{x}^{\mathrm{T}}(t_f)\boldsymbol{F}\boldsymbol{x}(t_f)$ 称为补偿函数，$\boldsymbol{F}$ 为一个对称半正定常值矩阵。因为要求终端时刻 $\boldsymbol{x}(t_f)=0$，故 $\boldsymbol{F} \to \infty$。

这是一个典型的二次型性能指标的最优控制问题。

根据极大值原理，线性系统二次型性能指标的最优控制为

$$\boldsymbol{u}^* = -\boldsymbol{R}^{-1}\boldsymbol{B}^{\mathrm{T}}\boldsymbol{P}\boldsymbol{x} \tag{6.296}$$

性能指标为式（6.295）时，$\boldsymbol{R}=1$，$\boldsymbol{u}^* = \dot{\gamma}_{\mathrm{D}}$。于是得

$$\dot{\gamma}_{\mathrm{D}} = -\boldsymbol{B}^{\mathrm{T}}\boldsymbol{P}\boldsymbol{x} \tag{6.297}$$

式中，$\boldsymbol{P}$ 可由逆黎卡提矩阵微分方程得到

$$\begin{cases} \dot{\boldsymbol{P}}^{-1} - \boldsymbol{A}\boldsymbol{P}^{-1} - \boldsymbol{P}^{-1}\boldsymbol{A}^{\mathrm{T}} + \boldsymbol{B}\boldsymbol{B}^{\mathrm{T}} = 0 \\ \boldsymbol{P}^{-1}(t_f) = \boldsymbol{F}^{-1} = 0 \end{cases} \tag{6.298}$$

为书写方便，令 $\boldsymbol{E} = \boldsymbol{P}^{-1}$，则上式改写成

$$\begin{cases} \dot{\boldsymbol{E}} - \boldsymbol{A}\boldsymbol{E} - \boldsymbol{E}\boldsymbol{A}^{\mathrm{T}} + \boldsymbol{B}\boldsymbol{B}^{\mathrm{T}} = 0 \\ \boldsymbol{E}(t_f) = 0 \end{cases} \tag{6.299}$$

将式（6.299）展开可以得到

$$\begin{pmatrix} \dot{E}_{11} & \dot{E}_{12} \\ \dot{E}_{21} & \dot{E}_{22} \end{pmatrix} = \begin{pmatrix} 0 & 1 \\ 0 & 2/T_g \end{pmatrix} \begin{pmatrix} E_{11} & E_{12} \\ E_{21} & E_{22} \end{pmatrix} + \begin{pmatrix} E_{11} & E_{12} \\ E_{21} & E_{22} \end{pmatrix} \begin{pmatrix} 0 & 0 \\ 1 & 2/T_g \end{pmatrix} - \begin{pmatrix} 0 & 0 \\ 1 & 2/T_g^2 \end{pmatrix} \quad (6.300)$$

将式(6.300)展开可以得到

$$\begin{cases} \dot{E}_{11} = E_{12} + E_{21} \\ \dot{E}_{12} = E_{22} + 2/T_g E_{12} \\ \dot{E}_{21} = E_{22} + 2/T_g E_{21} \\ \dot{E}_{22} = 4/T_g E_{21} - 1/T_g^2 \end{cases} \quad (6.301)$$

由对称性可知,$E_{12} = E_{21}$。于是,式(6.301)可以进一步变成

$$\begin{cases} \dot{E}_{11} = 2E_{12} \\ \dot{E}_{12} = E_{22} + 2/T_g E_{12} \\ \dot{E}_{22} = 4/T_g E_{21} - 1/T_g^2 \end{cases} \quad (6.302)$$

终端条件为

$$E_{11}(t_f) = E_{12}(t_f) = E_{22}(t_f) = 0$$

因为 t_f 为 $\rho = \rho_f$ 时的时间,而 ρ_f 为给定的终端值 ρ,因不能为零,故 ρ_f 不能取为零。而

$$T_g = -\frac{\rho}{\dot{\rho}} = -\frac{\rho - \rho_f + \rho_f}{\dot{\rho}} = t_f + t + \Delta t_f = T_{gf} + \Delta t_f \quad (6.303)$$

式中

$$T_{gf} = \frac{\rho - \rho_f}{-\dot{\rho}}, \quad \Delta t_f = \frac{\rho_f}{\dot{\rho}}$$

因

$$T_g = t_f + t + \Delta t_f$$

故

$$\mathrm{d}t = -\mathrm{d}T_g$$

注意到 $\mathrm{d}t = -\mathrm{d}T_g$,积分(6.302)第三式得到

$$E_{22} = e^{4\int \frac{\mathrm{d}t}{T_g}} \left(\int -\frac{1}{T_g^2} e^{4\int \frac{\mathrm{d}t}{T_g}} \mathrm{d}t + C \right) = e^{-4\int \frac{\mathrm{d}T_g}{T_g}} \left(\int \frac{1}{T_g^2} e^{4\int \frac{\mathrm{d}t}{T_g}} \mathrm{d}T_g + C \right) = \frac{1}{T_g^4} \left(\frac{1}{3} T_g^3 + C \right)$$

$$(6.304)$$

由终端条件

$$E_{22}(t_f) = 0, \quad T_g = \Delta t_f$$

代入上式可知

$$C = -\frac{1}{3} T_f^3$$

$$E_{22}(t_f) = \frac{1}{3T_g} - \frac{\Delta t_f^3}{3T_g^4}$$

类似积分(6.303)第二式和第一式,且利用 $E_{11}(t_f) = E_{12}(t_f) = 0$ 得

$$E_{12} = -\frac{1}{6} - \frac{\Delta t_f^3}{3T_g^3} + \frac{\Delta t_f^2}{2T_g^2} \tag{6.305}$$

$$E_{11} = -\frac{1}{3}T_g - \frac{\Delta t_f^3}{3T_g^3} + \frac{\Delta t_f^2}{2T_g^2} - \Delta t_f \tag{6.306}$$

故得

$$E = \begin{pmatrix} -\dfrac{1}{3}T_g - \dfrac{\Delta t_f^3}{3T_g^3} + \dfrac{\Delta t_f^2}{2T_g^2} - \Delta t_f & -\dfrac{1}{6} - \dfrac{\Delta t_f^3}{3T_g^3} + \dfrac{\Delta t_f^2}{2T_g^2} \\[3mm] -\dfrac{1}{6} - \dfrac{\Delta t_f^3}{3T_g^3} + \dfrac{\Delta t_f^2}{2T_g^2} & \dfrac{1}{3T_g} - \dfrac{\Delta t_f^3}{3T_g^4} \end{pmatrix} \tag{6.307}$$

显然,当 $t = t_f$ 时

$$T_{gf} = 0, \quad T_g = \Delta t_f$$
$$E(t_f) = 0$$

满足终端条件。

$$|E| = \frac{1}{12} - \frac{\Delta t_f^3}{3T_g} + \frac{\Delta t_f^2}{2T_g^2} - \frac{\Delta t_f^3}{3T_g^3} + \frac{\Delta t_f^4}{12T_g^4} \tag{6.308}$$

当 $|E| \neq 0$,对(3.307)求逆得

$$P = \frac{1}{|E|} \begin{pmatrix} \dfrac{1}{3T_g} - \dfrac{\Delta t_f^3}{3T_g^4} & \dfrac{1}{6} + \dfrac{\Delta t_f^3}{3T_g^3} - \dfrac{\Delta t_f^2}{2T_g^2} \\[3mm] \dfrac{1}{6} + \dfrac{\Delta t_f^3}{3T_g^3} - \dfrac{\Delta t_f^2}{2T_g^2} & \dfrac{T_g}{3} - \dfrac{\Delta t_f^3}{3T_g^2} + \dfrac{\Delta t_f}{T_g} - \Delta t_f \end{pmatrix} \tag{6.309}$$

由条件 $|E| \neq 0$ 知,须 $T_{gf} \neq 0$, $T_g \neq \Delta t_f$。

若 Δt_f 为小量,P 矩阵可简化为

$$P = 12 \begin{pmatrix} \dfrac{1}{3T_g} & \dfrac{1}{6} \\[3mm] \dfrac{1}{6} & \dfrac{T_g}{3} \end{pmatrix} = \begin{pmatrix} \dfrac{4}{T_g} & 2 \\[2mm] 2 & 4T_g \end{pmatrix} \tag{6.310}$$

也可以这样近似求 P,当上述假设成立,$T_{gf} \neq 0$,Δt_f 很小,则式(6.307)可简化为

$$E = \begin{pmatrix} \dfrac{T_g}{3} & -\dfrac{1}{6} \\[3mm] -\dfrac{1}{6} & \dfrac{1}{3T_g} \end{pmatrix} \tag{6.311}$$

对上式求逆可得

$$P = E^{-1} = \begin{pmatrix} \dfrac{4}{T_g} & 2 \\[2mm] 2 & 4T_g \end{pmatrix} \tag{6.312}$$

式(6.307)是 E 矩阵的完整表达式,而式(6.311)是近似表达式。近似表达式不能在 $t = t_f$ 时满足 $E_{11}(t_f) = E_{12}(t_f) = E_{22}(t_f) = 0$ 的条件。

将 P 矩阵代入式(6.297)得

$$\dot{\gamma}_D = -B^T P x = -\begin{pmatrix} 0 & \dfrac{1}{T_g} \end{pmatrix} \begin{pmatrix} \dfrac{4}{T_g} & 2 \\[2mm] 2 & 4T_g \end{pmatrix} \begin{pmatrix} \gamma_{DF} + \lambda_D \\[2mm] \dot{\lambda}_D \end{pmatrix} \tag{6.313}$$

即

$$\dot{\gamma}_D = -4\dot{\lambda}_D - 2\frac{\lambda_D + \gamma_{DF}}{T_g} \tag{6.314}$$

式(6.314)为再入飞行器在俯冲平面内的最优再入机动导引律。从式(6.314)可看出，为了命中目标，且速度损失小，最优导引规律相当于比例导航参数为 4 的比例导引。因为终端有约束，它增加了终端约束项，以保证命中点处落速方向满足要求。

3. 转弯平面内的最优导引控制规律

滑翔再入飞行器在转弯平面内的运动方程如式(6.286)所示，即

$$\ddot{\lambda}_{TT} = \left(\frac{\dot{v}}{v} - \frac{2\dot{\rho}}{\rho}\right)\dot{\lambda}_{TT} + \frac{\dot{\rho}}{\rho}\dot{\gamma}_T \tag{6.315}$$

类似俯冲平面内最优导引规律的假设，仍假设 $\frac{\dot{v}}{v} = 0$，且定义 $T_g = -\frac{\rho}{\dot{\rho}}(\dot{\rho} \neq 0)$，式(6.315)可以进一步简化为

$$\ddot{\lambda}_{TT} = \frac{2}{T_g}\dot{\lambda}_{TT} - \frac{1}{T_g}\dot{\gamma}_T \tag{6.316}$$

假设在命中目标时，仅要求 $\dot{\lambda}_{TT}(t_f) = 0$，而对 $\lambda_{TT}(t_f)$ 无要求，这是因为只要求落速方向为了 γ_{DF}，但沿什么方向进入没要求，故 $\lambda_{TT}(t_f)$ 是自由的。取状态变量 $x = \dot{\lambda}_{TT}$，$u = \dot{\gamma}_T$ 可得状态方程

$$\begin{aligned}\dot{x} &= Ax + Bu \\ x(t_f) &= 0\end{aligned} \tag{6.317}$$

式中

$$A = \frac{2}{T_g}, \quad B = -\frac{1}{T_g} \tag{6.318}$$

将 t_f 定义为 $\rho = \rho_f$ 时的时间，而 ρ_f 为某一给定的终端值。因状态矢量是一维的，下面书写省去矢量符号。与俯冲平面内研究方法相同，取性能指标为

$$J = x^T(t_f)Fx(t_f) + \frac{1}{2}\int_0^{t_f}\dot{\gamma}_T^2 dt \tag{6.319}$$

要求 $x(t_f) = 0$。故 $F \to \infty$，可直接由二次型性能指标得最优控制为

$$\dot{\gamma}_T = -B^T Px \tag{6.320}$$

式中，P 由逆黎卡提方程

$$\dot{P}^{-1} - AP^{-1} - P^{-1}A + B^2 = 0 \tag{6.321}$$

得出。

将 A，B 代入式(6.321)得

$$\dot{P}^{-1} = \frac{4}{T_g}P^{-1} - \frac{1}{T_g^2} \tag{6.322}$$

终端条件为

$$P^{-1}(t_f) = F^{-1} = 0 \tag{6.323}$$

积分(6.322)且注意 $dT_g = -dt$，$T_g = T_{gf} + \Delta t_f$ 可得

$$P^{-1} = e^{4\int\frac{dt}{T_g}}\left(\int -\frac{1}{T_g^2}e^{4\int\frac{dt}{T_g}}dt + c\right) = \frac{1}{T_g^4}\left(\frac{1}{3}T_g^3 + C\right) \tag{6.324}$$

由 $P^{-1}(t_f)=0$ 得 $C=-\dfrac{1}{3}\Delta t_f$

$$P^{-1}=\frac{1}{3T_g}-\frac{\Delta t_f^3}{3T_g^4} \tag{6.325}$$

当 $T_{gf}\neq 0$ 时,有

$$P=(P^{-1})^{-1}=\frac{3T_g}{\left(1-\dfrac{\Delta t_f^3}{T_g^3}\right)} \tag{6.326}$$

当 $T_{gf}\neq 0$ 且 Δt_f 为小量时,有

$$P=3T_g \tag{6.327}$$

将上式代入到式(6.320)可以得到

$$\dot{\gamma}_T=3\dot{\lambda}_{TT} \tag{6.328}$$

这就是高超声速飞行器末制导攻击阶段在转弯平面内的最优导引控制规律。显然对转弯平面而言,其最优导引规律相当于比例导航参数为 3 的比例导引。

注意到

$$\dot{\lambda}_{TT}=\frac{-v_t}{\rho} \tag{6.329}$$

$$\dot{\lambda}_T=\frac{-v_t}{\rho\cos\lambda_D} \tag{6.330}$$

故

$$\dot{\lambda}_{TT}=\dot{\lambda}_T\cos\lambda_D \tag{6.331}$$

则

$$\dot{\gamma}_T=3\dot{\lambda}_{TT}=3\dot{\lambda}_T\cos\lambda_D \tag{6.332}$$

由此可知,$K_{GT}=3$。

6.5.3　速度方向控制三自由度仿真数学模型

1. 质心运动方程

$$\begin{cases}
\dfrac{dv}{dt}=\dfrac{R_{xh}}{m}+g_{xh}\\[2mm]
\dfrac{d\theta}{dt}=\dfrac{R_{yh}}{mv}+g_{yh}/v\\[2mm]
\dfrac{d\sigma}{dt}=-\dfrac{R_{zh}}{mv\cos\theta}-\dfrac{g_{zh}}{v\cos\theta}\\[2mm]
\dfrac{dx}{dt}=v\cos\theta\sin\sigma\\[2mm]
\dfrac{dy}{dt}=v\sin\theta\\[2mm]
\dfrac{dz}{dt}=-v\cos\theta\sin\sigma
\end{cases} \tag{6.333}$$

2. 导引方程

$$\dot{\gamma}_D = K_{GD}\dot{\lambda}_D + K_{LD}(\lambda_D + \gamma_{DF})/T_g$$

$$\dot{\gamma}_T = K_{GT}\dot{\lambda}_T \cos\lambda_D \tag{6.334}$$

$$\begin{cases} \lambda_D = \arctan\left(\dfrac{y}{\sqrt{x^2+z^2}}\right) \\ \lambda_T = \arctan\left(-\dfrac{z}{x}\right) \end{cases} \tag{6.335}$$

$$\begin{cases} \dot{\lambda}_D = v_\eta/\rho \\ \dot{\lambda}_T = -v_\zeta/(\rho\cos\lambda_D) \end{cases} \tag{6.336}$$

$$T_g = \rho/v_\xi \tag{6.337}$$

$$\rho = \sqrt{x^2+y^2+z^2} \tag{6.338}$$

$$\begin{pmatrix} v_\xi \\ v_\eta \\ v_\zeta \end{pmatrix} = \boldsymbol{S}_o \begin{pmatrix} v_x \\ v_y \\ v_z \end{pmatrix} = \boldsymbol{S}_o \begin{pmatrix} \dot{x} \\ \dot{y} \\ \dot{z} \end{pmatrix} \tag{6.339}$$

3. 求 α,β 的方程

式(6.333)要积分求弹道,需知控制变量 α,β,υ 的变化规律,在三自由度弹道仿真时可令 $\upsilon=0$,仅需求解 α,β。

利用前述分析计算得 $\dot{\theta},\dot{\sigma}$,即

$$\begin{cases} \dot{\theta} = \dfrac{-\dot{\gamma}_D}{\cos(\lambda_T-\sigma)} \\ \dot{\sigma} = \dfrac{1}{\cos\lambda_D}[\dot{\gamma}_T - \dot{\gamma}_D\tan(\lambda_T-\sigma)\sin\lambda_D] \end{cases} \tag{6.340}$$

再利用式(6.333)可得 R_{xh} 和 R_{yh},进而可得 C_y 和 C_x,再利用气动系数反查便可以得 α 和 β。若 α 和 β 较小可用下式得 α 和 β:

$$\begin{cases} v\dot{\theta} = C_y^\alpha \alpha qS/m + g_{yh} \\ v\cos\theta\dot{\sigma} = C_y^\beta \beta qS/m - g_{yh} \end{cases} \tag{6.341}$$

将得到的 α 和 β 代入式(6.333)便可以进行弹道仿真。

第 7 章　临近空间飞行器弹星地通信基本原理

在临近空间区域既可以避免目前绝大多数的地面攻击,又可以提高军事侦察和对地攻击的精度,对于情报收集、侦察监视、通信保障以及对空对地作战等,具有极大的发展潜力。目前由于军事需求的牵引和技术进步的推动,临近空间飞行器引起了世界各国的广泛关注。2005年2月4—11日,美国空军"施里弗-3"军事演习首次将临近空间飞行器纳入了作战视野。

在临近空间,高速飞行器一般处于超声速、高超声速飞行状态,在飞行器的前端会形成强的弓形激波。由于激波的压缩和空气的黏性作用,使得大量动能转换为热能,产生严重的气动加热。当空气密度和飞行速度达到一定值时,气动加热导致的高温效应足以引起大气分子的电离。一方面,大气电离导致的热力、化学非平衡效应会直接影响高速飞行器的气动力/力矩参数,导致其飞行航迹/姿态发生变化,进而影响精确测量、控制和导航;另一方面,大气电离会在飞行器周围形成一定厚度的等离子体层,称为"等离子体鞘套"。等离子体鞘套内含有大量的自由电子,它们吸收、反射和散射电磁波,轻则干扰电波传输,重则导致通信中断,对测控产生了较大的负面影响,导致所谓的"黑障效应";与此同时,在一定条件下,该等离子体鞘套又能有效减小高速飞行器的雷达反射面积,对于高速无人飞行器隐身具有非常积极的作用。

作为飞行器测试试验和作战的核心支撑系统,测控通信系统也因为临近空间高超声速飞行器特有的技术特点而面临新的挑战。对于高动态的临近空间平台,测控通信系统就像其测试试验各阶段的生命线,如没有测控通信系统的支持,高动态临近空间飞行器将如一只掉线的风筝,无法执行各阶段正常的飞行控制指令,也无法将指令执行情况传回指挥控制中心。

本章重点介绍有关临近空间高超声速飞行器的测控通信系统相关知识。

7.1　临近空间高超声速飞行器测控通信系统概述

7.1.1　临近空间高超声速飞行器特点分析

临近空间高超声速飞行器在未来战争中可以达到先发制人、远程快速、精确打击全球目标,具备"能够在任何时间,使全球任何地点的高价值目标陷于险境或对其实施打击"的能力,其飞行特点包括:

① 飞行速度快,打击范围广。

② 响应时间快。临近空间高超声速飞行器可由各种低成本、快速响应的运载系统发射进入空间,然后再入大气层完成作战任务。甚至平时可在空间驻留,需要时从临近空间驻留平台发射再入大气层,实现对目标的攻击或有效载荷投放。按美军计划,通用空天飞行器可在24 h内进行16次发射。

③ 跨空天作战。临近空间高超声速飞行器集飞机、运载器、航天器等多重功能于一身,既能在大气层内飞行,执行传统航空任务,又能在空间进行轨道飞行或亚轨道飞行,执行航天任务;并且可以从地面或空中跨大气层对空间目标实施打击,或从空间跨大气层对空中或地面目

标实施打击。

④ 技术先进。临近空间高超声速飞行器作为全新概念武器,需要解决包括高超声速飞行、导航、精确制导和控制、通信、轨道设计与优化、黑障效应等一系列关键技术。可以预计,临近空间高超声速飞行器将是航空、航天最先进技术相结合的产物。

7.1.2　临近空间高超声速飞行器对测控通信的技术需求分析

从临近空间高超声速飞行器的飞行特点、平台特点和军事应用方式来看,测控通信系统是保障其性能发挥的核心技术之一。一方面为高动态平台飞行提供重要的支持和保障,是高动态平台发射、飞行、回收各阶段的生命线,如没有测控通信系统的支持,高动态飞行器将如一只掉线的风筝,无法执行各阶段正常的飞行控制指令,也无法将指令执行情况传回指挥控制中心;另一方面,测控通信系统是高超声速飞行器作战系统的重要组成,它承担着对作战任务控制指令的抗干扰传输,对重要任务指令进行安全防护,并将采集到的侦察信息传回指控中心。根据临近空间高超声速飞行器的环境特点、飞行特点,与以往的卫星测控、飞行器/火箭测控、无人机测控相比有很大的不同,对测控通信技术提出了如下新的需求:

① 高覆盖率、全程测控。高超声速飞行器具备全球打击能力,相应的测控通信手段必须满足对飞行器全球、全时段覆盖。

② 高动态。临近空间飞行器的飞行速度、加速度、加加速度都很大,轨道机动性高,甚至可能出现跳跃式的航迹变化,导致飞行器的多普勒频移、多普勒变化率以及多普勒二阶变化率都比以往的测控系统要严苛得多。这给测控信号的捕获、跟踪和测量带来了新的难题。

③ 精确、实时定轨。临近空间高动态飞行器的一个重要特点是机动能力强、变轨频繁且幅度大,要求测控系统能够提供精确、实时的定轨、定姿数据。尤其是实验飞行阶段,需要对其进行控制规律建模、改进,对测控数据的依赖可想而知。

④ 多目标测控与协同管理。临近空间技术在军事上的广泛应用加快了高动态平台种类和数量的增长,特别是多平台组网使用或与海陆空天其他载体协同遂行任务时,要求测控系统在同一时刻能够完成对多个飞行器的测控及协同管理。

⑤ "三抗"需求。由于现有的作战飞机和地空导弹还无法到达临近空间高度,高超声速飞行器在作战使用过程中,敌对双方必然会重点采用软打击(如电子干扰、微波损伤等)手段来破坏临近空间飞行器的电子设备,其中测控通信系统由于与飞行器外部发生信息交换,最容易被破坏。因此,高超声速飞行器的测控通信系统必须具备一定的抗干扰、抗截获、抗摧毁等能力。

⑥ "黑障"问题。高超声速飞行器以马赫数 5~25 的速度在临近空间飞行时,将与周围的空气剧烈摩擦并压缩轨道前方空间,使飞行器周围的空气温度急剧上升,致使空气发生电离,从而在飞行器四周形成等离子体屏障。等离子体会引起飞行器天线的阻抗失配、方向图畸变、辐射效率下降甚至被击穿,从而影响飞行器通信链路的建立和维持。等离子鞘套使无线电信号通过等离子传播时引起衰减,严重时会中断无线电信号,产生"黑障"现象。由于"黑障"的影响,造成临近空间高超声速飞行器飞行高度越低、速度越高,克服"黑障"的工作频率就必须越高,从而对高速率、超视距的测控通信系统提出了新的挑战。

7.1.3　临近空间高超声速飞行器测控通信策略分析

根据上述的测控需求分析,需要结合现有的技术、设备基础进行全面的评估,设计合理的测控通信策略,才能保证高超声速飞行器在试验、飞行、作战等多种情况下获得满意的测控服务支持,更有效地发挥临近空间飞行器的特色。

（1）针对不同飞行阶段研究不同的测控策略

应针对临近空间高超声速飞行器的起飞、巡航、回收、试验、战前、战后等不同过程的特点,研究有针对性的测控策略和手段,保证其测控通信技术适用、好用。

① 起飞阶段。可使用可见光、地基监视雷达等设备对其起飞状态进行监控,利用机载数据链终端将飞行状态参数实时传回指控中心。

② 巡航阶段。大部分运行于临近空间,已经超出了地面观测设备的视距范围,甚至飞出了国土,即使采用地面密网布站的方式,也困难重重。这时可考虑使用中继卫星,在飞行器上安装中继卫星通信终端,可满足大纵深、宽范围信号覆盖的需求。这种方式减轻了地面布站的压力,但要研究大机动飞行器与中继卫星建立可靠通信链路的一系列难题,比如功耗、信号的捕获、跟踪都同地面观测链接特点不同。

③ 回收阶段。可将灵活、机动的车载站布置在落点区附近进行测控,或通过远洋测量船配合实施。

各种情况下的测控通信方式将因飞行器的高动态特性、打击目标和范围不同,所需要传输的指令、数据容量、实时性要求、跟踪范围、测量精度等会有较大不同,要根据实际情况做出灵活选择和取舍。针对高速相对运动时的信号捕获与跟踪,要充分考虑大幅度的多普勒频移变化对信号体制、码速率的影响,先克服与地面观测站的测控通信问题,再克服与中继卫星的通信问题。

（2）解决"黑障"问题

解决"黑障"问题的思路有两个:一是从测控通信技术手段本身入手,如提高信号发射功率、提高工作频率(太赫兹通信是一个很好的选择)、增强飞行器自主导航性能等;二是改变等离子体媒介的电特性,如改善飞行器气动外形、外加降低电子密度的添加物等,也是有待进一步研究的技术途径。

（3）多目标测控

对于飞行器的多目标测控是建立在综合管理与控制的基础之上的,多目标测控的基本功能就是使多个飞行器协同、安全、快捷、有效地完成复杂的战术、战略任务。先进的多目标测控系统不仅可使复杂飞行任务有效实施,而且能够提高飞行器在执行任务时的生存性和经济性。多目标测控系统是高度综合化、自动化、智能化的系统,它将机载电子设备或分系统,包括飞行控制计算机、导航分系统、通信设备、任务载荷以及各种传感器等综合起来,进行统一管理,以保证协调工作和飞行任务的圆满完成。

7.2　卫星链路基本概念

本节重点介绍一些关于卫星通信链路的基本概念。卫星通信系统的链路设计与几个重要技术参数密切相关,包括等效全向辐射功率、噪声温度和品质因素等。

7.2.1　等效全向辐射功率

等效全向辐射功率为地球站或卫星的天线发射功率 P 与该天线增益 G 的乘积。它表明

了定向天线在最大辐射向所辐射的功率可表示为

$$EIRP = PG \tag{7.1}$$

或

$$EIRP(\text{dBW}) = P(\text{dBW}) + G(\text{dB}) \tag{7.2}$$

7.2.2　噪声温度 T_e

噪声温度为将噪声系数折合成电阻元件在相当于某温度下的热噪声,单位为 K。噪声温度 T_e 与噪声系数 N_F 的关系为

$$N_F = 10\lg(1 + T_e/290) \quad \text{dB} \tag{7.3}$$

7.2.3　品质因素

品质因素为天线增益与噪声温度的比值,可表示为

$$G/T_e = G(\text{dB}) - 10\lg T_e \quad \text{dB/K} \tag{7.4}$$

接收信号的载噪比(载波功率与噪声功率之比)C/N 为

$$C/N = \frac{EIRP \times G}{L_f L_t L_r kBT} \tag{7.5}$$

用 dB 表示为

$$C/N_0 = EIRP - L_f - L_t - L_r - k - B + G/T \tag{7.6}$$

在进行链路预算分析时,为了避免涉及接收机的带宽,还有两种表示方式:载波功率与噪声功率密度之比 C/n_0 和载波功率与噪声温度之比 C/T。为了简化起见,令 $L = L_f L_t L_r$,于是有

$$C/n_0 = \frac{EIRP}{L} \times \frac{G}{T} \times \frac{1}{k} \tag{7.7}$$

$$C/T = \frac{EIRP}{L} \times \frac{G}{T} \tag{7.8}$$

式中,L_f 为链路的空间损耗;G/T 称为接收系统的品质因数,是评价接收机性能好坏的重要参数,G/T 值越大,接收性能越好。

7.2.4　系统热噪声

1. 等效噪声温度

通信系统由各个部件(或称网络)组成,主要功能是完成信号的处理和传输。只要传导媒质不处于热力学温度的零度,带电粒子就存在着随机的热运动,产生对有用信号形成干扰的噪声。噪声的大小以功率谱密度 n_0 来量度,它与温度有关,即

$$n_0 = kT \tag{7.9}$$

式中,$k = 1.38 \times 10^{-23}$ J/K,为玻耳兹曼常数;T 为噪声源的噪声温度,单位为 K。k 可用分贝的形式表示为 -228.6012。

任何网络总是具有有限的带宽(用 B 表示),这里假定网络增益为 A。输出端的噪声功率将由两部分组成:一部分为由网络输入端的匹配电阻产生的噪声所产生的输出噪声功率(记为 N_{i0}),另一部分为网络内部噪声对输出噪声的贡献 ΔN。于是总的输出噪声功率 N_0 为

$$N_0 = N_{i0} + \Delta N = kT_0BA + kT_eBA \tag{7.10}$$

式中,T_0 是输入匹配电阻的噪声温度,第一项是该电阻所产生噪声在输出端的数值,第二项为网络内部噪声在其输出端的贡献,T_e 称为网络的等效噪声温度。显然,它表示将一个噪声温度为 T_e 的噪声源接至理想的无噪声网络输入端时所产生的噪声功率输出。

2. 等效噪声温度和噪声系数

卫星通信系统的信号传播距离远,损耗大。弱的接收信号要求对接收系统的内部噪声进行较精确的估算,不恰当地提高对系统的要求,会付出较大的代价(如增加发射功率或天线尺寸)。因此,通常采用较精细的等效噪声温度来估算系统噪声性能。在另外一些通信系统中,习惯于用噪声系数来评价接收机的内部噪声。噪声系数 N_F 定义为输入信噪比与输出信噪比之比,即

$$N_F = \frac{S_i/N_i}{S_0/N_0} = \frac{S_i/kBT_0}{S_i/kB(T_0+T_e)} = 1 + \frac{T_e}{T_0} \tag{7.11}$$

或

$$T_e = (N_F - 1)T_0 \tag{7.12}$$

7.3　中继卫星与临近空间飞行器通信链路

7.3.1　我国中继卫星系统

进入 21 世纪,世界主要国家调整并制定了新的空间发展战略目标和规划,将发展空间力量列为国家整体发展战略的重要组成部分,尤其是美国已经拥有侦察、通信、预警、导航和气象等多个系列的卫星系统。目前,我国空间力量进入快速发展时期,形成了 10 余个卫星系统,如中继卫星系统、侦察卫星系统、导航卫星系统等等。2012 年 7 月,"长征三号丙"运载火箭将我国第三颗地球同步轨道中继卫星"天链一号"03 星顺利发射升空,并成功送入预定轨道,实现了"天链一号"卫星全球组网运行,标志着中国第一代中继卫星系统正式建成。中继卫星系统的覆盖范围如图 7.1 所示("天链一号"01 星定轨东经 77°,"天链一号"02 星定轨东经 176.8°,

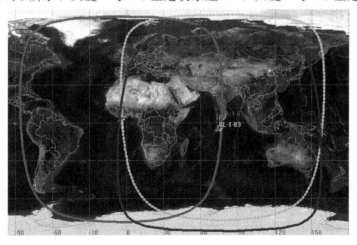

图 7.1　我国中继卫星系统的覆盖范围

"天链一号"03星定轨东经16.8°)。2013年,"天链"组网成功并为"天宫一号"和"神十"空间交会对接提供服务;2016年11月22日,"天链一号"04星升空,寿命6年。

7.3.2　星地通信链路介绍

临近空间飞行器卫星中继信息传输系统主要由弹载终端、中继卫星和地面系统三部分组成。其中,地面系统由中继卫星地面站和飞行器作战指挥控制中心组成,完成指令发射并接收图像信息;中继卫星采用"天链一号"卫星,完成图像、指令、遥测信息的中继转发;飞行器上的弹载终端完成图像和遥控信息发射、指令接收功能,图7.2为系统示意图。

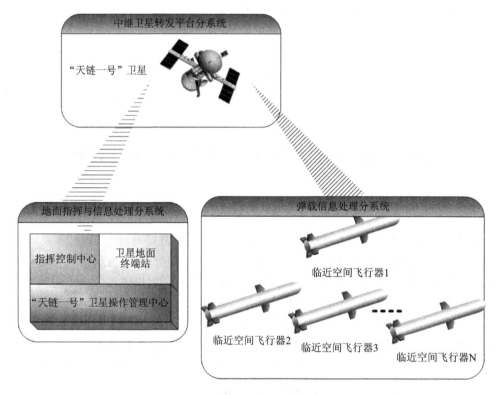

图7.2　临近空间飞行器卫星中继信息传输系统示意图

7.3.3　弹星地双向通信链路构建

弹星地双向通信链路是实现临近空间飞行器天地信息交换的信息枢纽。临近空间飞行器高速、高动态、大过载、高温等飞行环境要求临近空间飞行器弹载天线具有抗干扰、自适应、共形等特点;临近空间飞行器的有限载荷及通信链路迫切要求弹载卫星通信终端具有质量轻、体积小、快速捕获、抗干扰等特点。

为了不影响临近空间飞行器的气动特性,弹载天线必须与机体共形,并应具有大角域覆盖能力以适应机体机动带来的天线指向变化,确保临近空间飞行器卫星通信数据链的始终畅通。同时,对于巡航式临近空间高超声速飞行器,其巡航飞行、航程远、飞行空域环境复杂的特点,要求弹载天线还应具备较强的抗干扰能力。

7.4　星弹链路损耗计算

7.4.1　自由空间传播损耗

电波在传播过程中,能量将随传输距离的增大而扩散,由此引起的传播损耗称为链路的自由空间传播损耗。对于一个各向同性的辐射源,其能量是向周围均匀扩散的。在半径为 d 的球面上(面积为 $4\pi d^2$)的功率(通量)密度,即单位面积上的功率 P_r' 为

$$P_r' = \frac{P_t}{4\pi d^2} \tag{7.13}$$

式中,P_t 为辐射源的功率;P_r' 可以看成在距离辐射源 d 处单位天线面积接收的功率,分母称为传播(或扩散)因子。

卫星通信系统中的天线都采用定向天线,并用"天线增益"来表征其方向性。发送端(辐射源)采用定向天线,其增益 G_t 为天线在某方向(通常是最大辐射方向)上单位立体角发射的功率与无方向天线(各向同性)的单位立体角发射的功率之比。如果发射端采用定向天线,根据式(7.13)可以得到与发射端距离为 d 处的单位面积所接收的信号功率 P_r'' 为

$$P_r'' = \frac{G_t P_t}{4\pi d^2} \tag{7.14}$$

接收天线增益 G_r 可表示为

$$G_r = \frac{4\pi}{\lambda^2} A_e \tag{7.15}$$

显然,接收天线有效面积为 A_e(增益为 G_r)时,接收信号功率 P_r 为

$$P_r = P_r'' A_e = \left(\frac{\lambda}{4\pi d}\right)^2 G_r G_t P_t \tag{7.16}$$

定义自由空间传输损耗 L_f 为

$$L_f = \left(\frac{4\pi d}{\lambda}\right)^2 \tag{7.17}$$

L_f 也可以理解为发送和接收天线增益都为 1(0 dB)时的传输损耗(发射功率与接收功率之比)。

由于工作波长 λ 与频率 f 的关系为

$$\lambda = \frac{c}{f} \tag{7.18}$$

因此,式(7.17)可改写为

$$L_f = \left(\frac{4\pi d f}{c}\right)^2 \tag{7.19}$$

用 dB 表示为

$$L_f(\text{dB}) = 92.44 + 20\lg d(\text{km}) + 20\lg f \tag{7.20}$$

不难看出,只要求出与中继卫星的距离,就可以求解出自由空间传播损耗。

图 7.3 所示为卫星、地球站的几何关系。利用图 7.3 所示的几何关系,不难得到地球站到中继卫星的通信距离(链路长度)d 和迎角 α 的计算公式为

$$d = 42\,238 \times \sqrt{1.023 - 0.302\cos e \times \cos \Delta g}\,(\text{km}) \tag{7.21}$$

$$\alpha = \arctan\left(\frac{6.610\,73 - \cos \gamma}{\sin \gamma}\right) - \gamma \tag{7.22}$$

式中,地心角 $\gamma = \arccos(\cos e \times \cos \Delta g)$,$e$ 为地球站的纬度,Δg 为地球站与卫星定点(星下点)的经度之差。

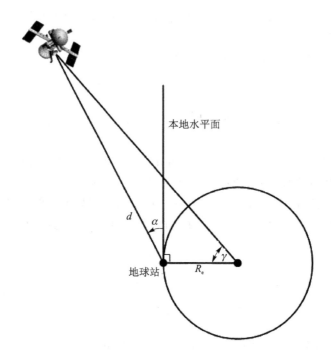

图 7.3　卫星、地球站的几何关系

根据图 7.4 的几何关系可以得出

$$d_{\text{missle}} = \sqrt{H^2 + d^2 - 2Hd\sin \alpha} \tag{7.23}$$

结合式(7.20)、式(7.21)、式(7.22)和式(7.23),即可得出自由空间传播损耗。

7.4.2　星地链路附加损耗

考虑到临近空间飞行器在临近空间(20~100 km)空域飞行,其弹星通信链路受大气气候等环境影响较小。但是,星地通信链路由于需要穿越大气层,因此在分析链路损耗时需要考虑星地链路的附加损耗。

1. 大气吸收损耗

大气中的氧分子和水蒸气分子对电磁能量有吸收作用。气体吸收对信号造成的损耗量大小决定于信号的频率、迎角、海拔高度和水蒸气密度等。按照 ITU-R 的有关报告,大气吸收损耗为按氧分子和水蒸气分子分别计算的吸收损耗之和,且二者都可以按各自的地面损耗率与穿过对流层的等效路径长度的乘积来计算。

氧分子的损耗率 γ_o(dB/km)可按下式计算:

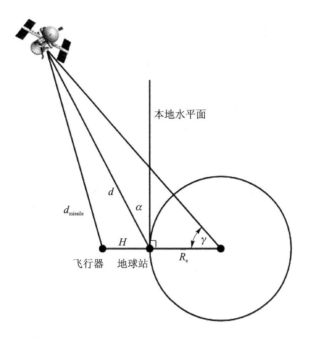

图 7.4 卫星、飞行器的几何关系

$$\gamma_o = \left[7.19 \times 10^{-3} + \frac{6.09}{f^2 + 0.227} + \frac{4.81}{(f-57)^2 + 1.5}\right] \times f^2 \times 10^{-3} \quad (7.24)$$

水蒸气分子的损耗率 γ_w(dB/km)可按下式计算：

$$\gamma_w = \left[0.05 + 0.002\,1p_w + \frac{3.6}{(f-22.7)^2 + 8.5} + \frac{10.6}{(f-183.3)^2 + 9} + \frac{8.9}{(f-325.4)^2 + 26.3}\right] \times$$

$$f^2 \times p_w \times 10^{-4} \quad (7.25)$$

式中，p_w(g/m³)为水蒸气密度，一般可由测量当地的水汽压得到，对流层的氧气等效高度 h_o(km)和水蒸气等效高度 h_w(km)可分别按照如下公式确定：

$$h_o = 6 \text{ km} \quad (7.26)$$

$$h_w = 2.1 \times \left[1 + \frac{3.0}{(f-22.2)^2 + 5} + \frac{2.5}{(f-3254)^2 + 4}\right] \quad (7.27)$$

确定某条等效路径穿过对流层的气体吸收损耗还要考虑对流层的路径长度与对流层高度的关系，此关系可由路径迎角的不同来确定。

当路径迎角 $\alpha > 10°$时，等效路径吸收损耗 A_g(dB)计算如下：

$$A_g = \frac{\gamma_o h_o \exp\left(-\dfrac{h_s}{h_o}\right) + \gamma_w h_w}{\sin \alpha} \quad (7.28)$$

当路径迎角 $\alpha \leqslant 10°$时，等效路径吸收损耗 A_g(dB)计算如下：

$$A_g = \frac{\gamma_o h_o \exp\left(-\dfrac{h_s}{h_o}\right)}{g(h_o)} + \frac{\gamma_w h_w}{g(h_w)} \quad (7.29)$$

式中

$$g(h) = 0.661 \sqrt{\sin^2\alpha + 2\frac{h_s}{R_e}} + 0.339 \sqrt{\sin^2\alpha + 2\frac{h_s}{R_e} + 5.5h/R_e} \tag{7.30}$$

式中，h_s 为地面站海拔高度(km)，R_e 为考虑折射后的等效地球半径，取值 6 371 km。

2. 雨衰的影响

雨衰是雨速的函数，雨速的衡量单位是 mm/h。时间百分率通常是 1 年，例如 0.001 的雨速意味着雨速超过一年的 0.001，这种情况下，雨速被表示为 $R_{0.001}$。通常情况下，时间百分比为 p、雨速为 R_P，则具体的衰减 α 为

$$\alpha = aR_P^b \quad \text{dB/km} \tag{7.31}$$

a 和 b 的值要根据频率和极化得出，可以根据如下经验公式得出：

$$a = (4.21\times10^{-5}) \times f^{2.42} \quad 2.9 \leqslant f \leqslant 54\ \text{GHz} \tag{7.32}$$

$$b = \begin{cases} 1.41 \times f^{-0.0779} & 8.5 \leqslant f < 25\ \text{GHz} \\ 2.63 \times f^{-0.272} & 25 \leqslant f < 164\ \text{GHz} \end{cases} \tag{7.33}$$

具体的衰减因子计算出来后，整个衰减可以定义为：

$$A = \alpha L \quad \text{dB} \tag{7.34}$$

其中，L 代表经过降雨区域的信号的有效路径长度。

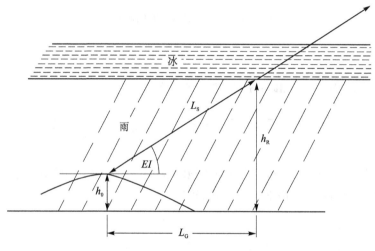

图 7.5 通信衰减示意图

对于迎角大于 10°，由图可得

$$L_s = \frac{h_R - h_0}{\sin EI} \tag{7.35}$$

有效长度可以计算为

$$L = L_s r_p \tag{7.36}$$

其中，r_p 代表衰减因子，是百分比时间 p 和 L_s 的水平投影 L_G 函数，函数关系如表 7.1 所列。

表 7.1　衰减因子

$p=0.001\%$	$r_{0.001}=\dfrac{10}{10+L_{\text{G}}}$
$p=0.01\%$	$r_{0.01}=\dfrac{90}{90+4L_{\text{G}}}$
$p=0.1\%$	$r_{0.01}=\dfrac{180}{180+L_{\text{G}}}$
$p=1\%$	$r_1=1$

L_{G} 的计算公式为

$$L_{\text{G}}=L_{\text{S}}\cos EI \tag{7.37}$$

将所用的因素结合到一起,可以得到总的雨衰为

$$A_{\text{p}}=aR_{\text{p}}^{b}L_{\text{S}}r_{\text{p}}\quad \text{dB} \tag{7.38}$$

3. 云雾的影响

云雾引起的损耗可计算如下:

$$L_{\text{c}}=0.148f^2/V_{\text{m}}^{1.43}\quad \text{dB/km} \tag{7.39}$$

式中,f 为频率,单位为 GHz;V_{m} 为能见度,单位为 m。密雾,$V_{\text{m}}<50$ m;浓雾,$50\leqslant V_{\text{m}}<200$ m;中等雾,$200\leqslant V_{\text{m}}<500$ m。

4. 雪的影响

雪引起的附加损耗可计算如下:

$$L_{\text{s}}=7.47\times10^{-5}f\times I\times(1+5.77\times10^{-5}f^3I^{0.6})\quad \text{dB/km} \tag{7.40}$$

式中,f 为频率,单位为 GHz;I 为降雪强度,单位为 mm/H。15GHz 下,只有中等强度以上的雪才有影响。

7.4.3　链路通信余量的计算

通信余量 M 的估算公式为

$$M=EIRP+k-L_{\Sigma}-R_{\text{b}}-E_{\text{b}}/N_0 \tag{7.41}$$

其中,L_{Σ} 为自由空间损耗、大气损耗等总和,R_{b} 为信道传输码速率(设置为 1×10^{-6}),E_{b}/N_0 为单位码元的信噪比(对于差分编码 QPSK,理论的 E_{b}/N_0 值为 10.8)。

第8章 高超声速飞行器鲁棒控制技术

8.1 高超声速飞行器控制概述

8.1.1 高超声速飞行器控制研究现状

近年来,美国针对高超声速技术的研究设计了多种高超声速验证机,包括总体方案验证机(如 X-30、X-33)和关键技术验证机(如 X-34、X-37、X-38 和 Hyper-X)。例如,验证机 X-33 控制器设计采用了带有神经网络补偿的非线性动态逆控制方法。该方法具有良好的非线性解耦控制能力和较强的鲁棒性能,并具有一定的容错重构性能。虽然最终验证机 X-33 因多种原因被迫下马,但其控制器的设计过程已经为今后高超声速飞行控制器的设计提供了一种全新的思路。例如,图 8.1 给出了验证机 X-43A 控制器采用传统的增益预置方法,该方法被工程广泛采用,技术比较成熟,且不受计算机速度的限制。此外,X-43A 试飞成功也表明增益预置方法仍旧是目前飞控系统设计的主流方案。

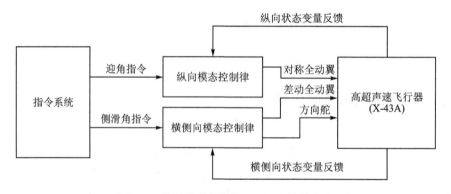

图 8.1 基于增益预置的 X-43A 控制方法

值得注意的是,X-43A 的试飞仅仅是为了在高超声速下对超燃冲压发动机进行验证,整个过程为巡航下的直线飞行,飞行包线变化范围小,飞行时间短(10 s),飞控系统的作用并未真正凸显出来。当飞行包线范围扩大,外界扰动增强时,基于增益预置方法的控制器就会存有明显的缺陷,特别是在控制可能发生故障时,该方法需有大量的增益预置表,且在切换过程中参数往往会产生突变,将严重影响到系统的整体性能。因此,近几年很多先进的控制理论和控制方法都被应用到了高超声速飞行控制中来。

从现有文献来看,几乎所有的当前主要的控制方法都被应用到高超声速飞行器的控制系统设计中。这些控制方法可大致分为线性控制、非线性控制等方法。

(1)线性控制方面

基于线性化模型的控制方法研究比较早,已经进入一个比较成熟的阶段,在工程上的应用也相对广泛一些。其中 PID、线性二次型最优控制(LQR)、极点配置和切线线性化、鲁棒控制等方法在高超声速飞行器的控制研究上都取得了非常不错的控制效果。但是对于线性控制方法,设计的控制器基本都是在特征点处将非线性模型进行线性化处理而得到的,进而完成渐近跟踪、鲁棒稳定等控制目的。但是线性化模型可能会损失一些必要的非线性动态特性,另外基于特征点线性化的控制器设计方法并不适用于飞行包线内的大跨度飞行控制。

(2)非线性控制方面

由于飞行器速度和高度变化跨度大,工作的大气环境时刻发生变化,导致飞行器的气动特性和气热特性也时刻改变,因此采用非线性控制方法更能提高飞行性能。大体上来讲,在高超声速飞行器的控制系统设计中使用的非线性方法主要包括:动态逆方法、轨迹线性化、滑模变结构、非线性预测控制、反步法(backstepping),以及模糊算法、遗传算法、神经网络等智能自适应控制。同时,基于几种方法的改进智能或者非线性控制理论与方法在近年来得到了广泛的研究。目前多数非线性控制算法是基于精确反馈线性化方法展开,但是绝大多数飞行器模型是无法满足反馈线性化条件的,只能人为加入一些假设条件来实现精确反馈线性化。同时,反馈线性化方法很难处理实际控制中需要考虑的饱和或者非线性约束问题。

相对于常用的非线性控制方法,基于线性变参数(linear parameter varying,LPV)的变增益控制方法具有实用性强,设计相对简单等优点。线性变参数系统的动态特性依赖于实时可测的外参数,可采用线性控制理论方法设计变增益控制器,使得控制器增益随调度参数的变化而变化,其中调度参数反映了系统非线性特性或时变特性。目前,线性变参数控制为非线性系统提供了有效的控制手段,受到控制理论界的广泛关注。线性变参数控制理论通过实时可测或可估计的系统参数变化体现系统时变特性,在整个参数轨迹上保证稳定性和鲁棒性,为实现高超声速飞行器大飞行包络内的大跨度稳定飞行提供了良好的技术支撑。

8.1.2　高超声速巡航飞行器控制关键技术问题分析

高超声速巡航飞行器的飞行范围很大,从大气层内到大气层外,飞行马赫数为0~25。现在的涡轮/涡扇喷气式发动机需要在大气层内吸入空气,无须携带氧化剂,但无法在大气层外工作,在马赫数3以上工作时,比冲大大降低,能达到的最大马赫数低于4。火箭发动机能达到高超声速,可以工作在大气层内外,但比冲低,成本高,结构复杂。在6~14马赫或者更高的情况下,只有超燃冲压发动机具有较高的比冲。超燃冲压发动机室利用由飞行器头部诱导的斜激波和飞行器前体适当压缩来流气体,使其速度降低、温度升高,到达燃烧室之后仍为超声速流动。受到飞行器长度的限制,发动机的长度都是有限的,空气在发动机内滞留的时间只有2~3 ms,用来完成燃料的喷射、雾化、气化、与控制的混合以及混合气的点火、燃烧、放热等一系列物理化学过程。目前,以氢气为燃料的超燃冲压发动机研究已取得重大突破,碳氢燃料的超燃也取得了很大进展。

当高超声速巡航飞行器以6马赫的速度在大气层中飞行时,空气阻力将急剧上升,其外形必须高度流线化。亚声速飞行器通常采用的翼吊式发动机无法使用,需要将发动与机体合并,以构成高度流线化的整体外形,即让机身容纳发动机吸入空气的进气道,让后机体容纳发动机排气的喷管,这种设计称为"机身-发动机一体化"设计。这种设计即可降低激波的诱导阻力,改善热防护环境,也可以延伸超燃推进系统的有效长度,降低超燃问题研究的难度。

与传统的超声速飞行器相比,高超声速巡航飞行器有着明显不同的机体构型,这种差别是由高超声速流动的特点引起的。由于高超声速巡航飞行器尖而薄的机翼会在高超声速飞行中被迅速破坏,所以,一般采用航天飞机那样的大钝体结构和类似 X—43A 高超声速飞行器那样的滑雪板结构。现代高超声速飞行器构型应用一种建立在薄激波层理论上的乘波体和升力体的概念,其基本思想是高超声速飞行器以一定的迎角飞行,将整个飞行器下表面作为升力面,飞行器下表面产生的压力会比上表面大一些,从而由压差产生升力。但是这种类似于悬浮在激波上的飞行器,具有高升阻比的特点,稳定性较差,给控制系统设计带来前所未有的挑战。

高超声速飞行器在追求高速远程精确打击的同时,也给控制系统的设计、实现带来了前所未有的挑战。现有的控制方案在高超声速条件下难以完全适用,必须研究新的理论和实时控制方案来适应高超声速武器的发展。

在高超声速条件下,飞行器对控制系统性能的要求也越来越高。高超声速条件下飞行器的控制系统需要解决的问题主要有以下几个。

(1)控制系统实时性问题

由于飞行器控制系统的控制指令不可能立即执行,在控制系统内将存在时延,即有动态特性。在亚声速、超声速条件下,飞行器对控制系统实时性的要求不是很高,一般不考虑由于控制系统动态特性带来的时延问题。

但在高超声速条件下,飞行器对控制系统实时性的要求越来越苛刻,对于以马赫数为 5 的速度飞行的飞行器,每时延 1 ms 就会产生 1.5 m 的误差。因此,减小时延是高超声速飞行器控制系统必须解决的问题之一。

(2)直接力与气动力复合控制问题

在高超声速条件下,空气舵在高空情况下的舵效下降很快。例如,在马赫数为 5 的飞行条件下,飞行器在 10 000 m 高空的舵效相对 100 m 时下降 1/3 以上。飞行高度更高则问题更严重,有可能不能提供足够的控制力矩来满足飞行器操纵的要求。对于高超声速飞行状态的飞行器而言,如果选择控制面较大的偏转又将引起不希望的气动热,因而在高超声速飞行器控制中往往需要采用气动力和直接力相结合的控制手段,即气动力系统与反作用控制系统共同作用的控制方式。

(3)模型和参数的不确定性

高超声速飞行器在大气层内飞行时,由于高超声速气流引起的局部流场中激波与边界层的干扰,导致飞行器表面上的局部压力及热流率的变化,这些变化直接影响飞行器的气动力特性。另外,从目前国内的材料水平来看,在高超声速条件下,由于机体表面烧蚀产生的机体气动外形变化问题不可避免,从而影响到机体模型。以上因素直接导致了高超声速飞行器控制系统的基础结构失真及模型和参数的不确定性。高超声速飞行器高巡航的气动力特性的巨大差异导致控制模型参数的剧烈变化,尤其是大气特性测量和气动特性估算的困难,使高超声速飞行器控制系统具有较强非线性和模型不确定性。

(4)严重不确定非线性飞行系统控制问题

高超声速飞行器与亚声速/超声速飞行器相比有许多不同的飞行特性,有的方面目前还无法完全掌握,使得高超声速动力学呈现强不确定性。由于缺乏足够的飞行试验以及地面试验设备不足,高超声速空气动力学和推进力特征很难预测。发动机与机身一体化构型使得弹性机身、推进系统以及结构动力学之间的强耦合作用,导致高超声速飞行器的飞行动力学特性非常复杂,存在很大的不确定性。在高超声速条件下,由于机体表面烧灼产生的机体气动外形变化问题不可避免,从而影响到机体模型。高超声速飞行器采用了轻质材料,在飞行过程中由于气流的扰动等因素作用,极易发生气动弹性震动。飞行器飞行过程中的各种复杂的力学过程不可能在飞行器控制模型中完全精细地考虑,而且飞行过程中往往又会受到各种无法完全预知的扰动。

此外,诸多随机干扰因素对高超声速飞行器的飞行状态有非常大的影响。对典型的高超声速飞行器布局而言,长周期模态是欠阻尼(或不稳定)的,短周期模态是不稳定的。这都使得高超声速飞行器在高超声速飞行时具有极强的随机干扰和高动态的模型参数变化。如果这个问题不能得到较好的解决,高超声速飞行器的机动性和控制精度则得不到保证,且在飞行控制过程中可能会出现不可恢复的失稳状态。

8.2　面向控制的高超声速巡航飞行器数学建模

8.2.1　高超声速巡航飞行器飞行动态特性

(1) 高超声速流的气动特性及其影响

高超声速流是速度远大于声速的流动,通常用自由流马赫数大于 5 作为高超声速流的一种标志。高超声速飞行器在大气密度很低的高空飞行,高超声速流的低密度效应对空气动力的影响很明显。由于大气密度很低,以致分子间的平均里程与飞行器的特征长度具有相同的量级,空气介质不再连续,必须用分子运动论替代连续流的研究方法。低密度效应对高超声速飞行器的影响在于增加了其表面的负载,并且俯仰力矩系数也明显增大。

在高超声速飞行时,飞行器表面激波层薄,而边界层随机体表面温度增加而变厚,边界层的厚度与激波层相比不能略去,甚至还会出现整个激波层都具有黏性的情况。边界层变厚对无黏流产生影响,无黏流的变化反过来影响边界层的增长,出现了高超声速流的黏性相互作用。黏性效应使得高超声速飞行器的有效气动表面不再是机体表面而是边界层加上机体表面,与无黏分析相比,机体表面因黏性效应的影响存有摩擦,使得高超声速飞行器压力分布与阻力都发生较为明显的变化。

高超声速流的高温效应是由于高超声速飞行器运行在高动压条件下,高超声速气流通过激波压缩或黏性阻滞而减速时,运动的动能转化成热能,表面温度升高。当温度达到一定程度时,气体呈"非完全气体"模式。高超声速流的高温效应对高超声速飞行器影响最为明显的部分是其燃烧墙、进气道斜坡以及控制舵面。燃烧墙和进气道斜坡的温度高低直接影响到发动机能否正常工作,而控制舵面温度的高低则会影响到其操纵面的偏转和配置,这些都会对整个系统的稳定性产生影响。因此,必须采用耐高温材料和主动的制冷技术来抑制高温效应对高超声速飞行器的影响。

(2) 超燃冲压发动机动力学的影响

为了对类似于 X-30 或 X-43A 构型的超燃冲压发动机-机体一体化设计的高超声速飞行器进行建模和控制,必须在本质上理解超燃冲压发动机的基本性质。在美国、苏联和日本,超燃冲压发动机-机体一体化概念已得到深入研究,近年来已成为高超声速飞行器的首选构型。除了一体化问题,高超声速飞行器有些选择超燃冲压发动机,而非冲压发动机和其他发动机,是由于若把高速气流变慢为亚声速会大大降低性能。

超燃冲压发动机是通过燃料在由飞行器前体压缩的来流中超声速燃烧来工作的。使用氢作为基本燃料,吸气式超燃冲压发动机燃烧从大气中收集的氧气。由于氢和收集的氧气在超声速燃烧中混合和反应的时间很短,因此燃烧室须尽可能长。并且,为了获得足够的推力,发动机进气道必须捕获尽可能多的气流。这由发动机和机体一体化来实现,从而使得进气道临近飞行器下表面。除了垂直前体对来流进行预压缩外,进气道侧壁对来流还要进行水平压缩。

除了前体的进气道,内部模块和尾喷管是发动机的主要部分。内部模块按 AFHV 的对称平面对称。为了更好地对准来流,相邻模块间设计了几度的偏差。在每一内部模块最小单元内有大量的楔形支柱,它们不仅作为分布燃料喷射室,而且是最后的压缩机。喷射器分布缓解了由于超声速燃料所带来的混合时间限制,而且缩短了所要求的燃烧室长度。

(3) 机体/发动机一体化结构的特点及其影响

与进气道相似,尾喷管和机体一体化设计可提供更大的静推力,也就是说,增加了总的推力但未增加同样多的阻力。值得注意的是,在高超声速飞行时,静推力通常只是总推力的一小部分,因此任何额外的阻力源都会严重影响飞行性能。除了增加静推力,机体尾喷管一体化构型还可以产生推进升力,增加升阻比。由于对于飞行性能具有这两方面的优越性,因此高超声速飞行器选用该构型。

8.2.2　高超声速巡航飞行器动力学模型

高超声速飞行器控制研究方面的文献主要讨论吸气式高超声速飞行器巡航控制问题和无动力高超声速飞行器返回再入控制问题。吸气式的高超声速飞行器的动力学模型主要针对锥体加速度构型和 X-43A 构型;无动力高超声速飞行器主要考虑 X-33 和 X-38 构型。本部分并不深入探讨高超声速飞行器的动力学建模方法,而是对其控制器设计中所使用的动力学模型进行综述,明确各种动力学方程的使用范围,使得下一部分的讨论脉络更加清晰。

1. 吸气式高超声速巡航飞行器的动力学模型

首先考虑一类轴对称吸气式高超声速飞行器的动力模型。该类吸气式高超声速飞行器控制研究主要考虑的是锥体加速器构型的动力学模型。锥体加速器构型与 X-30 构型有着很大的不同。它的前体是轴对称圆锥形,喷管部分是锥平截头体,发动机模块环绕整个机体。忽略空气动力学、推力和结构动力学之间的耦合,在机体为刚体的假设条件下给出了锥体加速器的气动力、气动力矩、推力系统、刚体转动惯量等的数学模型。通过对推力模型进行修改,可得到的高超声速飞行器的动力学模型线性形式为

$$\dot{x} = Ax + Bu \tag{8.1}$$

式中,A 和 B 为依赖马赫数和高度等飞行条件的系统矩阵。它们是针对某一确定的飞行条件,使用轨线最优化软件(POSP)通过对加速器的六自由度非线性刚体模型仿真得到的。

上述模型解耦为两个 5 状态的纵向模型和径侧向模型,其中纵向模型的状态为 $x = [V, \alpha, q, \theta, h]^T$ 和控制输入为 $u = [\delta_e, \eta_f]^T$。

当考虑湍流影响时,模型(8.1)被推广为

$$x = Ax + Bu + Ev \tag{8.2}$$

式中,v 表示大气干扰的二维向量;E 是 5×2 的依赖飞行条件的系统矩阵。

机体-发动机一体化构型导致吸气式高超声速飞行器的推进力对迎角的变化非常敏感,推进力摄动又对俯仰力矩产生很大的影响。进一步考虑耦合作用,把迎角对俯仰力矩的影响参数化为 $C_{M\alpha}$ 的不确定性。包含推进力摄动对俯仰力矩的影响的动力学模型为

$$\dot{x}=(A+\Delta A)x+(B+\Delta B)u \tag{8.3}$$

式中,不确定性 $\Delta A=v[0,0,1,0,0]^{\mathrm{T}}[0,1,0,0,0]$,$\Delta B=0$,$v\in\{0,1\}$。

下面讨论锥体加速器构型的高超声速飞行器的非线性模型。在公开出版的文献资料上,给出了特性飞行条件下高超声速飞行器 5 阶纵向动力学模型为

$$\begin{cases} \dot{V}=\dfrac{T\cos\alpha-D}{m}-\dfrac{\mu}{r_{\mathrm{e}}^2}\sin\gamma \\[2mm] \dot{\gamma}=\dfrac{L+T\sin\alpha}{mV}-\dfrac{(\mu-V^2r_{\mathrm{e}})\cos\gamma}{Vr_{\mathrm{e}}^2} \\[2mm] \dot{h}=V\sin\gamma \\[2mm] \dot{\alpha}=q-\dot{\gamma} \\[2mm] \dot{q}=M_{yy}/I_{yy} \end{cases} \tag{8.4}$$

式中,升力 L、阻力 D、推力 T、俯仰力矩 M 以及半径 r_{e} 分别为

$$L=\frac{1}{2}\rho V^2 SC_{\mathrm{L}}$$

$$D=\frac{1}{2}\rho V^2 SC_{\mathrm{D}}$$

$$T=\frac{1}{2}\rho V^2 SC_{\mathrm{T}}$$

$$M=\frac{1}{2}\rho V^2 S\bar{c}[C_{\mathrm{m}}(\alpha)+C_{\mathrm{m}}(\delta_{\mathrm{e}})+C_{\mathrm{m}}(q)]$$

$$r_{\mathrm{e}}=h+R_{\mathrm{e}}$$

式中,推力系数 C_{T} 是油门设置 δT 的函数。由于非线性模型(8.4)属于一般非线性形式,难以进行控制律设计。建立发动机二阶动力学方程,即

$$\dot{\delta}=\delta T_{\mathrm{com}} \tag{8.5}$$

式(8.4)和式(8.5)构成高超声速飞行器的 7 阶 2 输入 2 输出的动力学模型,输入为 δ_{e} 和 δT_{com},输出为 V 和 h。通过计算,7 阶动力学模型(8.4)和(8.5)相对阶向量为 $\{3,4\}$,因此可以输入和输出精确线性化,为基于高超声速飞行器非线性动力学的控制律设计奠定了基础。

2. 考虑弹性模态的高超声速巡航飞行器模型

进一步以面对称高超声速巡航飞行器为例讨论一类吸气式高超声速飞行器的纵向非线性动态,图 8.2 是其结构示意图,类似于 X-43A。由于在高超声速环境下会存在严重的气动弹性形变,因此为了更加精确的反应飞行器动态,应考虑飞行器的弹性模态影响。系统模型描述如下:

$$\begin{cases} \dot{V} = \dfrac{T\cos\alpha - D}{m} - g\sin(\theta - \alpha) \\[2mm] \dot{\alpha} = -\dfrac{L + T\sin\alpha}{mV} + Q - \dfrac{g\cos(\theta - \alpha)}{V} \\[2mm] \dot{h} = V\sin(\theta - \alpha) \\[2mm] \dot{\theta} = Q \\[2mm] \dot{q} = M_{yy}/I_{yy} \\[2mm] \ddot{\eta}_1 = -2\zeta_1\omega_1\dot{\eta}_1 - \omega_1^2\eta_1 + N_1 \\[2mm] \ddot{\eta}_2 = -2\zeta_2\omega_2\dot{\eta}_2 - \omega_2^2\eta_2 + N_2 \end{cases} \qquad (8.6)$$

式中,V 表示飞行器速度,α 表示迎角,h 表示飞行高度,θ 表示俯仰角,Q 表示俯仰角速率,T 表示发动机推力,D 表示阻力,L 表示升力,M_{yy} 表示俯仰力矩,η_i 表示弹性模态,ω_i 表示弹性模态的自然频率,ζ_i 表示弹性模态的阻尼系数,I_{yy} 表示转动惯量。

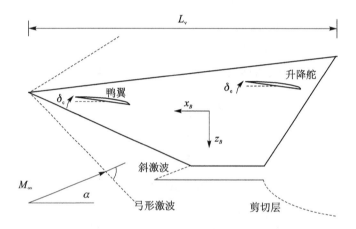

图 8.2 高超声速飞行器纵向结构示意图

气动力表示为

$$\begin{cases} L \approx \dfrac{1}{2}\rho V^2 S C_{\mathrm{L}} \\[2mm] D \approx \dfrac{1}{2}\rho V^2 S C_{\mathrm{D}} \\[2mm] M \approx z_{\mathrm{T}} T + \dfrac{1}{2}\rho V^2 S \bar{c}[C_{\mathrm{M},\alpha}(\alpha) + C_{\mathrm{M},\delta}(\delta)] \\[2mm] T \approx C_{\mathrm{T}}^{\alpha^3}\alpha^3 + C_{\mathrm{T}}^{\alpha^2}\alpha^2 + C_{\mathrm{T}}^{\alpha}\alpha + C_{\mathrm{T}}^0 \end{cases} \qquad (8.7)$$

气动参数表示为

$$
\begin{cases}
C_{\mathrm{L}} = C_{\mathrm{L}}^{a}\alpha + C_{\mathrm{L}}^{\delta_{\mathrm{e}}}\delta_{\mathrm{e}} + C_{\mathrm{L}}^{\delta_{\mathrm{c}}}\delta_{\mathrm{c}} + C_{\mathrm{L}}^{0} \\[4pt]
C_{\mathrm{D}} = C_{\mathrm{D}}^{a^2}\alpha^2 + C_{\mathrm{D}}^{a}\alpha + C_{\mathrm{D}}^{\delta_{\mathrm{e}}^{2}}\delta_{\mathrm{e}}^{2} + C_{\mathrm{D}}^{\delta_{\mathrm{e}}}\delta_{\mathrm{e}} + C_{\mathrm{D}}^{\delta_{\mathrm{c}}^{2}}\delta_{\mathrm{c}}^{2} + C_{\mathrm{D}}^{\delta_{\mathrm{c}}}\delta_{\mathrm{c}} + C_{\mathrm{D}}^{0} \\[4pt]
C_{\mathrm{T}}^{a^3} = \beta_1(h,\overline{q})\Phi + \beta_2(h,\overline{q}) \\[4pt]
C_{\mathrm{T}}^{a^2} = \beta_3(h,\overline{q})\Phi + \beta_4(h,\overline{q}) \\[4pt]
C_{\mathrm{T}}^{a} = \beta_5(h,\overline{q})\Phi + \beta_6(h,\overline{q}) \\[4pt]
C_{\mathrm{T}}^{0} = \beta_7(h,\overline{q})\Phi + \beta_8(h,\overline{q}) \\[4pt]
C_{\mathrm{M},a}(\alpha) = C_{\mathrm{M},a}^{a^2}\alpha^2 + C_{\mathrm{M},a}^{a}\alpha + C_{\mathrm{M},a}^{0} \\[4pt]
C_{\mathrm{M},\delta}(\delta) = c_{\mathrm{e}}\delta_{\mathrm{e}} + c_{\mathrm{c}}\delta_{\mathrm{c}} \\[4pt]
N_1 \approx N_1^{a^2}\alpha^2 + N_1^{a}\alpha + N_1^{\delta_{\mathrm{c}}}\delta_{\mathrm{c}} + N_1^{0} \\[4pt]
N_2 \approx N_2^{a^2}\alpha^2 + N_2^{a}\alpha + N_2^{\delta_{\mathrm{e}}}\delta_{\mathrm{e}} + N_2^{0}
\end{cases}
\tag{8.8}
$$

式中,$\overline{q}=1/2\rho V^2$,空气密度 $\rho = \rho_0\exp(-(h-h_0)/h_s)$,$C_{\mathrm{D}}$ 阻力系数,C_{L} 升力系数,C_{T} 推力系数;δ_{e} 和 δ_{c} 分别表示升降舵偏角和鸭翼偏角;$C_{\mathrm{M},a}(\alpha)$ 表示与迎角有关的力矩系数,$C_{\mathrm{M},\delta}(\delta)$ 表示升降舵偏角和鸭翼偏角有关的力矩系数,z_{T} 表示推力对俯仰力矩的耦合影响;C_{L}^{a}、$C_{\mathrm{L}}^{\delta_{\mathrm{e}}}$、$C_{\mathrm{L}}^{\delta_{\mathrm{c}}}$ 分别表示与迎角、升降舵、鸭翼相关的升力系数,C_{L}^{0} 表示升力系数中的常数项;$C_{\mathrm{D}}^{a^2}$、C_{D}^{a}、$C_{\mathrm{D}}^{\delta_{\mathrm{e}}^{2}}$、$C_{\mathrm{D}}^{\delta_{\mathrm{e}}}$、$C_{\mathrm{D}}^{\delta_{\mathrm{c}}^{2}}$、$C_{\mathrm{D}}^{\delta_{\mathrm{c}}}$、$C_{\mathrm{D}}^{0}$ 分别表示阻力系数的相关耦合项系数;$\beta_i(h,\overline{q})$ 表示推力拟合参数;Φ 标准化的燃空比;$C_{\mathrm{M},a}^{a}$ 表示 α 的 i 阶系数对 $C_{\mathrm{M},a}$ 的影响,$C_{\mathrm{M},a}^{0}$ 表示常数项;c_{e}、c_{c} 分别表示 $C_{\mathrm{M},\delta}$ 中的 δ_{e} 和 δ_{c} 系数;N_i 表示广义力;$N_i^{a^j}$ 表示与 α^j 相关的广义力系数;$N_2^{\delta_{\mathrm{e}}}$ 表示升降舵偏角 δ_{e} 对广义力 N_2 的影响系数;$N_2^{\delta_{\mathrm{c}}}$ 表示鸭翼偏角 δ_{c} 对广义力 N_2 的影响系数;N_i^{0} 表示 N_i 中的常数项;M_{yy} 表示俯仰力矩,g 重力常数,S 参考面积。

发动机动态描述的二阶系统模型为

$$
\ddot{\Phi} = -2\xi\omega\dot{\Phi} - \omega^2\Phi + \omega^2\Phi_{\mathrm{c}}
\tag{8.9}
$$

式中,Φ_{c} 表示期望值,ξ 表示阻尼系数,ω 表示自然频率。

本章研究的高超声速飞行器纵向弹性模型的控制输入包括:发动机参数 Φ,升降舵 δ_{e} 以及鸭翼 δ_{c}。这里,在纵向模型中加入鸭翼控制舵面的主要目的是用于补偿升降舵对升力的影响,进而减弱或者克服刚体动态非最小相位特征的影响。

8.3　高超声速巡航飞行器鲁棒变增益控制设计

8.3.1　基于鲁棒变增益的控制系统分析与设计基础

近几年,有关线性变参数系统(linear parameter varying,LPV)的研究得到了控制界的高度重视。这是因为 LPV 系统可以描述许多实际系统内在的非线性和时变特性,并且能用线性化的方法解决非线性问题,进而设计变增益控制器。目前,基于 LPV 系统的鲁棒变增益控制方法是处理非线性系统的最佳方法之一。鲁棒变增益控制在许多工程实际中已经得到了应用,它的主要组成理论是 H_∞ 控制、凸优化、线性矩阵不等式(linear matrix inequalities,LMI),

以及 LPV 系统。通过应用凸优化和 H_∞ 控制理论把控制系统的控制器求解约束到有限的 LMI 上,再通过求解这些 LMI 得到具体的控制器,不仅可以保证闭环系统的全局稳定性,而且实现起来也比较方便。

线性变参数系统最早是由 Shamma 在 20 世纪 90 年代初期提出的,其动态特性依赖于实时可测的外部参数,对其可以采用线性控制理论的方法来设计变增益控制器,使得控制器的增益可以随调度参数的变化而变化,其中调度参数反映了系统的非线性特性或者时变特性。这种方法与传统变增益控制方法的不同之处在于:首先,它直接设计出一个控制器,而不是由传统方法设计的局部控制器切换或者插值结合形成控制器;其次,它可以提供一个开放的框架结构,LPV 方法通常使用基于范数的性能度量,在设计上多采用现代设计技术,如在参数依赖框架下的 H_2、H_∞ 控制,允许的参数集以直接的方式被处理,这样得到的控制器在预先定义的工作范围内能够保证系统的稳定性和其他性能指标。鲁棒变增益控制实质上是一种自适应控制,而其工程实用性又不同于自适应控制。因此,研究鲁棒变增益控制方法,并完善其理论基础,成为近几年来控理论界的一个研究热点问题。

1. LPV 定义

目前有三种比较重要的线性系统,分别为 LTI(linear timing invarying)、LTV(linear timing varying)以及 LPV。LTI 系统是控制系统相关文献中最为常见的一种系统,也是目前理论最为成熟的线性系统,在状态空间的表达形式中,LTI 的状态空间矩阵是常数矩阵;相比于 LTI 系统,LTV 的相关理论还不是很成熟,其应用也仅局限于特定的问题,其状态空间矩阵是时间的函数;LPV 系统是 20 世纪 90 年代初期发展起来的理论,由于其在变增益控制中的独特优势,近些年发展很迅速,在 LMI 等其他理论的日渐丰富过程中,出现了很多相关研究成果,其状态空间矩阵是调度参数的函数。三种线性系统既有联系,又有区别,可以用图 8.3 来描述他们之间的关系。

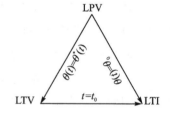

图 8.3 三种线性系统的关系

一个 LPV 系统定义为

$$\begin{cases} \dot{x}(t) = A(\theta(t))x(t) + B_1(\theta(t))w(t) + B_2(\theta(t))u(t) \\ z(t) = C_1(\theta(t))x(t) + D_{11}(\theta(t))w(t) + D_{12}(\theta(t))u(t) \\ y(t) = C_2(\theta(t))x(t) + D_{21}(\theta(t))w(t) + D_{22}(\theta(t))u(t) \end{cases} \quad (8.10)$$

式中,$x \in \mathbb{R}^n$ 为状态变量,$u \in \mathbb{R}^{n_u}$ 为控制输入,$w \in \mathbb{R}^{n_w}$ 为外部扰动,$z \in \mathbb{R}^{n_z}$ 为被控输出,$y \in \mathbb{R}^{n_y}$ 为系统输出,时变参数 $\theta(t) \in \mathbb{R}^k$ 在线可测,并作如下假设:

① $\theta(t)$ 在连续可微的集合上变化,且 $\theta(t)$ 和其变化速率 $\dot{\theta}(t)$ 位于如下紧集中:

$$\theta(t) \in \Theta, \quad \dot{\theta}(t) \in \dot{\Theta}$$

② 函数 $A(\cdot)$,$B_1(\cdot)$,$B_2(\cdot)$,$C_1(\cdot)$,$D_{11}(\cdot)$,$D_{12}(\cdot)$ 以及 $C_2(\cdot)$,$D_{21}(\cdot)$,$D_{22}(2)$ 在 Θ 上连续。

时变参数向量 θ 一般由不同的实参数 θ_i 组成,每个实参数位于一定的区间 $[\underline{\theta_i}, \overline{\theta_i}]$。所以,$\Theta$ 是一个多维区间,如

$$\Theta = \prod_{i=1}^{k} [\underline{\theta_i}, \overline{\theta_i}] \quad (8.11)$$

可见式(8.11)是一个有有限顶点的凸集,可以表示成如下的凸包:

$$\Theta = \mathrm{conv}(\Theta_0), \Theta_0 = \{\theta \in R^k : \theta_i \in [\underline{\theta_i}, \overline{\theta_i}], j = 1, \cdots, k\} \tag{8.12}$$

如果每个参数的变化速率也位于某个区间,与上述相似,也可以得到下面的结论:

$$\dot{\Theta} = \mathrm{conv}(\dot{\Theta}_0), \dot{\Theta}_0 = \{q \in R^k : q_i \in [\underline{q_i}, \overline{q_i}], j = 1, \cdots, k\} \tag{8.13}$$

很明显,如果某个参数 θ_i 是时不变的,则 $[\underline{q_i}, \overline{q_i}] = 0$;如果 θ_i 变化任意快,则有 $\underline{q_i} \rightarrow -\infty$,以及 $\overline{q_i} \rightarrow \infty$。

时变参数向量是外部信号 θ_e 和内部信号 θ_i 的组合。如果时变参数只包含外部信号,则称为 LPV 系统,否则称为伪 LPV 系统(Quasi-LPV)

非线性系统可以采用 LPV 系统表示,然后利用系统的方法进行鲁棒变增益分析与控制器设计。

2. LPV 系统性质

一个 LPV 系统还可以作为如下几种系统来使用:

① 具有固定参数但未知的 LTI 系统;

② 具有时变不确定性参数的 LTI 系统;

③ 对于给定的一条轨迹,非线性系统的 Jacobian 线性化集合;

④ 以非线性形式依赖于外部向量的非线性系统的精确线性化;

⑤ LTV 系统。

下面是几个简单的 LPV 系统的例子,分别代表了上述几种系统。

例 8.1 考虑弹簧质量块系统,系统模型由下式简单给出:

$$m\ddot{x} + c\dot{x} + kx = 0 \tag{8.14}$$

式中,m 为质量,c 为阻尼系数,k 为弹簧常数,x 为弹簧位置。当 m、c 和 k 固定但却未知时,便得到了第一种情况。这种情况下的参数速率空间为空集(不变化),参数空间为给定的实际物理参数的允许范围。

例 8.2 一个扰性构件由两个刚体通过一个刚度为 k 的柔性关节连接,J_1 和 J_2 分别表示两个刚体的转动惯量,θ_1 和 θ_2 则分别表示二者的角位移,并且 I 号刚体的质量为 m,质心到关节的距离为 L,力矩 T 作用于 J_2,目标是控制 θ_1,如图 8.4 所示。上述系统可以用如下的状态空间来表示:

$$\begin{bmatrix} \dot{\theta}_1 \\ \dot{\theta}_2 \\ \ddot{\theta}_1 \\ \ddot{\theta}_2 \end{bmatrix} = \begin{bmatrix} 0 \\ 0 \\ mgL\sin\theta_1 J_2^{-1} \\ 0 \end{bmatrix} + \begin{bmatrix} 0 & 0 & 1 & 0 \\ 0 & 0 & 0 & 1 \\ -kJ_1^{-1} & kJ_1^{-1} & 0 & 0 \\ kJ_2^{-1} & -kJ_2^{-1} & 0 & 0 \end{bmatrix} \begin{bmatrix} \theta_1 \\ \theta_2 \\ \dot{\theta}_1 \\ \dot{\theta}_2 \end{bmatrix} + \begin{bmatrix} 0 \\ 0 \\ 0 \\ J_2^{-1} \end{bmatrix} T \tag{8.15}$$

$$y = \theta_1$$

这个系统由于重力因素表现为非线性,在关于控制的文献中被广泛采用。该系统可以用来表示机器人的柔性手臂,柔性倒立摆等实际系统。在一个特定的由 (x^*, T^*) 决定的轨迹上进行雅可比线性化,$*$ 代表参考信号,δ 代表信号与其本身参考信号间的差别,参考信号是事先确定的,与系统的动态特性无关,可得如下方程:

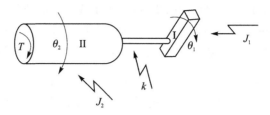

图 8.4　扰性构件示意图

$$\begin{bmatrix} \delta\dot{\theta}_1 \\ \delta\dot{\theta}_2 \\ \delta\ddot{\theta}_1 \\ \delta\ddot{\theta}_2 \end{bmatrix} = \begin{bmatrix} 0 & 0 & 1 & 0 \\ 0 & 0 & 0 & 1 \\ (mgL\cos\theta_1^* - k)J_1^{-1} & kJ_1^{-1} & 0 & 0 \\ kJ_2^{-1} & -kJ_2^{-1} & 0 & 0 \end{bmatrix} \begin{bmatrix} \delta\theta_1 \\ \delta\theta_2 \\ \delta\dot{\theta}_1 \\ \delta\dot{\theta}_2 \end{bmatrix} + \begin{bmatrix} 0 \\ 0 \\ 0 \\ J_2^{-1} \end{bmatrix} \delta T \qquad (8.16)$$

$$\delta y = \delta\theta_1$$

式(8.16)为一个雅可比线性化的 LPV 形式,雅可比线性化只是在给定轨迹周围的原系统的一阶近似,给定一条固定轨迹便得到一个 LTV。如果考虑一组轨迹,LPV 的描述更符合实际情况。利用输出线性化可以得到系统的精确线性化,设 $\delta\theta_1 = \theta_1$,$\delta\dot{\theta}_1 = \dot{\theta}_1$,$\delta\dot{\theta}_2 = \dot{\theta}_2$,$\delta\theta_2 = \theta_2 - (\theta_1 - m^*(\theta_1)k^{-1})$,$\delta T = T + m^*(\theta_1)$,$m^*(\theta_1) = mgL\sin\theta_1^*$,可得线性化的方程如下:

$$\begin{bmatrix} \dot{\theta}_1 \\ \dot{\theta}_2 \\ \ddot{\theta}_1 \\ \ddot{\theta}_2 \end{bmatrix} = \begin{bmatrix} 0 & 0 & 1 & 0 \\ 0 & 0 & mgL\cos\theta_1^* k^{-1} - 1 & 1 \\ 0 & kJ_1^{-1} & 0 & 0 \\ 0 & -kJ_2^{-1} & 0 & 0 \end{bmatrix} \begin{bmatrix} \theta_1 \\ \theta_2 \\ \dot{\theta}_1 \\ \dot{\theta}_2 \end{bmatrix} + \begin{bmatrix} 0 \\ 0 \\ 0 \\ J_2^{-1} \end{bmatrix} T \qquad (8.17)$$

$$y = \theta_1$$

例 8.3　LTV 系统,给定系统 $\dot{x} = A(t)x$,其中

$$A(t) = \begin{bmatrix} -1 + \alpha\cos^2(\beta t) & 1 - \alpha\sin(\beta t)\cos(\beta t) \\ -1 - \alpha\sin(\beta t)\cos(\beta t) & -1 + \alpha\sin^2(\beta t) \end{bmatrix} \qquad (8.18)$$

定义 $\theta(t) = (\sin^2(\beta t), \sin(\beta t)\cos(\beta t))$,可以得到上述 LTV 的 LPV 描述为

$$A(\theta) = \begin{bmatrix} -1 + \alpha(1 - \theta_1) & 1 - \alpha\theta_2 \\ -1 - \alpha\theta_2 & -1 + \alpha\theta_1 \end{bmatrix} \qquad (8.19)$$

式中,参数空间为 $P := \{\theta : -1 \leqslant \theta_i \leqslant i, i = 1,2\}$,速率空间为 $\Omega := \{\dot{\theta} : -2|\beta| \leqslant \dot{\theta}_1 \leqslant 2|\beta|, -|\beta| \leqslant \dot{\theta}_2 \leqslant |\beta|\}$。

3. 非线性系统的 LPV 表示

有许多种方法可以实现实际系统的 LPV 建模。大体来说主要分为两类:一类是基于实际系统的动态非线性系统方程,称为分析法,一般得到的是伪 LPV 模型,即时变参数中含有系统的状态变量;另外一种则是根据实际系统的输入输出数据,称为实验法,主要是采用不同的辨识算法。

基于 LPV 系统的控制器已在许多文献中得到了广泛关注,对于一个给定的 LPV 系统,有

很多直接的方法获取其控制器,但如何将一个非线性系统用 LPV 描述却不是一件简单的事情。最常用也是最简单的办法就是通过 Taylor 展开进行线性化,但这种方法获得 LPV 模型远不能代表实际的非线性模型,由此得到的控制器可能会导致原非线性系统性能降低,甚至造成闭环系统不稳定的。

目前主要有三种方法可将非线性模型转化为 LPV 模型。第一种方法称为雅可比线性化(Jacobian linearization)方法,基本思想是将系统在一组平衡点处线性化得到一组线性时不变系统,从而得到系统的 LPV 模型,这种方法被广泛采用,然而费时费力,而且效果不佳;第二种方法称为状态变换方法(state transformations),这种方法通过适当(坐标变换)的状态变换,将不依赖于调度参数的非线性因素去掉,从而得到系统的 LPV 模型,其缺点是系统形式受限,不是所有的非线性系统都能通过这种方式来进行 LPV 建模;最后一种方法称作方程替换法(function substitution),该方法利用调度参数及其依赖调度参数的微分方程的线性组合作为替换的分解方程,从仿真结果来看是目前效果最好的 LPV 建模方式。这三种方法的共同点就是都依赖系统的平衡点,其中前两种方法依赖于系统的多个平衡点,保守性更大些,最后一种方法只依赖于系统的一个平衡点。当然还有其他一些方法来进行 LPV 建模,例如有的文献采用基于速率的方法进行非线性系统的 LPV 建模。

假设非线性系统具有如下形式的结构:

$$\begin{bmatrix} \dot{z} \\ \dot{w} \end{bmatrix} = \boldsymbol{A}(\theta) \begin{bmatrix} z \\ w \end{bmatrix} + \boldsymbol{B}(\theta)\boldsymbol{u} + \boldsymbol{K}(\theta)$$

$$\boldsymbol{y} = \begin{bmatrix} z & \eta \end{bmatrix}^T$$

(8.20)

式中,$z \in \mathbb{R}^{n_z}$ 是状态时变调度参数,$w \in \mathbb{R}^{n_w}$ 是状态非时变调度参数,$u \in \mathbb{R}^{n_u}$ 为控制输入向量,$y \in \mathbb{R}^{n_y}$ 为测量输出。不失一般性,假设系统没有外部调节参数,即 $\theta = z$,其中 $\boldsymbol{A}, \boldsymbol{B}, \boldsymbol{K}$ 对于时变调节量 θ 没有限制。这种类型的非线性系统是很普遍的,许多航空航天系统通过适当的假设就可以化成这种形式。

(1) 雅可比线性化方法

这种方法是获取 LPV 模型最常用的方法,对非线性系统的形式没有特殊要求,已经在许多种非线性系统中得到应用。这种方法可以从一组线性化后的系统中得到 LPV 模型,其中这组线性化的系统覆盖了感兴趣的整个工作区域,所得结果是原非线性系统在特定平衡点周围的局部近似,其理论基础就是对非线性系统应用一阶 Taylor 展开。针对非线性系统(8.20),对它的任一个平衡点采用一阶 Taylor 展开,得

$$\delta_f = f(z,w,u) - \tilde{f}(z,w,u) = \Delta_z f \cdot \delta_z + \Delta_w f \cdot \delta_w + \Delta_u f \cdot \delta_u \quad (8.21)$$

式中,$\tilde{f}(z,w,u)$ 表示系统位于平衡点处的取值,$\delta_z = z - \tilde{z}$,$\tilde{z}$ 代表平衡点,其中 $\Delta_z f$ 代表函数 f 相对于变量 z 的导数,其他类似。

由式(8.21)可知,非线性系统(8.20)可以写成如下形式:

$$\begin{bmatrix} \dot{\delta}_z \\ \dot{\delta}_w \end{bmatrix} = \begin{bmatrix} \Delta_z f_1 & \Delta_w f_1 \\ \Delta_z f_2 & \Delta_w f_2 \end{bmatrix} \begin{bmatrix} \delta_z \\ \delta_w \end{bmatrix} + \begin{bmatrix} \Delta_u f_1 \\ \Delta_u f_2 \end{bmatrix} \delta_u \quad (8.22)$$

式中,$f(z,w,u) = \begin{bmatrix} z \\ w \end{bmatrix} = \begin{bmatrix} f_1(z,w,u) \\ f_2(z,w,u) \end{bmatrix}$。

当在工作区域内选取一定数量的平衡点,然后进行上述的雅可比线性化,则可以得到一系列的平衡点附近的线性系统,最后将这些线性化的局部系统进行数值拟合便可以得到系统的 LPV 模型。

很容易看出,平衡点和状态方程的各个元素均依赖于调节参数,所以这是一个准 LPV 系统。这种方法的缺点主要有三点:第一,由于采用一阶 Taylor 展开而带来的误差,在较大控制输入时,相比较原非线性系统会有发散情况,当然可以采用高阶 Taylor 展开,但会遇到实际实现的问题;第二,平衡点的数目和位置没有理论支持,完全凭经验,比较耗时;第三,通过线性化后的 LPV 模型,不能很好地反映系统的时变特性,LPV 系统和一组线性化的 LTI 有本质上的区别,因为后者是通过小扰动获得的动态系统的一个集合,而前者是一个单独的系统。这也是最重要的。如图 8.5 所示,圆圈代表线性化后的模型,直线代表由线性化的模型得到的系统 LPV 模型所反映的系统时变特性,而点画线则代表实际系统的时变特性。所以,这种方法一般情况下不能够“捕捉”到系统的暂态特性。例如,通过雅可比线性化得到非线性系统的 LPV 模型,继而设计了控制器;仿真结果表明,对于 LPV 系统各项指标均达到,然而将该控制器应用到原非线性系统中却是发散不稳定的。

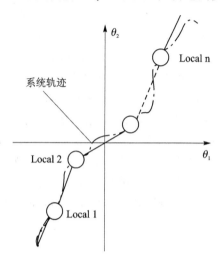

图 8.5　线性化 LPV 模型的时变特性

由上述分析可以看出,雅可比线性化方法得到的非线性系统的 LPV 模型不是一个“好的” LPV 模型。然而,该方法思想简单,运算直观,而且对于非线性系统的形式没有特殊要求,因此还是得到了广泛应用。

（2）状态变换方法

这种方法通过非线性状态变量的精确变换得到系统的准 LPV 模型,此法基于非调度参数状态和控制输入的可微方程,目的在于消去不依赖调度参数的任何非线性项。这种方法由 Shamma 和 Cloutier 提出,已经在许多系统上得到应用。这种方法局限于具有式(8.20)形式的非线性系统,而且要求 $n_z = n_w$,即调度参数的维数与控制输入的维数一致。假设存在连续可微的函数 $\widetilde{w}(\theta)$ 和 $\widetilde{u}(\theta)$,对于任意的 $\theta \in \Theta$,系统处于稳定状态,既满足下式:

$$\begin{bmatrix} 0 \\ 0 \end{bmatrix} = \begin{bmatrix} K_1(\theta) \\ K_2(\theta) \end{bmatrix} + \begin{bmatrix} A_{11}(\theta) & A_{12}(\theta) \\ A_{21}(\theta) & A_{22}(\theta) \end{bmatrix} \begin{bmatrix} z \\ \widetilde{w}(\theta) \end{bmatrix} + \begin{bmatrix} B_1(\theta) \\ B_2(\theta) \end{bmatrix} \widetilde{u}(\theta) \qquad (8.23)$$

将式(8.23)与式(8.20)相减,并经过适当的数学变换可以得到如下的准 LPV 模型:

$$\begin{bmatrix} \dot{z} \\ \dot{w} - \dot{\widetilde{w}}(\theta) \end{bmatrix} = \begin{bmatrix} 0 & A_{12}(\theta) \\ 0 & A_{22}(\theta) - \Delta_z \widetilde{w}(\theta) A_{12}(\theta) \end{bmatrix} \begin{bmatrix} z \\ w - \widetilde{w}(\theta) \end{bmatrix} + $$
$$\begin{bmatrix} B_1(\theta) \\ B_2(\theta) - \Delta_z \widetilde{w}(\theta) B_1(\theta) \end{bmatrix} [u - \widetilde{u}(\theta)] \qquad (8.24)$$

经过状态变换,非线性项 $K(\theta)$ 已经被消去。这种方法的缺点是并不能保证上述不依赖于调度参数的稳定状态方程存在,即使存在也不能保证这种稳定状态在整个工作区域内的合理性;同时对式(8.23)进行简单的数学变化可以得到

$$\begin{bmatrix} K_1(\theta) \\ K_2(\theta) \end{bmatrix} + \begin{bmatrix} A_{11}(\theta) \\ A_{21}(\theta) \end{bmatrix} z = - \begin{bmatrix} B_1(\theta) & A_{12}(\theta) \\ B_2(\theta) & A_{22}(\theta) \end{bmatrix} \begin{bmatrix} \tilde{u}(\theta) \\ \tilde{w}(\theta) \end{bmatrix} \tag{8.25}$$

由式(8.25)又可以得到

$$\begin{bmatrix} \tilde{u}(\theta) \\ \tilde{w}(\theta) \end{bmatrix} = - \begin{bmatrix} B_1(\theta) & A_{12}(\theta) \\ B_2(\theta) & A_{22}(\theta) \end{bmatrix}^{-1} \begin{bmatrix} K_1(\theta) + A_{11}(\theta)z \\ K_2(\theta) + A_{21}(\theta)z \end{bmatrix} \tag{8.26}$$

由式(8.26)可以看出,不依赖于调度参数的可微连续函数 $\tilde{w}(\theta)$ 和 $\tilde{u}(\theta)$ 存在的必要条件为调度参数的维数与控制输入的维数相同,这样才可以保证矩阵 $\begin{bmatrix} B_1(\theta) & A_{12}(\theta) \\ B_2(\theta) & A_{22}(\theta) \end{bmatrix}$ 为方阵,进而保证该矩阵存在逆矩阵。所以,这种方法对非线性系统的形式有着特殊的要求,应用范围受到限制。

(3) 函数替换方法

这种方法需要选择一个平衡点作为基准点,将状态变量转化为

$$\delta_z = z - \tilde{z}, \quad \delta_w = w - \tilde{w}, \quad \delta_u = u - \tilde{u} \tag{8.27}$$

将式(8.27)代入式(8.20),并适当变换形式得

$$\begin{bmatrix} \dot{\delta}_z + \dot{\tilde{z}} \\ \dot{\delta}_w + \dot{\tilde{w}} \end{bmatrix} = \begin{bmatrix} A_{11}(\delta_z + \tilde{z}) & A_{12}(\delta_z + \tilde{z}) \\ A_{21}(\delta_z + \tilde{z}) & A_{22}(\delta_z + \tilde{z}) \end{bmatrix} \begin{bmatrix} \delta_z \\ \delta_w \end{bmatrix} + \begin{bmatrix} B_1(\delta_z + \tilde{z}) \\ B_2(\delta_z + \tilde{z}) \end{bmatrix} \delta_u + K \tag{8.28}$$

函数替换法的目标就是将 K 分解成 δ_z 的线性形式,分解结果的形式为

$$K = k_1(z)\delta_z + \cdots + k_n(z)\delta_z \tag{8.29}$$

将式(8.29)代入到式(8.28)得到准 LPV 模型如下:

$$\begin{bmatrix} \dot{z} \\ \dot{w} \end{bmatrix} = \begin{bmatrix} A_{11}(z) + K_1(z) & A_{12}(z) \\ A_{21}(z) + K_2(z) & A_{22}(z) \end{bmatrix} \begin{bmatrix} z - \tilde{z} \\ w - \tilde{w} \end{bmatrix} + \begin{bmatrix} B_1(z) \\ B_2(z) \end{bmatrix} [u - \tilde{u}] \tag{8.30}$$

这种方法的主要缺点是平衡基准点的选取和非线性项分解方式对结果的影响不明确。

(4) 改进函数替换方法

由上面对三种方法的介绍可以看出,三种方法共同的缺点就是都依赖于系统的平衡点,其中雅可比线性化依赖于一系列根据工程经验选择的平衡点,状态变换法依赖于与调度参数无关的一条平衡轨迹,而函数替换法则依赖于一个随机的平衡点。这些平衡点对于系统的影响以及对于控制器综合的影响,到目前为止还没有方法计算,同时引入了平衡点就增加了系统的误差,也增加了计算量。

针对由于平衡点带来的缺陷,受函数替换法的启发,对其进行改进,取消平衡点的选取,同时简化分解方程的求解。其基本思想是:对原始非线性系统进行必要的假设和变换,将其换成具有式(8.20)形式的结构。取分解方程如下:

$$F_1 = K_1(z)z^{-1}, \quad F_2 = K_2(z)z^{-1} \tag{8.31}$$

则可将式(8.20)化为准 LPV 形式,即

$$\begin{bmatrix} \dot{z} \\ \dot{w} \end{bmatrix} = \begin{bmatrix} A_{11}(z) + F_1 & A_{12}(z) \\ A_{21}(z) + F_2 & A_{22}(z) \end{bmatrix} \begin{bmatrix} z \\ w \end{bmatrix} + \begin{bmatrix} B_1(z) \\ B_2(z) \end{bmatrix} \boldsymbol{u} \tag{8.32}$$

假如状态调度参数的维数大于 1,则式(8.30)非线性部分可以化为如下形式:

$$K(z) = \begin{bmatrix} K_{z_1}(z)z_1^{-1} \\ \vdots \\ K_{z_n}(z)z_n^{-1} \\ \hline K_{w_1}(z)z_1^{-1} \\ \vdots \\ K_{w_n}(z)z_n^{-1} \end{bmatrix} \begin{bmatrix} z_1 \\ \vdots \\ z_n \end{bmatrix} = \begin{bmatrix} F_z(z) \\ F_w(z) \end{bmatrix} z \tag{8.33}$$

所以,得到准 LPV 系统如下式:

$$\begin{bmatrix} \dot{z} \\ \dot{w} \end{bmatrix} = \begin{bmatrix} A_{11}(z)+F_z(z) & A_{12}(z) \\ A_{21}(z)+F_w(z) & A_{22}(z) \end{bmatrix} \begin{bmatrix} z \\ w \end{bmatrix} + \begin{bmatrix} B_1(z) \\ B_2(z) \end{bmatrix} u \tag{8.34}$$

式中,A_{11},A_{12},A_{21},A_{22} 为调度参数 z 的函数,它们可以根据系统非线性方程式(8.20)由调度参数的多项式拟合得到,如飞行器控制中,可将气动参数拟合为调度参数马赫数和迎角的多项式,从而得到 A_{11},A_{12},A_{21},A_{22}。值得注意的是,其并不像函数替换法那样依赖于基准平衡点的信息,其中非线性部分的分解方程 $K(z)$ 通过与调度参数作余数的简单方法将其化为与状态变量呈线性的关系,但要注意调度参数取值为 0 时的奇异情况。

8.3.2　基于 LPV 的高超声速飞行器鲁棒控制律设计

高超声速飞行器一般是指飞行马赫数超过 5 的飞行器。与传统的飞行器相比,机体/发动机一体化技术使得高超声速飞行器弹性机体、推进系统以及结构动态之间的耦合更强,模型的非线性度更高,而且高超声速飞行器飞行高度和飞行马赫数跨度范围大,运行环境非常复杂,在飞行过程中,飞行器气热特性和气动特性是剧烈变化的。为了确保高超声速飞行器在复杂的飞行条件下拥有稳定的飞行特性、良好的控制性能及强鲁棒性能,在控制系统设计中广泛采用鲁棒控制以及鲁棒自适应等设计方法。

由于高超声速飞行器强非线性和强耦合使得动态逆、Backstepping 等非线性控制器设计过程十分复杂,相对于常用的非线性控制方法,基于 LPV 的变增益控制方法具有实用性强、设计相对简单等优点。LPV 系统的动态特性依赖于实时可测的外参数,可以采用线性控制理论的方法来设计变增益控制器,使得控制器的增益随调度参数的变化而变化,其中调度参数反映了系统的非线性特性或时变特性。变增益控制实质上是一种自适应控制,而且具有很强的工程实用性。目前,基于 LPV 的变增益控制策略在航空航天领域得到了广泛应用。

为此,本节针对高超声速飞行器的强耦合、强非线性的特点,采用非线性系统的 LPV 处理方法,提出一种鲁棒变增益控制器设计方法,以保证高超飞行器拥有稳定的飞行特性,良好的控制性能以及强鲁棒性。首先在飞行包线内的平衡点处采用雅克比线性化方法将非线性系统 LPV 化,并结合 LPV 系统的多胞变换得到 LPV 多胞系统;之后采用 H∞鲁棒控制和增益调度策略设计鲁棒变增益控制器,实现对高超声速飞行器鲁棒控制。该方法不仅避免了复杂的非线性控制器设计过程,而且能够有效地抑制模型参数变化以及外界扰动,从而保证了高超声速飞行器的稳定。

1. 高超声速巡航飞行器 LPV 建模

目前比较成熟的非线性系统 LPV 化方法包括:雅克比线性化法、状态替换法以及函数替换法。因为高超飞行器的强非线性特点,为了简化运算,采用雅克比线性化的方法将系统LPV 化。

(1) 基于雅克比线性化的高超声速巡航飞行器 LPV 建模

该方法是获取 LPV 模型最常用的方法,对非线性系统形式没有特殊要求。这种方法从一组线性化后的 LTI 系统中得到 LPV 模型,这些 LTI 系统覆盖了感兴趣的整个工作区域,得到原非线性系统在特定平衡点周围的局部近似,其理论基础就是对非线性系统应用一阶 Taylor 展开。针对非线性系统 $\dot{x}=f(x,u)$,在任一平衡点进行 Taylor 展开可得

$$\boldsymbol{\delta}_f = f(x,u) - f_e(x,u) = \Delta_x f \cdot x_\delta + \Delta_u f \cdot u_\delta \tag{8.35}$$

式中,$f_e(x,u)$ 表示系统平衡点处的取值,$x_\delta = -x - x_e$,$u_\delta = u - u_e$,x_e 表示平衡点状态,u_e 表示平衡点输入,$\Delta_x f$ 表示函数 f 相对于变量 x 的导数。由此得到线性系统形式为

$$\dot{x}_\delta = \Delta_x f \cdot x_\delta + \Delta_u f \cdot u_\delta \tag{8.36}$$

在工作区域内选取一定数量的平衡点,然后进行雅克比线性化,则可得到一系列平衡点附近的 LTI 系统,将这些线性化的局部系统进行数值拟合即可得到非线性系统的 LPV 模型。

对于高超声速飞行器,首先需要确定系统的平衡点状态。这里假设

$$\begin{cases} f_1 = \dfrac{T\cos\alpha - D}{m} - \dfrac{\varepsilon\sin\gamma}{r^2} \\ f_2 = \dfrac{L + T\sin\alpha}{mV} - \dfrac{(\varepsilon - V^2 r)\cos\gamma}{Vr^2} \\ f_3 = V\sin\gamma \\ f_4 = q - \dot{\gamma} \\ f_5 = M_{yy}/I_{yy} \end{cases} \tag{8.37}$$

选择飞行器的 V,h 作为调度变量。根据系统模型,系统平衡点序列可按下列方程求解

$$\begin{cases} f_1(V_e,\gamma_e(V,h),h_e,\alpha_e(V,h),q_e(V,h)) = 0 \\ f_2(V_e,\gamma_e(V,h),h_e,\alpha_e(V,h),q_e(V,h)) = 0 \\ f_3(V_e,\gamma_e(V,h),h_e,\alpha_e(V,h),q_e(V,h)) = 0 \\ f_4(V_e,\gamma_e(V,h),h_e,\alpha_e(V,h),q_e(V,h)) = 0 \\ f_5(V_e,\gamma_e(V,h),h_e,\alpha_e(V,h),q_e(V,h)) = 0 \end{cases} \tag{8.38}$$

式中,$V \in S_V, h \in S_h$ 覆盖感兴趣的工作区域。

由式(8.37)和式(8.38)可得

$$\begin{cases} T\cos\alpha - D = 0 \\ L + T\sin\alpha - \dfrac{m(\varepsilon - V^2 r)}{r^2} = 0 \\ \dot{\gamma} = 0 \\ M_{yy} = 0 \\ q = \dot{\gamma} \\ V\sin\gamma = 0 \end{cases} \tag{8.39}$$

因此,$\gamma_e = 0, q_e = 0, \dot{\gamma} = 0$。

又由气动参数关系以及 $T\cos\alpha - D = 0$ 可知

$$C_T(\beta)\cos\alpha = 0.6450\alpha^2 + 0.0043378\alpha + 0.003772 \tag{8.40}$$

其中

$$C_T(\beta) = \begin{cases} 0.02576\beta & \text{if } \beta \leqslant 1 \\ 0.0224 + 0.00336\beta & \text{if } \beta > 1 \end{cases}$$

再由 $L + T\sin\alpha - \dfrac{m(\varepsilon - V^2 r)}{r^2} = 0$ 可知

$$0.5\rho V^2 s \times C_T(\beta) \times \sin\alpha = \frac{m\varepsilon}{(R+h)^2} - \frac{mV^2}{R+h} - 0.5\rho V^2 s \times 0.6203\alpha \tag{8.41}$$

由式(8.40)和式(8.41)可得

$$\frac{m\varepsilon}{(R+h)^2} - \frac{mV^2}{R+h} - 0.5\rho V^2 s \times 0.6203\alpha$$

$$= 0.5\rho V^2 s(0.6450\alpha^2 + 0.0043378\alpha + 0.003772)\tan\alpha$$

由于迎角变化范围很小,因此 $\tan\alpha \approx \alpha$,即

$$m\varepsilon - mV^2(R+h) - 0.5\rho V^2 s \times 0.6203\alpha(R+h)^2$$

$$= 0.5\rho V^2 s(0.6450\alpha^3 + 0.0043378\alpha^2 + 0.003772\alpha)(R+h)^2 \tag{8.42}$$

　　根据式(8.40)和式(8.42),在给定 V,h 的条件下求得平衡状态值 α_e,β_e。又因为 $M_{yy}=0,q_e=0$,由气动力与气动参数关系式可知

$$C_M(\alpha) + C_M(\delta_e) = 0 \tag{8.43}$$

即

$$\delta_{ee} = \frac{c_e\alpha_e - C_M(\alpha_e)}{c_e} \tag{8.44}$$

其中

$$C_M(\alpha_e) = -0.035\alpha_e^2 + 0.036617\alpha_e + 5.3261\times10^{-6}$$

　　通过求解方程(8.40)、(8.42)和(8.44),然后依据调度参变数 V 和 h 确定平衡点和输入量为

$$\boldsymbol{x}_e = [V_e, \gamma_e(V,h), h_e, \alpha_e(V,h), q_e(V,h)]^T$$

$$\boldsymbol{u}_e = [\beta_e(V,h), \delta_{ee}(V,h)]^T$$

　　然后在期望的工作区间上,选择具体的平衡点进行雅克比线性化,得到高超声速飞行器的线性形式,即

$$\begin{bmatrix} \dot{V}_\delta \\ \dot{\gamma}_\delta \\ \dot{h}_\delta \\ \dot{\alpha}_\delta \\ \dot{q}_\delta \end{bmatrix} = \begin{bmatrix} A_{11} & A_{12} & A_{13} & A_{14} & A_{15} \\ A_{21} & A_{22} & A_{23} & A_{24} & A_{25} \\ A_{31} & A_{32} & A_{33} & A_{34} & A_{35} \\ A_{41} & A_{42} & A_{43} & A_{44} & A_{45} \\ A_{51} & A_{52} & A_{53} & A_{54} & A_{55} \end{bmatrix} \begin{bmatrix} V_\delta \\ \gamma_\delta \\ h_\delta \\ \alpha_\delta \\ q_\delta \end{bmatrix} + \begin{bmatrix} B_{11} & B_{21} \\ B_{21} & B_{22} \\ B_{31} & B_{23} \\ B_{41} & B_{24} \\ B_{51} & B_{25} \end{bmatrix} \begin{pmatrix} \beta_\delta \\ \delta_{e\delta} \end{pmatrix} \tag{8.45}$$

其中

$$A_{11} = \frac{\partial f_1}{\partial V}, \quad A_{12} = \frac{\partial f_1}{\partial \gamma}, \quad A_{21} = \frac{\partial f_2}{\partial V}, \quad B_{11} = \frac{\partial f_1}{\partial \beta}, \quad B_{12} = \frac{\partial f_2}{\partial \delta_e}$$

偏差变量定义为

$$V_\delta(t) = V(t) - V_e(V,h), \quad \gamma_\delta(t) = \gamma(t) - \gamma_e(V,h), \quad h_\delta(t) = h(t) - h_e(V,h),$$

$$\alpha_\delta(t) = \alpha(t) - \alpha_e(V,h), \quad q_\delta(t) = q(t) - q_e(V,h), \quad \beta_\delta(t) = \beta(t) - \beta_e(V,h),$$

$$\delta_{e\delta}(t) = \delta_e(t) - \delta_{ee}(V,h)$$

式(8.45)中系统矩阵各元素的取值为

$$A_{11} = \frac{\partial f_1}{\partial V}(V,h) = \frac{T_V(V,h)\cos\alpha(V,h)}{m} - \frac{D_V(V,h)}{m}$$

$$A_{12} = \frac{\partial f_1}{\partial \gamma}(V,h) = \frac{T_\gamma(V,h)\cos\alpha(V,h)}{m} - \frac{D_\gamma(V,h)}{m} - \frac{\varepsilon\cos\gamma(V,h)}{r^2} = 0$$

$$A_{13} = \frac{\partial f_1}{\partial h}(V,h) = \frac{T_h(V,h)\cos\alpha(V,h)}{m} - \frac{D_h(V,h)}{m} + \frac{2\varepsilon\sin\gamma(V,h)}{r^3} = 0$$

$$A_{14} = \frac{\partial f_1}{\partial \alpha}(V,h) = \frac{T_\alpha(V,h)\cos\alpha(V,h)}{m} - \frac{T(V,h)\sin\alpha(V,h)}{m} - \frac{D_\alpha(V,h)}{m}$$

$$A_{15} = \frac{\partial f_1}{\partial q}(V,h) = 0$$

$$B_{11} = \frac{\partial f_1}{\partial \beta}(V,h) = \frac{T_\beta(V,h)\cos\alpha(V,h)}{m} - \frac{D_\beta(V,h)}{m}$$

$$B_{12} = \frac{\partial f_1}{\partial \delta_e}(V,h) = 0$$

$$A_{21} = \frac{L_V(V,h) + T_V\sin\alpha(V,h)}{mV} - \frac{L(V,h) + T(V,h)\sin\alpha(V,h)}{mV^2} + \frac{V^2 r + \varepsilon}{V^2 r^2}$$

$$A_{22} = \frac{\partial f_2}{\partial \gamma}(V,h) = -\frac{\varepsilon - V^2 r}{Vr^2}\sin\gamma = 0$$

$$A_{23} = \frac{\partial f_2}{\partial h}(V,h) = \frac{(2\varepsilon - V^2 r)\cos\gamma}{Vr^3} = \frac{2\varepsilon - V^2 r}{Vr^3}$$

$$A_{24} = \frac{\partial f_2}{\partial \alpha}(V,h) = \frac{L_\alpha(V,h)}{mV} + \frac{T_\alpha(V,h)\sin\alpha(V,h) + T(V,h)\cos\alpha(V,h)}{mV}$$

$$A_{25} = \frac{\partial f_2}{\partial q}(V,h) = 0$$

$$B_{21} = \frac{\partial f_2}{\partial \beta}(V,h) = \frac{L_\beta(V,h)}{mV} + \frac{T_\beta(V,h)\sin\alpha(V,h)}{mV}$$

$$B_{22} = \frac{\partial f_2}{\partial \delta_e}(V,h) = 0$$

$$A_{31} = \frac{\partial f_3}{\partial V}(V,h) = \sin\gamma = 0$$

$$A_{32} = \frac{\partial f_3}{\partial \gamma}(V,h) = V$$

$$A_{33} = \frac{\partial f_3}{\partial h}(V,h) = 0$$

$$A_{34} = \frac{\partial f_3}{\partial \alpha} = 0$$

$$A_{35} = \frac{\partial f_3}{\partial q} = 0$$

$$B_{31} = \frac{\partial f_3}{\partial \beta} = 0$$

$$B_{32} = \frac{\partial f_3}{\partial \delta_e} = 0$$

$$A_{41} = \frac{\partial f_4}{\partial V} = -\frac{\partial f_2}{\partial V}$$

$$A_{42} = \frac{\partial f_4}{\partial \gamma} = -\frac{\partial f_2}{\partial \gamma}$$

$$A_{43} = \frac{\partial f_4}{\partial h} = -\frac{\partial f_2}{\partial h}$$

$$A_{44} = \frac{\partial f_4}{\partial \alpha} = -\frac{\partial f_2}{\partial \alpha}$$

$$A_{45} = \frac{\partial f_4}{\partial q} = 1 - \frac{\partial f_2}{\partial q}$$

$$B_{41} = \frac{\partial f_4}{\partial \beta} = -\frac{\partial f_2}{\partial \beta}$$

$$B_{42} = \frac{\partial f_4}{\partial \delta_e} = -\frac{\partial f_2}{\partial \delta_e}$$

$$A_{51} = \frac{\partial f_5}{\partial V} = \rho V s \bar{c} \left[C_M(\alpha) + C_M(\delta_e) \right] \frac{1}{I_{yy}}$$

$$A_{52} = \frac{\partial f_5}{\partial \gamma} = \frac{\partial M_{yy}}{\partial \gamma} \frac{1}{I_{yy}} = 0$$

$$A_{53} = \frac{\partial f_5}{\partial h} = \frac{\partial M_{yy}}{\partial h} \frac{1}{I_{yy}} = 0$$

$$A_{54} = \frac{\partial f_5}{\partial \alpha} = \frac{0.5 \rho V^2 s \bar{c}}{I_{yy}} (-0.07\alpha + 0.036\,617 - c_e)$$

$$A_{55} = \frac{\partial f_5}{\partial q} = 0.5 \rho V^2 s \bar{c} \frac{\bar{c}}{2V \cdot I_{yy}} (-6.796\alpha^2 + 0.301\,5\alpha - 0.228\,9)$$

$$B_{51} = \frac{\partial f_5}{\partial \beta} = 0$$

$$B_{52} = \frac{\partial f_5}{\partial \delta_e} = \frac{1}{I_{yy}} \frac{\partial M_{yy}}{\partial \delta_e} = \frac{0.5 \rho V^2 s \bar{c}}{I_{yy}} c_e$$

上述公式中,T_V, T_α, T_k 分别表示推力对速度、迎角以及高度的一阶偏导数。

将得到的一系列 LTI 系统进行数值拟合,即得到 LPV 模型,简记为

$$\dot{x}_\delta = A(p) x_\delta + B(p) u_\delta \tag{8.46}$$

其中,$x_\delta = [V_\delta, \gamma_\delta, h_\delta, \alpha_\delta, q_\delta]^T, u_\delta = [\beta_\delta, \delta_{e\delta}]^T$。

(2) 高超声速飞行器的 LPV 模型的多胞形变换

与非线性系统的 LPV 表示一样,给定 LPV 系统的多胞形表示并不是唯一的,不同的多胞

形表示将对系统稳定性分析和控制器综合带来不同的结果。具有仿射参数依赖形式的 LPV 系统可以根据变参数的上下界组合，很容易表示成多胞形，继而进行稳定分析和控制器综合。

对于一般 LPV 模型的多胞表示，特别是变参数以非线性关系的形式出现在模型中时，为 LPV 系统的多胞变换带来了一定的技术难点。为更加精确地描述 LPV 模型的多胞变换，基于 T－P 转换方法为其提供了很好的方法，其主要思想是将 LPV 模型的变参数进行网格划分，然后把系统离散化组成张量，进而对其进行高阶奇异值分解，最后计算分解得到的 LTI 顶点系统的权系数。

考虑高超声速飞行器的 LPV 系统，式(8.46)可表示为

$$S(p(t)) = [A(p(t)), B(p(t))] \tag{8.47}$$

式(8.47)表示一个时变对象，其中 $p(t) \in P$ 为一个二维的参数向量，是闭空间体 $P = [V_{\min}, V_{\max}] \times [h_{\min}, h_{\max}]$ 的一个元素。$S(p(t))$ 可以利用任意的变参数 $p(t)$ 与 LTI 系统 S_r，$r = 1, \cdots, R$ 的凸组合进行逼近，S_r 也称为顶点系统，因此通过定义权系数函数 $w_r(p(t)) \in [0,1]$，使得 $S(p(t))$ 表示成 S_r 的凸组合形式。这种凸组合通过张量积形式表达为

$$\dot{x}(t) \approx S \bigotimes_{n=1}^{N} w_n(p_n(t)) \begin{bmatrix} x(t) \\ u(t) \end{bmatrix} \tag{8.48}$$

式中，行向量 $w_n(p_n(t)) \in R^{I_n}$，$n = 1, \cdots, N$ 包含权系数函数 $w_{n,i_n}(p_n(t))$，$w_{n,j}(p_n(t)) \in [0, 1]$ 表示定义在紧集 P 的第 n 维的第 j 个单变量权系数函数，$p_n(t)$ 表示向量 $p(t)$ 的第 n 元素，$I_n(n = 1, \cdots, N)$ 表示权系数的维数大小。$N + 2$ 维张量 $S \in \mathbb{R}^{I_1 \times I_2 \times \cdots \times O \times I}$ 是由 LTI 顶点系统 $S_{i_1 i_2 \cdots i_N} \in \mathbb{R}^{O \times I}$ 组成的。

式(8.48)所表示的系统只是原系统的近似，它与原 LPV 系统的误差为

$$\left\| S(p(t)) - S \bigotimes_{n=1}^{N} w_n(p(t)) \right\| \leqslant \varepsilon \tag{8.49}$$

误差与 LTI 顶点系统的个数成反比，因此如果选择 LTI 顶点系统的个数为无穷大，则可以精确逼近原系统。一般情况下，根据系统可容忍的误差大小，选择有限个 LTI 顶点系统进行分析和设计。

假设 $S_r = [A_r, B_r] = S_{i_1 i_2 \cdots i_N}$，其中 $r = 1, \cdots, R = \prod_n I_n$，并定义权系数函数为

$$w_r(p(t)) = \prod_n w_{n,i_n}(p(t)) \tag{8.50}$$

因此，式(8.47)表示为

$$S(p(t)) = \sum_{r=1}^{R} w_r(p(t)) S_r \tag{8.51}$$

根据上述分析可知，高超声速飞行器 LPV 系统的多胞形表示分为以下几个步骤。

① 按照前一节方法得到高超声速飞行器的 LPV 模型。

② 将待分解的 LPV 模型离散化，主要包括如下过程：

1) 定义变参数空间 $P : p(t) \in P = [V_{\min}, V_{\max}] \times [h_{\min}, h_{\max}]$；

2) 对变参数空间 P 进行任意的网格划分，可以采用平均划分的方法；

3) 在划分好的参数空间上离散化给定的函数 $S(p(t))$；

4) 将离散化后的一系列矩阵存储于张量 S 中。

③ 提出 LTI 顶点系统。此步骤是整个过程的核心，主要是对张量 S 应用高阶奇异值分

解,通过舍弃为 0 或很小的奇异值以及与之对应的奇异值向量,得到有限个 LTI 系统模型。

　　④ 构建连续的权系数函数,具体构建方式可参考有关文献。

2. 基于 LPV 的高超声速巡航飞行器鲁棒 H_∞ 控制

对于高超声速飞行系统模型的 LPV 多胞形式,采用增益调度策略设计整个控制系统。

(1) 鲁棒控制器设计

在式(8.46)描述的 LPV 系统多胞模型中,对每一个多胞顶点对应的系统模型设计 H_∞ 最优状态反馈控制律。多胞顶点模型转化为

$$
\begin{cases}
\dot{x} = A_r x + B_r u + B_{r1} w \\
\dot{z} = C_r x + D_r u \\
y_r = C_r x + D_r w
\end{cases}
\tag{8.52}
$$

采用鲁棒控制方法可得到 H_∞ 最优状态反馈控制律 $u = K_r x$,并存入状态反馈增益数据库。

(2) LPV 系统多胞形模型增益调度控制器设计

如果时变参数序列 $p(t)$ 在 $\mathbb{R}^n$ 空间的盒子中取值有 R 个顶点,即 $\{\Pi_i\}_{i=1}^R$。对于系统矩阵(8.46),根据权系数函数定义(8.50)可知

$$
p(t) = w_1 \Pi_1 + \cdots + w_R \Pi_R, \quad w_i \geqslant 0, \quad \sum_{i=1}^R w_i = 1
\tag{8.53}
$$

则系统矩阵具有如下形式:

$$
S(p) = w_1 S(\Pi_1) + \cdots + w_R S(\Pi_R)
\tag{8.54}
$$

因此,参数依赖控制器可表示为

$$
K(p): \dot{x}_\delta = A(p) x_\delta + B(p) u_\delta
\tag{8.55}
$$

并且具有如下的顶点性质:对于给定的当前时变参数 $p(t)$ 的凸分解 $p(t) = \sum_{i=1}^R w_i \Pi_i$,则控制器由参数顶点的凸组合来求得

$$
K(p(t)) = \sum_{i=1}^R w_i K_i(p(t))
\tag{8.56}
$$

因此,采用基于 LPV 的鲁棒变增益控制器设计方法,设计高超声速飞行器纵向飞行控制系统的框图如图 8.6 所示。

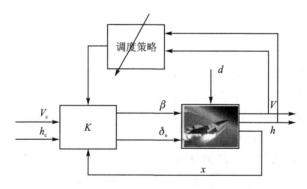

图 8.6　高超声速飞行器的鲁棒变增益控制框图

3. 飞行控制仿真与分析

为了检验前述鲁棒变增益控制器的正确性,对高超飞行器纵向模型进行仿真。根据式(8.37)描述的非线性模型,在$(M=15, V_0=4\,590.3 \text{ m/s}, h_0=33\,528 \text{ m}, \gamma_0=0°, q_0=0 \text{ °/s})$的平衡条件下,假定从 0 时刻起分别给定飞行速度指令和飞行高度指令为 $V_c=80 \text{ m/s}, h_c=100 \text{ m}$;为了实现控制目标,首先选取高超声速飞行器的速度范围为 $4\,550 \sim 4\,700 \text{ m/s}$,飞行高度在 $33\,500 \sim 33\,700 \text{ m}$ 内变化;然后,根据各平衡点处的 LTI 模型,进行数据拟合,进而得到的 LPV 模型为

$$\dot{\boldsymbol{x}}_\delta = \begin{bmatrix} 0 & 0 & 0 & A_{14}(V,h) & 0 \\ 0 & 0 & 0 & A_{24}(V,h) & 0 \\ 0 & A_{32}(V,h) & 0 & 0 & 0 \\ 0 & 0 & 0 & A_{44}(V,h) & 1 \\ 0 & 0 & 0 & A_{54}(V,h) & A_{55}(V,h) \end{bmatrix} \boldsymbol{x}_\delta + \begin{bmatrix} B_{11}(V,h) & 0 \\ B_{21}(V,h) & 0 \\ 0 & 0 \\ B_{41}(V,h) & 0 \\ 0 & B_{52}(V,h) \end{bmatrix} \boldsymbol{u}_\delta$$

$$(8.57)$$

采用多元曲线拟合可得到 LPV 模型。

将 LPV 模型进行多胞形转换,得到 10 个顶点模型,并得到调度参数的权函数,如图 8.7 所示。

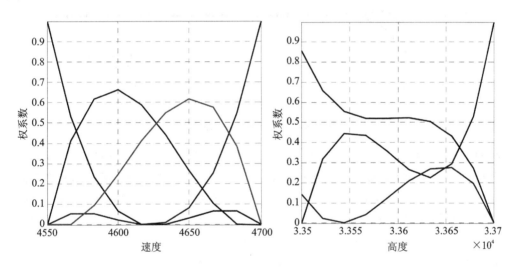

图 8.7 变参数权系数

采用 H$_\infty$ 最优控制器设计方法可得到各顶点模型的状态反馈增益。结合前面得到的权系数函数,即可得到基于 LPV 的鲁棒变增益控制器。下面对高超声速飞行器的纵向模型进行仿真验证。

当存在参数不确定时,参数值及其不确定性范围为

$$m=9375(1+\Delta m), \quad I_{yy}=7(1+\Delta I)\times 10^6, \quad s=3603(1+\Delta s), \quad \bar{c}=801(1+\Delta \bar{c}),$$
$$c_e=0.243\,25(1+\Delta c_e), \quad \rho=0.24325(1+\Delta \rho)$$

其中

$$\begin{cases} |\Delta m| \leqslant 0.03; & |\Delta I| \leqslant 0.02; & |\Delta s| \leqslant 0.03 \\ |\Delta \bar{c}| \leqslant 0.02; & |\Delta c_e| \leqslant 0.02; & |\Delta \rho| \leqslant 0.03 \end{cases}$$

由于目前高超声速飞行器的气动参数主要基于 CFD 等仿真计算或吹风实验得到,因此与实际的气动数据具有相当大的误差。为此,应考虑更严格的仿真环境,假设通过拟合计算得到的气动参数与实际气动参数的误差分别为

$$|\Delta T| \leqslant 0.03, \quad |\Delta D| \leqslant 0.40, \quad |\Delta L| \leqslant 0.20$$

仿真结果如图 8.8 和图 8.9 所示。

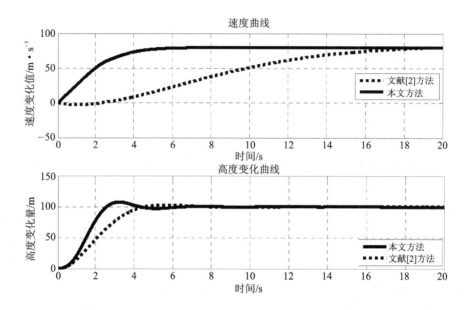

图 8.8　速度与高度响应曲线

通过图 8.8 中跟踪高度以及速度指令信号的调节曲线可知,采用前述的 LPV 变增益控制器以及文献[2]方法均可以保证系统状态迅速跟踪到指令信号,并且对于系统的不确定都具有良好的鲁棒性。但相对于文献[2]方法,我们的方法具有响应速度快的特点。图 8.9 的速度变化曲线表明,我们的方法只需要 6.8 s 即可稳定到速度指令信号,而文献[2]方法需要近 20 s 方能达到要求;高度变化曲线中,虽然产生了一定的超调量,但是同样具有响应快的优势。速度和高度变化曲线响应快的原因是我们的方法得到的控制输入量大,即在相同的条件下需要的舵偏量和发动机推力大,也因此其系统状态轨迹变化幅值较大,例如迎角的变化范围相对较大。

综上分析可知,针对高超声速飞行器纵向模型,我们设计的基于 LPV 的鲁棒变增益控制方法具有设计过程简单、实用性强的特点,并且对系统参数不确定和外界扰动具有良好的鲁棒性。仿真结果表明,我们的方法设计的控制系统具有响应时间短的优点,从而可能得到更好的控制性能。

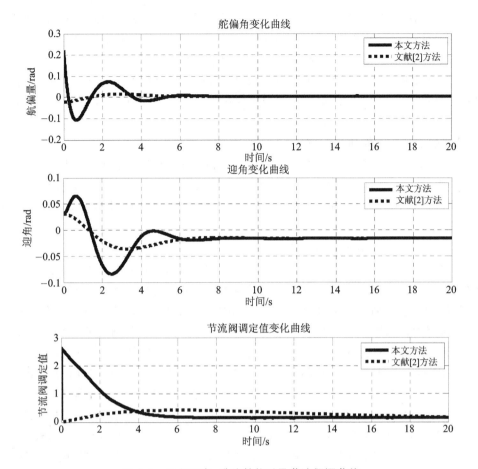

图 8.9　飞行迎角、升降舵偏以及节流阀调节值

8.4　高超声速巡航飞行器鲁棒预测控制方法设计

8.4.1　模型预测控制基础

1. 模型预测控制

模型预测控制是一种基于模型并滚动实施的优化控制算法。它的基本思想是以滚动的有限时域优化取代全局的最优控制,在每一时刻,通过求解一个定义在未来有限时域上的优化问题,得到并实施当前最优控制,并随着优化时域滚动推移,实现控制。这种控制算法把优化和反馈机制合理地结合起来,在实现控制性能优化的同时,兼顾不确定性的影响,因而非常适合于复杂系统。模型预测控制将系统约束作为约束条件,直接纳入控制器设计过程中进行性能优化,与其他输入受限处理方法有本质的不同。

模型预测控制的思想可以追溯到 20 世纪 60 年代,由 Richalet 等人率先将预测控制应用到过程控制。20 世纪 90 年代中期以来,模型预测控制研究思路由原来"研究算法的稳定性"转为"研究稳定的算法",以最优控制作为预测控制最重要的理论参照体系,Lyapunov 稳定性分析方法作为其性能保证的基本方法,不变集、LMI 等作为其基本工具,具有滚动时域特点的性能分析作为其研究核心,构成了丰富的研究内容,呈现出学术的深刻性和方法的创新性。

2000 年,Mayne 等在指出了预测控制稳定设计的三大要素为终端集、终端代价函数以及局部控制器,并概括了具有稳定性保证的预测控制系统设计的基本途径。但该方法使得在线计算量、控制性能和系统初始可行域(或者初始状态可行集)之间的矛盾变得更加突出。因此,在保证控制性能的基础上,保证双模预测控制的在线优化可行性、扩大初始状态可行集以及降低在线计算量仍是目前研究的热点问题。

2. 鲁棒模型预测控制研究现状

约束系统 MPC 的鲁棒性分析以及考虑不确定性的 RMPC 综合引起了很多学者的关注,并做出了一些卓有成效的研究成果。根据研究对象不同,主要从以下三个方面概括约束不确定系统鲁棒模型预测控制的研究现状:多胞不确定线性系统 RMPC、干扰有界线性系统 RMPC 以及约束非线性系统 RMPC。

(1) 约束多胞不确定线性系统的 RMPC

由于时变系统和非线性系统等在一定条件下都可以转化为多胞不确定性系统,因此多胞不确定系统具有极大的适用性。Kothare 等人采用 LMI 方法系统提出了基于椭圆不变集的 RMPC 设计方法,为之后基于 LMI 凸优化的 RMPC 研究奠定了基础。针对多胞描述的线性时变系统,研究参数依赖状态反馈控制。在 LMI 凸优化的框架下,研究基于椭圆集的输出反馈预测控制。在基于不变集的预测控制框架下,高效鲁棒预测控制(efficient robust predictive control,ERPC)是另一种有效的控制器设计方法。而为了扩大初始状态可行集,相关文献又提出了三模预测控制,以进一步扩大系统的初始状态可行集。Cannon 等人则研究并基于 LMI 凸优化的 ERPC 离线问题,增大了最大椭圆不变集,也避免了在线计算量过大的问题。

由于系统约束一般都是线性不等式约束,多面体不变集可以利用足够多的顶点来任意近似系统的约束集,因此多面体集代替椭圆集能够更加准确直观地描述系统约束,或者说描述系统约束的保守性小。为此,许多学者尝试着研究基于多面体不变集的预测控制策略。Lee 等人采用多面体不变集设计了预测控制算法。基于多面体不变集的相关文献还有很多,例如基于状态反馈的多面体不变集计算方法。由于在线计算量大是双模预测控制中面临的一个关键性问题,因此很多学者都开展了深入的研究,例如 Wan 提出基于层层嵌套椭圆不变集序列的离线方法,大大减少了在线计算量,并进一步完善了该方法。这其中也包括改进的离线方案。

(2) 干扰有界线性系统的 RMPC

干扰有界线性系统的 RMPC 是预测控制中研究较早的不确定系统,一直以来也是研究的热点。对具有加性干扰的被控对象,Tube 不变集是一种十分有效的鲁棒预测控制方法。针对线性系统中存在的有界干扰,Mayne 等人提出了一种巧妙的控制输入设计方法——Tube 不变集。W·Langson,Rakovic 等人进一步推广和完善了该算法,其中涉及的最小鲁棒正不变集(也称为最小干扰不变集)的近似算法、鲁棒控制不变集的优化方法,以及基于 Tube 不变集鲁棒预测控制可以参考相关的文献。

(3) 约束非线性系统模型预测控制

非线性模型预测控制(NMPC)使用非线性模型进行预测与优化将有助于提高控制系统性能,但与此同时 NMPC 需要求解非线性规划,因而它相对于线性规划和二次规划方法具有很高的计算要求。NMPC 面临的主要困难在于需要在线求解的优化问题,这些问题通常都是非线性优化问题,且目前尚无太好的解决方法。

　　由于大多数约束系统模型预测控制的稳定性证明是基于目标函数的单减性质,所以只要在每个采样时刻的目标代价较上一时刻是下降的,即可保证系统的稳定性,而不需要全局最优解。尽管稳定性的结论不受局部最优解的影响,但系统的性能将显著下降。

　　目前,非线性系统模型预测控制正引起学术界的高度关注,已取得了诸多研究成果,如基于 LPV 的增益调度控制策略、基于可达集的鲁棒控制策略、基于范数有界不确定线性系统的控制策略、基于混杂预测控制的非线性控制策略以及其他非线性控制策略等。在非线性模型预测控制的诸多算法中,控制不变集切换控制策略是一种计算量小、思路简单清晰的方法。Zhaoyang Wan 等人提出了基于重叠椭圆不变集的增益调度输出反馈控制策略,Zou Tao 等人提出了基于不变集切换双模模型预测控制。更进一步,通过采用分段蕴含方法将非线性系统动态用 LPV 系统表示,并在平衡点处构造相互重叠的多面体不变集实施增益调度。同时,不确定非线性系统的鲁棒模型预测控制以及自适应模型预测控制也受到了学术界的广泛关注,并取得了丰硕的研究成果。目前,NMPC 面临的主要困难在于需要在线求解的优化问题,如何降低非线性优化的复杂性、保证优化可行性是研究的难点问题。

8.4.2　高超声速巡航飞行器约束特性分析

　　在控制系统设计时,实际存在的系统物理特征约束已经成为控制理论研究与工程应用中不可避免的关键问题。首先,控制输入受到控制执行机构本身的物理限制,始终处于指定范围之内。由于飞行器是纵向静不稳定的,需要高带宽的姿态控制系统,使得控制系统对外部环境干扰十分敏感。当飞行器作大跨度机动飞行时,突风干扰会引起气动迎角的瞬态变化,造成显著的气动俯仰力矩,该力矩需要足够的控制操纵力矩平衡,这容易引起控制舵面瞬时饱和,如不能够及时恢复,会导致飞行器姿态失稳。因此,输入约束已成为影响控制器设计的关键因素。

　　对于高超声速飞行器而言,由于推进系统与飞行器外形结构的弹性形变之间存在很强的耦合性,如果控制输入没有受到限制,将可能导致飞行器外形结构变形严重,进一步可能致使飞行器解体破坏。另外,由于超燃冲压发动机对发动机的进气量有一定要求,如果飞行器飞行迎角过大,则会导致发动机进气量减少,可能引起燃烧不稳定等现象。为避免此类问题的发生,必须对飞行器的迎角进行控制。为此,近年来,国内外许多学者已经开始关注控制系统所面临的输入约束问题。但到目前为止,还没有相关文献系统地讨论高超声速飞行器所面临的约束特性,并提出与之相适应的控制方法。本节为确保高超声速飞行器在复杂飞行条件下具有稳定飞行特性、强鲁棒性能以及良好的控制性能,在控制系统设计时考虑所面临的系统严重不确定性、强非线性、强耦合、输入约束等关键难点问题,采用模型预测控制以及基于 LPV 的非线性被控对象处理方法,设计相应的控制算法,为解决强非线性约束影响下高超声速飞行器控制系统设计难题提供了良好的途径。

8.4.3　基于 LPV 的鲁棒模型预测控制律设计

1. 高超声速飞行器纵向动态的 LPV 建模

　　本小节主要讨论高超声速飞行器的 LPV 建模问题。针对高超声速飞行器具有强耦合、强非线性的特点,首先将式(8.6)描述的非线性模型及其气动参数进行适当简化;然后针对高超声速飞行器的特点,采用改进的函数替换方法,研究具有弹性耦合因素影响的纵向非线性动态的 LPV 模型描述。

对非线性纵向模型进行必要的简化，即把式(8.6)简化为

$$\sin(\theta - \alpha) \approx \theta - \alpha \tag{8.58}$$

将气动参数(8.58)带入非线性模型(8.6)可得

$$
\begin{cases}
\dot{V} = \dfrac{((\beta_1\Phi + \beta_2)\alpha^3 + (\beta_3\Phi + \beta_4)\alpha^2 + (\beta_5\Phi + \beta_6)\alpha + (\beta_7\Phi + \beta_8))\cos\alpha}{m} - \\[4mm]
\qquad \dfrac{\bar{q}S(C_D^{\alpha^2}\alpha^2 + C_D^{\alpha}\alpha + C_D^{\delta_e^2}\delta_e^2 + C_D^{\delta_e}\delta_e + C_D^{\delta_c^2}\delta_c^2 + C_D^{\delta_c}\delta_c + C_D^0)}{m} - g(\theta - \alpha) \\[4mm]
\dot{\alpha} = -\dfrac{((\beta_1\Phi + \beta_2)\alpha^3 + (\beta_3\Phi + \beta_4)\alpha^2 + (\beta_5\Phi + \beta_6)\alpha + (\beta_7\Phi + \beta_8))\alpha}{mV} - \\[4mm]
\qquad \dfrac{\frac{1}{2}\bar{q}S(C_L^{\alpha}\alpha + C_L^{\delta_e}\delta_e + C_L^{\delta_c}\delta_c + C_L^0)}{mV} + Q + \dfrac{g}{V}\cos(\theta - \alpha) \\[4mm]
Q = \dfrac{z_T((\beta_1\Phi + \beta_2)\alpha^3 + (\beta_3\Phi + \beta_4)\alpha^2 + (\beta_5\Phi + \beta_6)\alpha + (\beta_7\Phi + \beta_8))}{I_{yy}} + \\[4mm]
\qquad \dfrac{\bar{q}S\bar{c}(C_{M,\alpha}^{\alpha^2}\alpha^2 + C_{M,\alpha}^{\alpha}\alpha + C_{M,\alpha}^0 + c_e\delta_e + c_c\delta_c)}{I_{yy}} \\[4mm]
\dot{h} = V(\theta - \alpha) \\[2mm]
\dot{\theta} = Q \\[2mm]
\ddot{\eta}_1 = -2\zeta_1\omega_1\dot{\eta}_1 - \omega_1^2\eta_1 + (N_1^{\alpha^2}\alpha^2 + N_1^{\alpha}\alpha + N_1^0) \\[2mm]
\ddot{\eta}_2 = -2\zeta_2\omega_2\dot{\eta}_2 - \omega_2^2\eta_2 + (N_2^{\alpha^2}\alpha^2 + N_2^{\alpha}\alpha + N_2^{\delta_e}\delta_e + N_2^0)
\end{cases} \tag{8.59}
$$

选择飞行器的速度 V、高度 h 以及迎角 α 作为变参数，并将上式转化为

$$
\begin{bmatrix} \dot{V} \\ \dot{\alpha} \\ \dot{Q} \\ \dot{h} \\ \dot{\theta} \end{bmatrix} =
\begin{bmatrix}
0 & \dfrac{\beta_2\alpha^2\cdot\cos\alpha + \beta_4\alpha\cdot\cos\alpha + \beta_6\cos\alpha - \bar{q}S(C_D^{\alpha^2}\alpha + C_D^{\alpha})}{m} + g & 0 & 0 & -g \\[4mm]
0 & -\dfrac{\bar{q}SC_L^{\alpha} + 2(\beta_2\alpha^3 + \beta_4\alpha^2 + \beta_6\alpha + \beta_8)}{2mV} & 1 & 0 & 0 \\[4mm]
0 & \dfrac{z_T(\beta_2\alpha^2 + \beta_4\alpha + \beta_6) + \bar{q}S\bar{c}(C_{M,\alpha}^{\alpha^2}\alpha + C_{M,\alpha}^{\alpha})}{I_{yy}} & 0 & 0 & 0 \\[4mm]
0 & -V & 0 & 0 & V \\[2mm]
0 & 0 & 1 & 0 & 0
\end{bmatrix}
\begin{bmatrix} V \\ \alpha \\ Q \\ h \\ \theta \end{bmatrix} +
$$

$$
\begin{pmatrix}
\dfrac{-\bar{q}S(C_{\mathrm{D}}^{\delta_{\mathrm{e}}^2}\bar{\delta}_{\mathrm{e}}+C_{\mathrm{D}}^{\delta_{\mathrm{e}}})}{m} & \dfrac{-\bar{q}S(C_{\mathrm{D}}^{\delta_{\mathrm{c}}^2}\bar{\delta}_{\mathrm{c}}+C_{\mathrm{D}}^{\delta_{\mathrm{c}}})}{m} & \dfrac{(\beta_1\alpha^3+\beta_3\alpha^2+\beta_5\alpha+\beta_7)\cos\alpha}{m} \\[4mm]
-\dfrac{\bar{q}SC_{\mathrm{L}}^{\delta_{\mathrm{e}}}}{2mV} & -\dfrac{\bar{q}SC_{\mathrm{L}}^{\delta_{\mathrm{c}}}}{2mV} & -\dfrac{\beta_1\alpha^4+\beta_3\alpha^3+\beta_5\alpha^2+\beta_7\alpha}{mV} \\[4mm]
\dfrac{\bar{q}S\bar{c}c_{\mathrm{e}}}{I_{yy}} & \dfrac{\bar{q}S\bar{c}c_{\mathrm{c}}}{I_{yy}} & \dfrac{z_{\mathrm{T}}(\beta_1\alpha^3+\beta_3\alpha^2+\beta_5\alpha+\beta_7)}{I_{yy}} \\[4mm]
0 & 0 & 0 \\[2mm]
0 & 0 & 0
\end{pmatrix}
\begin{pmatrix}\delta_{\mathrm{e}}\\ \delta_{\mathrm{c}}\\ \varPhi\end{pmatrix}+
$$

$$
\begin{pmatrix}
\dfrac{\beta_8\cos\alpha-\bar{q}SC_{\mathrm{D}}^0}{m} \\[4mm]
-\dfrac{\bar{q}SC_{\mathrm{L}}^0}{2mV}+\dfrac{g}{V} \\[4mm]
\dfrac{z_{\mathrm{T}}\beta_8+\bar{q}S\bar{c}C_{\mathrm{M},\alpha}^0}{I_{yy}} \\[4mm]
0 \\[2mm]
0
\end{pmatrix}
\tag{8.60}
$$

由式(8.60)可知,通过线性变换,LPV 形式中存在多余非线性项,即

$$
\begin{pmatrix}\dfrac{\beta_8\cos\alpha-\bar{q}SC_{\mathrm{D}}^0}{m} & -\dfrac{\bar{q}SC_{\mathrm{L}}^0}{2mV}+\dfrac{g}{V} & \dfrac{z_{\mathrm{T}}\beta_8+\bar{q}S\bar{c}C_{\mathrm{M},\alpha}^0}{I_{yy}} & 0 & 0\end{pmatrix}^{\mathrm{T}}
\tag{8.61}
$$

对于包含变参数的非线性项,按照改进函数替换方法进行变换,使之表示为与状态变量具有线性关系的表达方式。在高空高速的飞行空间变参数 $V\neq0$,因此将非线性部分写为

$$
\begin{pmatrix}
\dfrac{\beta_8\cos\alpha-\bar{q}SC_{\mathrm{D}}^0}{m} \\[4mm]
-\dfrac{\bar{q}SC_{\mathrm{L}}^0}{2mV}+\dfrac{g}{V} \\[4mm]
\dfrac{z_{\mathrm{T}}\beta_8+\bar{q}S\bar{c}C_{\mathrm{M},\alpha}^0}{I_{yy}} \\[4mm]
0 \\[2mm]
0
\end{pmatrix}
=
\begin{pmatrix}
\dfrac{\beta_8\cos\alpha-\bar{q}SC_{\mathrm{D}}^0}{mV} & 0 & 0 & 0 & 0 \\[4mm]
\left(\dfrac{\bar{q}SC_{\mathrm{L}}^0}{2mV^2}+\dfrac{g}{V^2}\right) & 0 & 0 & 0 & 0 \\[4mm]
\dfrac{z_{\mathrm{T}}\beta_8+\bar{q}S\bar{c}C_{\mathrm{M},\alpha}^0}{I_{yy}V} & 0 & 0 & 0 & 0 \\[4mm]
0 & 0 & 0 & 0 & 0 \\[2mm]
0 & 0 & 0 & 0 & 0
\end{pmatrix}
\begin{pmatrix}V\\ \alpha\\ Q\\ h\\ \theta\end{pmatrix}
\tag{8.62}
$$

因此,式(8.60)等价于

$$
\begin{pmatrix}\dot{V}\\ \dot{\alpha}\\ \dot{Q}\\ \dot{h}\\ \dot{\theta}\end{pmatrix}=
\begin{pmatrix}
\dfrac{\beta_8\cos\alpha-\bar{q}SC_{\mathrm{D}}^0}{mV} & \dfrac{\beta_2\alpha^2\cdot\cos\alpha+\beta_4\alpha\cdot\cos\alpha+\beta_6\cos\alpha-\bar{q}S(C_{\mathrm{D}}^{\alpha^2}\alpha+C_{\mathrm{D}}^{\alpha})}{m}+g & 0 & 0 & -g \\[4mm]
\dfrac{\bar{q}SC_{\mathrm{L}}^0}{2mV^2}+\dfrac{g}{V^2} & -\dfrac{\bar{q}SC_{\mathrm{L}}^{\alpha}+2(\beta_2\alpha^3+\beta_4\alpha^2+\beta_6\alpha+\beta_8)}{2mV} & 1 & 0 & 0 \\[4mm]
\dfrac{z_{\mathrm{T}}\beta_8+\bar{q}S\bar{c}C_{\mathrm{M},\alpha}^0}{I_{yy}V} & \dfrac{z_{\mathrm{T}}(\beta_2\alpha^2+\beta_4\alpha+\beta_6)+\bar{q}S\bar{c}(C_{\mathrm{M},\alpha}^{\alpha^2}\alpha+C_{\mathrm{M},\alpha}^{\alpha})}{I_{yy}} & 0 & 0 & 0 \\[4mm]
0 & -V & 0 & 0 & V \\[2mm]
0 & 0 & 1 & 0 & 0
\end{pmatrix}
\begin{pmatrix}V\\ \alpha\\ Q\\ h\\ \theta\end{pmatrix}+
$$

$$\begin{bmatrix} \dfrac{-\bar{q}S(C_D^{\delta_e^2}\bar{\delta}_e + C_D^{\delta_e})}{m} & \dfrac{-\bar{q}S(C_D^{\delta_c^2}\bar{\delta}_c + C_D^{\delta_c})}{m} & \dfrac{(\beta_1\alpha^3 + \beta_3\alpha^2 + \beta_5\alpha + \beta_7)\cos\alpha}{m} \\[4mm] -\dfrac{\bar{q}SC_L^{\delta_e}}{2mV} & -\dfrac{\bar{q}SC_L^{\delta_c}}{2mV} & -\dfrac{\beta_1\alpha^4 + \beta_3\alpha^3 + \beta_5\alpha^2 + \beta_7\alpha}{mV} \\[4mm] \dfrac{\bar{q}S\bar{c}c_e}{I_{yy}} & \dfrac{\bar{q}S\bar{c}c_c}{I_{yy}} & \dfrac{z_T(\beta_1\alpha^3 + \beta_3\alpha^2 + \beta_5\alpha + \beta_7)}{I_{yy}} \\[4mm] 0 & 0 & 0 \\ 0 & 0 & 0 \end{bmatrix} \begin{pmatrix} \delta_e \\ \delta_c \\ \Phi \end{pmatrix}$$

$$\tag{8.63}$$

对于弹性模态，采用相同方法可得到

$$\begin{pmatrix} \ddot{\eta}_1 \\ \ddot{\eta}_2 \end{pmatrix} = \begin{pmatrix} -\omega_1^2 & 0 & -2\zeta_1\omega_1 & 0 \\ -\omega_2^2 & 0 & -2\zeta_2\omega_2 & 0 \end{pmatrix} \begin{pmatrix} \eta_1 \\ \eta_2 \\ \dot{\eta}_1 \\ \dot{\eta}_2 \end{pmatrix} + \begin{pmatrix} 0 & N_1^{\alpha^2}\alpha + N_1^{\alpha} & 0 & 0 & 0 \\ 0 & N_2^{\alpha^2}\alpha + N_2^{\alpha} & 0 & 0 & 0 \end{pmatrix} \begin{pmatrix} V \\ \alpha \\ Q \\ h \\ \theta \end{pmatrix} +$$

$$\begin{pmatrix} 0 & 0 & 0 \\ N_2^{\delta_e} & N_2^{\delta_c} & 0 \end{pmatrix} \begin{pmatrix} \delta_e \\ \delta_c \\ \Phi \end{pmatrix} + \begin{pmatrix} N_1^0 \\ N_2^0 \end{pmatrix}$$

$$\tag{8.64}$$

进一步改写为

$$\begin{pmatrix} \dot{\eta}_1 \\ \dot{\eta}_2 \\ \ddot{\eta}_1 \\ \ddot{\eta}_2 \end{pmatrix} = \begin{pmatrix} 0 & 0 & 0 & 0 & 0 & 0 & 1 & 0 \\ 0 & 0 & 0 & 0 & 0 & 0 & 0 & 1 \\ \dfrac{N_1^0}{V} & N_1^{\alpha^2}\alpha + N_1^{\alpha} & 0 & 0 & 0 & -\omega_1^2 & 0 & -2\zeta_1\omega_1 & 0 \\ \dfrac{N_2^0}{V} & N_2^{\alpha^2}\alpha + N_2^{\alpha} & 0 & 0 & 0 & -\omega_2^2 & 0 & -2\zeta_2\omega_2 \end{pmatrix} \begin{pmatrix} V \\ \alpha \\ Q \\ h \\ \theta \\ \eta_1 \\ \eta_2 \\ \dot{\eta}_1 \\ \dot{\eta}_2 \end{pmatrix} +$$

$$\begin{pmatrix} 0 & 0 & 0 \\ 0 & 0 & 0 \\ 0 & 0 & 0 \\ N_2^{\delta_e} & N_2^{\delta_c} & 0 \end{pmatrix} \begin{pmatrix} \delta_e \\ \delta_c \\ \Phi \end{pmatrix}$$

$$\tag{8.65}$$

从而得到高超声速飞行器纵向动态的准 LPV 模型，即

$$\begin{pmatrix} \dot{x} \\ \dot{v} \end{pmatrix} = \begin{pmatrix} \boldsymbol{A}_{11}(\boldsymbol{p},\boldsymbol{\mu}) & \boldsymbol{A}_{12}(\boldsymbol{p},\boldsymbol{\mu}) \\ \boldsymbol{A}_{21}(\boldsymbol{p},\boldsymbol{\mu}) & \boldsymbol{A}_{22}(\boldsymbol{p},\boldsymbol{\mu}) \end{pmatrix} \begin{pmatrix} \boldsymbol{x} \\ \boldsymbol{v} \end{pmatrix} + \begin{pmatrix} \boldsymbol{B}_1(\boldsymbol{p},\boldsymbol{\mu}) \\ \boldsymbol{B}_2(\boldsymbol{p},\boldsymbol{\mu}) \end{pmatrix} \begin{pmatrix} \delta_e \\ \delta_c \\ \Phi \end{pmatrix} \tag{8.66}$$

式中，$\boldsymbol{x} = (V, \alpha, Q, h, \theta)^{\mathrm{T}}$，$\boldsymbol{v} = (\eta_1, \eta_2, \dot{\eta}_1, \dot{\eta}_2)^{\mathrm{T}}$。$\boldsymbol{p}$ 表示调度参数，$\boldsymbol{\mu}$ 表示慢变系统参数。这

里调度参数 p 表示为 $p_1=V$, $p_2=V^{-1}$, $p_3=V^{-2}$, $p_4=\alpha$, $p_5=\alpha^2$, $p_6=\alpha^3$, $p_7=\bar{q}$。

2. 高超声速飞行器纵向动态 LPV 模型的多胞形描述

由式(8.66)描述的 LPV 系统状态空间可知,调度参数 p 表现出明显的非线性特征,因此可采用奇异值分解方法将高超声速飞行器纵向动态 LPV 模型转化为多胞 LPV 模型形式。对于式(8.66)描述的准 LPV 系统,可表示为

$$S(p(t))=[A(p(t)),B(p(t))] \tag{8.67}$$

式(8.67)表示一个线性时变对象,其中 $p(t)\in P_{org}$ 为一个参数向量,是由 $[V_{min},V_{max}]\times[\alpha_{min},\alpha_{max}]\times[h_{min},h_{max}]$ 确定的闭空间体 P_{org} 的一个元素。$S(p(t))$ 可以利用任意的变参数 $p(t)$ 与 LTI 系统 $S_r(r=1,\cdots,L)$ 的凸组合进行逼近,S_r 也称为顶点系统。然后,按照8.3.2节奇异值分解方法,将高超声速飞行器的 LPV 模型进行多胞形转化,进而得到高超声速飞行器纵向动态 LPV 模型的多胞形描述。

3. 约束 LPV 系统的滚动时域 H∞ 控制

(1) 引 言

对于一般形式的鲁棒模型预测控制,通过求解干扰或者不确定作用下最坏情况(Max)性能指标函数的最小化(Min)问题来确定最优控制输入,即 Min-Max 鲁棒模型预测控制。如果干扰或者不确定性的类型已知,能够有针对性地设计鲁棒模型预测控制器,则可能有效降低算法的保守性。因此与常用性能指标 Min-Max 问题不同,需要提出不同的控制策略,即根据干扰或者不确定性的不同形式,设计不同的极小化问题来确定最优控制输入序列。滚动时域 H∞ 控制就是采用滚动时域优化与鲁棒 H∞ 控制相结合的控制策略,利用鲁棒控制处理系统不确定或者干扰的优点,提高滚动时域优化策略的鲁棒性。

在滚动时域 H∞ 控制研究中,目前还没有专门针对 LPV 系统的滚动时域 H∞ 控制算法。滚动时域 H∞ 控制的研究成果可以推广到多胞不确定线性系统,但是如果采用单一的状态反馈控制律设计 LPV 系统的滚动时域 H∞ 控制器,则明显会增加算法的保守性。从目前掌握的文献资料来看,约束 LPV 系统的滚动时域 H∞ 控制仍然是个开放的方向。为此,针对约束 LPV 系统,本节在 LMI 凸优化的框架下,设计参数依赖的滚动时域 H∞ 鲁棒控制策略(PD-RHHC)。

假设离散化的 LPV 系统模型为

$$\begin{cases} x(k+1)=A(k)x(k)+B_1(k)w(k)+B_u(k)u(k) \\ y(k)=C_1(k)x(k)+D_1(k)w(k)+D_{1u}(k)u(k) \\ z(k)=C_2(k)x(k)+D_{2u}(k)u(k) \end{cases} \tag{8.68}$$

式中,$A(k)=\sum_{j=1}^{L}\lambda_j(p(k))A_j$, $B_u(k)=\sum_{j=1}^{L}\lambda_j(p(k))B_{u,j}$, $C_1(k)=\sum_{j=1}^{L}\lambda_j(p(k))C_{1,j}$, $D_{1u}(k)=\sum_{j=1}^{L}\lambda_j(p(k))D_{1u,j}$, $C_2(k)=\sum_{j=1}^{L}\lambda_j(p(k))C_{2,j}$, $D_{2u}(k)=\sum_{j=1}^{L}\lambda_j(p(k))D_{2u,j}$, $B_1(k)=\sum_{j=1}^{L}\lambda_j(p(k))B_{1,j}$, $D_1(k)=\sum_{j=1}^{L}\lambda_j(p(k))D_{1,j}$。

LPV 系统的系统矩阵满足多胞约束,即属于多面体 Ω_{org},即

$$\begin{bmatrix} A_j & B_{1,j} & B_{u,j} \\ C_{1,j} & D_{1,j} & D_{1u,j} \\ C_{2,j} & 0 & D_{2u,j} \end{bmatrix}\in\Omega_{org}, \quad j=1,\cdots,L \tag{8.69}$$

表示凸多面体 $\boldsymbol{\Omega}_{\mathrm{org}}$ 的顶点。$\boldsymbol{\lambda}(\boldsymbol{p}(k))=[\lambda_1(\boldsymbol{p}(k)),\cdots,\lambda_n(\boldsymbol{p}(k))]$ 表示依赖于变参数 $\boldsymbol{p}(k)$ 的凸组合权系数。$\boldsymbol{x}(k)\in\mathbb{R}^n$ 为状态变量，$\boldsymbol{w}(k)\in\mathbb{R}^{m_1}$ 和 $\boldsymbol{u}(k)\in\mathbb{R}^{m_2}$ 分别表示干扰输入与控制输入，$\boldsymbol{y}(k)\in\mathbb{R}^{p_1}$ 和 $\boldsymbol{z}(k)\in\mathbb{R}^{p_2}$ 分别为控制输出和约束输出。这里主要讨论控制输入饱和的情况，假设在任意时刻 k，输入约束具有如下形式：

$$-u_{j,\max}\leqslant u_j(k)\leqslant u_{j,\max},\quad\forall k\geqslant 0,\quad j=1,2,\cdots,m_2 \tag{8.70}$$

将式(8.70)转化为多面体形式，描述为

$$\boldsymbol{u}(k)\in\boldsymbol{U}\triangleq\{\boldsymbol{u}(k)\in\mathbb{R}^{m_2}\,|\,\boldsymbol{A}_u\boldsymbol{u}(k)<\overline{\boldsymbol{1}}\} \tag{8.71}$$

其中，$\overline{\boldsymbol{1}}$ 表示与矩阵维数相同，元素为 1 的列向量（也可以采用约束输出 $\boldsymbol{z}(k)$ 来表示，即取 $\boldsymbol{C}_2(\boldsymbol{p}(k))=0,\boldsymbol{D}_{2u}(\boldsymbol{p}(k))=\boldsymbol{I}$ 时，$-z_{j,\max}\leqslant z_j(k)\leqslant z_{j,\max},\forall k\geqslant 0,j=1,\cdots,p_2$）。

约束 LPV 系统的滚动时域 H_∞ 控制策略就是针对 LPV 系统(8.68)，在每个采样时刻 k，在满足系统硬约束(8.70)的条件下，设计控制器使得闭环系统内部稳定，且从外部干扰到控制输出的 H_∞ 性能最小。

为此，本节在前期干扰有界线性时不变系统或者多胞不确定系统的滚动时域 H_∞ 控制的基础上，结合 LPV 系统变参数可观测的特点，引入松弛因子和参数依赖 Lyapunov 函数，设计参数依赖的状态反馈控制输入

$$\boldsymbol{u}(k)=\boldsymbol{K}(\boldsymbol{p}(k))\boldsymbol{x}(k) \tag{8.72}$$

以保证闭环系统稳定，并且最小化 H_∞ 性能指标 γ，即

$$\sum_{i=0}^{\infty}\|\boldsymbol{y}(i)\|^2\leqslant\gamma^2\sum_{i=0}^{\infty}\|\boldsymbol{w}(i)\|^2 \tag{8.73}$$

（2）滚动时域 H_∞ 控制

下面给出线性时不变系统或者多胞不确定线性系统的滚动时域 H_∞ 控制策略，并且根据参考文献[62，63，64]给出了系统渐近稳定的充分条件，即引理 8.1。

引理 8.1　对于干扰不确定系统

$$\begin{cases}\boldsymbol{x}(k+1)=\boldsymbol{A}(k)\boldsymbol{x}(k)+\boldsymbol{B}_1(k)\boldsymbol{w}(k)+\boldsymbol{B}_u(k)\boldsymbol{u}(k)\\\boldsymbol{y}(k)=\boldsymbol{C}_1(k)\boldsymbol{x}(k)+\boldsymbol{D}_1(k)\boldsymbol{w}(k)+\boldsymbol{D}_{1u}(k)\boldsymbol{u}(k)\\\boldsymbol{z}(k)=\boldsymbol{C}_2(k)\boldsymbol{x}(k)+\boldsymbol{D}_{2u}(k)\boldsymbol{u}(k)\end{cases} \tag{8.74}$$

系统矩阵满足凸胞约束(8.70)，满足 $(\boldsymbol{A}_i,\boldsymbol{B}_{u,i})$ 可镇定，$(\boldsymbol{C}_{1,i},\boldsymbol{A}_i)$ 可观测。系统存在硬约束 $|z_j(k)|\leqslant z_{j,\max}(j=1,\cdots,m_2)$。在每个采样时刻，进行如下优化运算：

$$\min_{\gamma,\boldsymbol{Q}=\boldsymbol{Q}^{\mathrm{T}},\boldsymbol{Y},\boldsymbol{Z}=\boldsymbol{Z}^{\mathrm{T}}}\gamma \tag{8.75}$$

即

$$\begin{bmatrix}\boldsymbol{Q} & * & * & *\\\boldsymbol{0} & \gamma\boldsymbol{I} & * & *\\\boldsymbol{A}_i\boldsymbol{Q}+\boldsymbol{B}_{u,i}\boldsymbol{Y} & \boldsymbol{B}_{1,i} & \boldsymbol{Q} & *\\\boldsymbol{C}_{1,i}\boldsymbol{Q}+\boldsymbol{D}_{1u,i}\boldsymbol{Y} & \boldsymbol{D}_{1,i} & \boldsymbol{0} & \gamma\boldsymbol{I}\end{bmatrix}\geqslant 0,\quad i=1,\cdots,L \tag{8.76a}$$

$$\begin{bmatrix}r & *\\\boldsymbol{x}(k) & \boldsymbol{Q}\end{bmatrix}\geqslant 0 \tag{8.76b}$$

$$\begin{bmatrix}\boldsymbol{V}_0-\boldsymbol{V}_{k-1}+\boldsymbol{x}(k)^{\mathrm{T}}\boldsymbol{P}(k-1)\boldsymbol{x}(k) & \boldsymbol{x}(k)^{\mathrm{T}}\\\boldsymbol{x}(k) & \boldsymbol{Q}\end{bmatrix}\geqslant 0 \tag{8.76c}$$

$$\begin{bmatrix} \dfrac{\boldsymbol{Z}}{r} & \boldsymbol{C}_{2,i}\boldsymbol{Q}+\boldsymbol{D}_{2u,i}\boldsymbol{Y} \\ (\boldsymbol{C}_{2,i}\boldsymbol{Q}+\boldsymbol{D}_{2u,i}\boldsymbol{Y})^{\mathrm{T}} & \boldsymbol{Q} \end{bmatrix} \geqslant 0, \quad i=1,\cdots,L \tag{8.76d}$$

$$\boldsymbol{Z}_{jj} \leqslant z_{j,\max}^2, \quad j=1,\cdots,m_2$$

式中，$V_0=\boldsymbol{x}(0)^{\mathrm{T}}\boldsymbol{P}(0)\boldsymbol{x}(0)$，$V_{k-1}$ 采用如下迭代算法得到：

$$V_k \triangleq V_{k-1}-[\boldsymbol{x}(k)^{\mathrm{T}}\boldsymbol{P}(k-1)\boldsymbol{x}(k)-\boldsymbol{x}(k)^{\mathrm{T}}\boldsymbol{P}(k)\boldsymbol{x}(k)] \tag{8.77}$$

对于优化过程(8.75)，如果存在适当的参数 r 使得优化过程存在优化解 $(r_k,\boldsymbol{Q}_k,\boldsymbol{Y}_k,\boldsymbol{Z}_k)$，则设计状态反馈增益为

$$\boldsymbol{u}(k)=\boldsymbol{K}_k\boldsymbol{x}(k) \tag{8.78}$$

式中，$\boldsymbol{K}_k=\boldsymbol{Y}_k\boldsymbol{Q}_k^{-1}$，$\boldsymbol{P}(k)=\boldsymbol{Q}_k^{-1}$。将 $\boldsymbol{u}(k)$ 作用于系统，可保证对于能量有效的干扰 w，闭环系统是渐近稳定的，且 w 到 y 的离散 l_2 增益不大于 γ。

在优化运算(8.75)中：

① 对于式(8.76a)，选择二次型 Lyapunov 函数 $V(\boldsymbol{x}(k))=\boldsymbol{x}(k)^{\mathrm{T}}\boldsymbol{P}\boldsymbol{x}(k)$（$\boldsymbol{P}=\boldsymbol{Q}^{-1}$），则式(8.76a)是耗散不等式(8.79)成立的充分条件，即

$$V(\boldsymbol{x}(k+1))+\|\boldsymbol{y}(k)\|^2-\gamma^2\|\boldsymbol{w}(k)\|^2 \leqslant V(\boldsymbol{x}(k)) \tag{8.79}$$

② 采用 Schur 补定理，式(8.76b)等价于 $r-\boldsymbol{x}(k)^{\mathrm{T}}\boldsymbol{P}\boldsymbol{x}(k)\geqslant 0$，即状态 $\boldsymbol{x}(k)$ 的椭圆控制不变集约束为

$$\varepsilon(\boldsymbol{P},r)=\{\boldsymbol{x}\in\mathbb{R}^n:V(\boldsymbol{x})\leqslant r\} \tag{8.80}$$

③ 耗散约束式(8.76c)目的就是为了保证闭环系统滚动时域鲁棒控制的 H_∞ 性能指标。根据 Schur 补定理，式(8.76c)等价于

$$V_0-V_{k-1}+\boldsymbol{x}(k)^{\mathrm{T}}\boldsymbol{P}(k-1)\boldsymbol{x}(k)-\boldsymbol{x}(k)^{\mathrm{T}}\boldsymbol{P}(k)\boldsymbol{x}(k) \geqslant 0 \tag{8.81}$$

④ 根据 Schur 补定理，式(8.76d)是满足系统硬约束 $|z_j(k)|\leqslant z_{j,\max}$ 的充分条件。

以上四个条件是在满足系统硬约束条件下，保证系统鲁棒渐近稳定，并且 w 到 y 的离散 l_2 增益不大于 γ（$\gamma=\lim\limits_{k\to\infty}\max\{\gamma_1,\gamma_2,\cdots,\gamma_k\}$）的充分条件。

（3）LPV 系统的参数依赖滚动时域 H_∞ 控制

上述引理 8.1 对于线性时不变系统或者多胞不确定线性系统具有很好的适用性和鲁棒性。但是对于 LPV 系统而言，如果设计单一的控制律，可能无法得到可行解；即便存在可行解，也可能因为采用单一的 Lyapunov 函数具有很大的保守性。本节针对 LPV 系统(8.68)，引入松弛因子和参数依赖 Lyapunov 函数，设计参数依赖的滚动时域 H_∞ 状态反馈控制。其主要结果如下。

定理 8.1　对于 LPV 系统(8.68)，$\boldsymbol{x}(k)$ 表示可测量的系统状态，且假设 LPV 系统的各顶点系统矩阵满足 $(\boldsymbol{A}_i,\boldsymbol{B}_{u,i})$ 可镇定，$(\boldsymbol{C}_{1,i},\boldsymbol{A}_i)$ 可观测，则在每个采样时刻 k，对于系统状态 $\boldsymbol{x}(k)$，设计如下优化问题：

$$\min_{\gamma,\boldsymbol{G},\bar{\boldsymbol{Q}}_1,\cdots,\bar{\boldsymbol{Q}}_n,\bar{\boldsymbol{Y}}_1,\cdots,\bar{\boldsymbol{Y}}_n} \gamma \tag{8.82}$$

即

$$\begin{bmatrix} \boldsymbol{G}^{\mathrm{T}}+\boldsymbol{G}-\bar{\boldsymbol{Q}}_j & * & * & * \\ \boldsymbol{0} & \gamma\boldsymbol{I} & * & * \\ \dfrac{\boldsymbol{A}_i\boldsymbol{G}+\boldsymbol{A}_l\boldsymbol{G}+\boldsymbol{B}_{u,i}\bar{\boldsymbol{Y}}_l+\boldsymbol{B}_{u,l}\bar{\boldsymbol{Y}}_i}{2} & \dfrac{\boldsymbol{B}_{1,i}+\boldsymbol{B}_{1,l}}{2} & \bar{\boldsymbol{Q}}_j & * \\ \dfrac{\boldsymbol{C}_{1,i}\boldsymbol{G}+\boldsymbol{C}_{1,l}\boldsymbol{G}+\boldsymbol{D}_{1u,i}\bar{\boldsymbol{Y}}_l+\boldsymbol{D}_{1u,l}\bar{\boldsymbol{Y}}_i}{2} & \dfrac{\boldsymbol{D}_{1,i}+\boldsymbol{D}_{1,l}}{2} & \boldsymbol{0} & \gamma\boldsymbol{I} \end{bmatrix} \geqslant 0$$

$$j=1,\cdots,L,\quad i=1,\cdots,L,\quad l=i,\cdots,L \tag{8.83a}$$

$$\begin{bmatrix} V_0-V_{k-1}+\boldsymbol{x}(k)^{\mathrm{T}}\boldsymbol{P}(k-1)\boldsymbol{x}(k) & \boldsymbol{x}(k)^{\mathrm{T}} \\ \boldsymbol{x}(k) & \bar{\boldsymbol{Q}}_j \end{bmatrix} \geqslant 0,\quad j=1,\cdots,L \tag{8.83b}$$

$$\begin{bmatrix} r & * \\ \boldsymbol{x}(k) & \bar{\boldsymbol{Q}}_j \end{bmatrix} \geqslant 0,\quad j=1,\cdots,L \tag{8.83c}$$

$$\begin{bmatrix} 1/r & (\boldsymbol{A}_{u[j,:]}\bar{\boldsymbol{Y}}_i) \\ (\boldsymbol{A}_{u[j,:]}\bar{\boldsymbol{Y}}_i)^{\mathrm{T}} & \boldsymbol{G}^{\mathrm{T}}+\boldsymbol{G}+\bar{\boldsymbol{Q}}_i \end{bmatrix} \geqslant 0,\quad j=1,\cdots,m_2,\quad i=1,\cdots,L \tag{8.83d}$$

对于一个适当的 r，如果存在最优解（或近似最优解）$(\gamma_k,\boldsymbol{G}^*,\bar{\boldsymbol{Q}}_1^*,\cdots,\bar{\boldsymbol{Q}}_L^*,\bar{\boldsymbol{Y}}_1^*,\cdots,\bar{\boldsymbol{Y}}_L^*)$，则定义对应参数依赖的状态反馈增益为

$$\boldsymbol{K}(k)=\sum_{i=1}^{L}\lambda_i(\boldsymbol{p}(k))\boldsymbol{K}_i \tag{8.84}$$

式中，$\boldsymbol{K}_i=\bar{\boldsymbol{Y}}_i^*(\boldsymbol{G}^*)^{-1}(i=1,\cdots,L)$。定义 $\boldsymbol{P}(k)$ 为

$$\boldsymbol{P}(k)=\sum_{i=1}^{L}\lambda_i(\boldsymbol{p}(k))\bar{\boldsymbol{P}}_i \tag{8.85}$$

其中，$\bar{\boldsymbol{P}}_i=\bar{\boldsymbol{Q}}_i^{-1}(i=1,\cdots,L)$。

采用状态反馈增益 $\boldsymbol{K}(k)$ 设计控制输入 $\boldsymbol{u}(k)=\boldsymbol{K}(k)\boldsymbol{x}(k)$ 作用于系统，则闭环系统具有如下特点：

① 系统是渐近稳定的；

② 设计的控制器满足系统硬约束；

③ 对于 $k\geqslant 0$ 时刻，耗散不等式成立，即

$$\sum_{i=0}^{n}\parallel\boldsymbol{z}_1(i)\parallel^2-\gamma^2\parallel\boldsymbol{w}(i)\parallel^2\leqslant\boldsymbol{x}(0)^{\mathrm{T}}\boldsymbol{P}(0)\boldsymbol{x}(0) \tag{8.86}$$

其中，$\gamma:=\max\{\gamma_0,\cdots,\gamma_n\}$。

④ $\boldsymbol{w}$ 到 $\boldsymbol{y}$ 的离散 l_2 增益不大于 γ。

证明　对于约束多胞 LPV 系统（8.68），设计参数依赖状态反馈控制输入 $\boldsymbol{u}(k)=\boldsymbol{K}(k)\boldsymbol{x}(k)(\boldsymbol{K}(k)=\sum_{i=1}^{L}\lambda_i(\boldsymbol{p}(k))\boldsymbol{K}_i)$。首先选择参数依赖 Lyapunov 函数为 $V(\boldsymbol{x}(k))=\boldsymbol{x}(k)^{\mathrm{T}}\boldsymbol{P}(k)\boldsymbol{x}(k)$，其中，$\boldsymbol{P}(k)$ 如式（8.85）所示。

将状态反馈控制输入（8.84）带入式（8.69），构成闭环系统，即

$$\begin{cases} \boldsymbol{x}(k+1)=\boldsymbol{A}_{\mathrm{cl}}(k)\boldsymbol{x}(k)+\boldsymbol{B}_1(k)\boldsymbol{w}(k) \\ \boldsymbol{y}(k)=\boldsymbol{C}_{\mathrm{cl}}(k)\boldsymbol{x}(k)+\boldsymbol{D}_1(k)\boldsymbol{w}(k) \end{cases} \tag{8.87}$$

式中

$$\begin{cases} \boldsymbol{A}_{cl}(k) = \boldsymbol{A}(k) + \boldsymbol{B}_u(k)\boldsymbol{K}(\boldsymbol{p}(k)) \\ \boldsymbol{C}_{cl}(k) = \boldsymbol{C}_1(k) + \boldsymbol{D}_{1u}(k)\boldsymbol{K}(\boldsymbol{p}(k)) \end{cases} \tag{8.88}$$

只需证明优化过程(8.82)得到的参数依赖状态反馈控制律满足四个不等式约束条件即可。

① 对于耗散不等式约束(8.79)将式(8.87)、$V(\boldsymbol{x}(k)) = \boldsymbol{x}(k)^{\mathrm{T}}\boldsymbol{P}(k)\boldsymbol{x}(k)$ 和 $V(\boldsymbol{x}(k+1)) = \boldsymbol{x}(k+1)^{\mathrm{T}}\boldsymbol{P}(k)\boldsymbol{x}(k+1)$ 带入不等式约束(8.79),得

$$(\boldsymbol{A}_{cl}(k)\boldsymbol{x}(k) + \boldsymbol{B}_1(k)\boldsymbol{w}(k))^{\mathrm{T}}\boldsymbol{P}(k)(\boldsymbol{A}_{cl}(k)\boldsymbol{x}(k) + \boldsymbol{B}_1(k)\boldsymbol{w}(k)) +$$
$$(\boldsymbol{C}_{cl}(k)\boldsymbol{x}(k) + \boldsymbol{D}_1(k)\boldsymbol{w}(k))^{\mathrm{T}}(\boldsymbol{C}_{cl}(k)\boldsymbol{x}(k) + \boldsymbol{D}_1(k)\boldsymbol{w}(k)) -$$
$$\gamma^2 \boldsymbol{w}^{\mathrm{T}}(k)\boldsymbol{w}(k) \leqslant \boldsymbol{x}^{(k)\mathrm{T}}\boldsymbol{P}(k)\boldsymbol{x}(k) \tag{8.89}$$

根据 Schur 补定理,式(8.89)等价于

$$\begin{bmatrix} \boldsymbol{P}(k) & * & * & * \\ \boldsymbol{0} & \gamma\boldsymbol{I} & * & * \\ \boldsymbol{P}(k)\boldsymbol{A}_{cl}(k) & \boldsymbol{P}(k)\boldsymbol{B}_1(k) & \boldsymbol{P}(k) & * \\ \boldsymbol{C}_{cl}(k) & \boldsymbol{D}_1(k) & \boldsymbol{0} & \gamma\boldsymbol{I} \end{bmatrix} \geqslant 0 \tag{8.90}$$

即

$$\begin{bmatrix} \boldsymbol{P}(k) & * & * & * \\ \boldsymbol{0} & \gamma\boldsymbol{I} & * & * \\ \boldsymbol{P}(k)(\boldsymbol{A}(k) + \boldsymbol{B}_u(k)\boldsymbol{K}(\boldsymbol{p}(k))) & \boldsymbol{P}(k)\boldsymbol{B}_1(k) & \boldsymbol{P}(k) & * \\ \boldsymbol{C}_1(k) + \boldsymbol{D}_{1u}(k)\boldsymbol{K}(\boldsymbol{p}(k)) & \boldsymbol{D}_1(k) & \boldsymbol{0} & \gamma\boldsymbol{I} \end{bmatrix} \geqslant 0 \tag{8.91}$$

由式(8.85)可知,式(8.91)等价于

$$\sum_{j=1}^{L} \lambda_j(\boldsymbol{p}(k)) \begin{bmatrix} \bar{\boldsymbol{P}}_j & * & * & * \\ \boldsymbol{0} & \gamma\boldsymbol{I} & * & * \\ \bar{\boldsymbol{P}}_j(\boldsymbol{A}(k) + \boldsymbol{B}_u(k)\boldsymbol{K}(\boldsymbol{p}(k))) & \bar{\boldsymbol{P}}_j\boldsymbol{B}_1(k) & \bar{\boldsymbol{P}}_j & * \\ \boldsymbol{C}_1(k) + \boldsymbol{D}_{1u}(k)\boldsymbol{K}(\boldsymbol{p}(k)) & \boldsymbol{D}_1(k) & \boldsymbol{0} & \gamma\boldsymbol{I} \end{bmatrix} \geqslant 0 \tag{8.92}$$

因此,如果

$$\begin{bmatrix} \bar{\boldsymbol{P}}_j & * & * & * \\ \boldsymbol{0} & \gamma\boldsymbol{I} & * & * \\ \bar{\boldsymbol{P}}_j(\boldsymbol{A}(k) + \boldsymbol{B}_u(k)\boldsymbol{K}(\boldsymbol{p}(k))) & \bar{\boldsymbol{P}}_j\boldsymbol{B}_1(k) & \bar{\boldsymbol{P}}_j & * \\ \boldsymbol{C}_1(k) + \boldsymbol{D}_{1u}(k)\boldsymbol{K}(\boldsymbol{p}(k)) & \boldsymbol{D}_1(k) & \boldsymbol{0} & \gamma\boldsymbol{I} \end{bmatrix} \geqslant 0, \quad j = 1, \cdots, L \tag{8.93}$$

成立,可保证式(8.92)成立。又因为 $\bar{\boldsymbol{Q}}_j = \bar{\boldsymbol{P}}_j^{-1}$,利用 $\mathrm{diag}(\boldsymbol{G}^{\mathrm{T}}, \boldsymbol{I}, \bar{\boldsymbol{Q}}_j, \boldsymbol{I})$ 进行同余变换,得

$$\begin{bmatrix} \boldsymbol{G}^{\mathrm{T}}\bar{\boldsymbol{P}}_j\boldsymbol{G} & * & * & * \\ \boldsymbol{0} & \gamma\boldsymbol{I} & * & * \\ (\boldsymbol{A}(k) + \boldsymbol{B}_u(k)\boldsymbol{K}(\boldsymbol{p}(k)))\boldsymbol{G} & \boldsymbol{B}_1(k) & \bar{\boldsymbol{Q}}_j & * \\ (\boldsymbol{C}_1(k) + \boldsymbol{D}_{1u}(k)\boldsymbol{K}(\boldsymbol{p}(k)))\boldsymbol{G} & \boldsymbol{D}_1(k) & \boldsymbol{0} & \gamma\boldsymbol{I} \end{bmatrix} \geqslant 0, \quad j = 1, \cdots, L \tag{8.94}$$

由于参数依赖系统矩阵可表示为

$$A(k) + B_u(k)K(k) = \sum_{i=1}^{L} \lambda_i(p(k))A_i + \sum_{i=0}^{L}\sum_{l=0}^{L} \lambda_i(p(k))\lambda_l(p(k))B_{u,i}K_l$$

$$= \sum_{i=1}^{L}\sum_{l \geqslant i}^{L} 2\lambda_i(p(k))\lambda_l(p(k))\left(\frac{A_i + A_l + B_{u,i}K_l + B_{u,l}K_i}{2}\right) \quad (8.95)$$

$$C_1(k) + D_{1u}(k)K(k) = \sum_{i=0}^{L} \lambda_i(p(k))C_{1,i} + \sum_{i=0}^{L}\sum_{l=0}^{L} \lambda_i(p(k))\lambda_l(p(k))D_{1u,i}K_l$$

$$= \sum_{i=1}^{L}\sum_{l \geqslant i}^{L} 2\lambda_i(p(k))\lambda_l(p(k))\left(\frac{C_{1,i} + C_{1,l} + D_{1u,i}K_l + D_{1u,l}K_i}{2}\right)$$

$$(8.96)$$

$$K(k) = \sum_{i=1}^{L} \lambda_i(p(k))K_i = \sum_{i=1}^{L}\sum_{l \geqslant i}^{L} 2\lambda_i(p(k))\lambda_l(p(k))\left(\frac{K_l + K_i}{2}\right) \quad (8.97)$$

$$B_1(k) = \sum_{i=1}^{L} \lambda_i(p(k))B_{1,i} = \sum_{i=1}^{L}\sum_{l \geqslant i}^{L} 2\lambda_i(p(k))\lambda_l(p(k))\left(\frac{B_{1,l} + B_{1,i}}{2}\right) \quad (8.98)$$

$$D_1(k) = \sum_{i=1}^{L} \lambda_i(p(k))D_{1,i} = \sum_{i=1}^{L}\sum_{l \geqslant i}^{L} 2\lambda_i(p(k))\lambda_l(p(k))\left(\frac{D_{1,l} + D_{1,i}}{2}\right) \quad (8.99)$$

因此,式(8.94)等价于

$$\sum_{i=1}^{L}\sum_{l \geqslant i}^{L} \lambda_i(p(k))\lambda_l(p(k)) \left[\begin{array}{cccc} G^{\mathrm{T}}\bar{P}_j G & * & * & * \\ 0 & \gamma I & * & * \\ \left(\dfrac{A_i + A_l + B_{1u,i}K_l + B_{1u,l}K_i}{2}\right)G & \dfrac{B_{1,i} + B_{1,l}}{2} & \bar{Q}_j & * \\ \left(\dfrac{C_{1,i} + C_{1,l} + D_{1u,i}K_l + D_{1u,l}K_i}{2}\right)G & \dfrac{D_{1,i} + D_{1,l}}{2} & 0 & \gamma I \end{array} \right] \geqslant 0$$

$$j = 1, \cdots, L \quad (8.100)$$

则当

$$\left[\begin{array}{cccc} G^{\mathrm{T}}\bar{P}_j G & * & * & * \\ 0 & \gamma I & * & * \\ \left(\dfrac{A_i + A_l + B_{1u,i}K_l + B_{1u,l}K_i}{2}\right)G & \dfrac{B_{1,i} + B_{1,l}}{2} & \bar{Q}_j & * \\ \left(\dfrac{C_{1,i} + C_{1,l} + D_{1u,i}K_l + D_{1u,l}K_i}{2}\right)G & \dfrac{D_{1,i} + D_{1,l}}{2} & 0 & \gamma I \end{array} \right] \geqslant 0$$

$$j = 1, \cdots, L ; i = 1, \cdots, L ; l = i, \cdots, L \quad (8.101)$$

成立时,可保证式(8.94)成立。更进一步,取 $Y_i = K_i G$,又由扩张效应(Dilation Trick)可知

$$G^{\mathrm{T}}S^{-1}G \geqslant G + G^{\mathrm{T}} - S \quad (8.102)$$

因此根据式(8.102),如果

$$
\left[
\begin{array}{cccc}
\boldsymbol{G}^{\mathrm{T}} + \boldsymbol{G} - \bar{\boldsymbol{Q}}_j & * & * & * \\
\boldsymbol{0} & \gamma \boldsymbol{I} & * & * \\
\dfrac{\boldsymbol{A}_i \boldsymbol{G} + \boldsymbol{A}_l \boldsymbol{G} + \boldsymbol{B}_{1u,i} \boldsymbol{Y}_l + \boldsymbol{B}_{1u,l} \boldsymbol{Y}_i}{2} & \dfrac{\boldsymbol{B}_{1,i} + \boldsymbol{B}_{1,l}}{2} & \bar{\boldsymbol{Q}}_j & * \\
\dfrac{\boldsymbol{C}_{1,i} \boldsymbol{G} + \boldsymbol{C}_{1,l} \boldsymbol{G} + \boldsymbol{D}_{1u,i} \boldsymbol{Y}_l + \boldsymbol{D}_{1u,l} \boldsymbol{Y}_i}{2} & \dfrac{\boldsymbol{D}_{1,i} + \boldsymbol{D}_{1,l}}{2} & \boldsymbol{0} & \gamma \boldsymbol{I}
\end{array}
\right] \geqslant 0
$$

$$
j = 1, \cdots, L ; \quad i = 1, \cdots, L ; \quad l = i, \cdots, L \tag{8.103}
$$

成立，可保证式(8.101)成立，进而保证式(8.79)成立。因此，式(8.83a)是式(8.79)成立的充分条件。

② 对于耗散约束(8.81)，有

$$
V_0 - V_{k-1} + \boldsymbol{x}(k)^{\mathrm{T}} \boldsymbol{P}(k-1) \boldsymbol{x}(k) - \boldsymbol{x}(k)^{\mathrm{T}} \boldsymbol{P}(k) \boldsymbol{x}(k) \geqslant 0
$$

等价于

$$
\sum_{i=1}^{L} \lambda_i (\boldsymbol{p}(k)) [V_0 - V_{k-1} + \boldsymbol{x}(k)^{\mathrm{T}} \boldsymbol{P}(k-1) \boldsymbol{x}(k) - \boldsymbol{x}(k)^{\mathrm{T}} \bar{\boldsymbol{P}}_i \boldsymbol{x}(k)] \geqslant 0 \tag{8.104}
$$

如果

$$
V_0 - V_{k-1} + \boldsymbol{x}(k)^{\mathrm{T}} \boldsymbol{P}(k-1) \boldsymbol{x}(k) - \boldsymbol{x}(k)^{\mathrm{T}} \bar{\boldsymbol{P}}_i \boldsymbol{x}(k) \geqslant 0, \quad i = 1, \cdots, L \tag{8.105}
$$

成立，可保证式(8.104)成立。采用 Schur 补转化为 LMI 形式，即

$$
\left[
\begin{array}{cc}
V_0 - V_{k-1} + \boldsymbol{x}(k)^{\mathrm{T}} \boldsymbol{P}(k-1) \boldsymbol{x}(k) & \boldsymbol{x}(k)^{\mathrm{T}} \\
\boldsymbol{x}(k) & \bar{\boldsymbol{Q}}_i
\end{array}
\right] \geqslant 0, \quad i = 1, \cdots, L \tag{8.106}
$$

即得到式(8.83b)是式(8.79)成立的充分条件。

③ 椭圆不变集约束(8.80)，采用 Shur 补性质，并根据 $P(k)$ 的表达式(8.85)，可将 $V(x(k)) \leqslant r$ 转化为 LMI 形式式(8.83c)。

④ 对于系统硬约束(8.71)，如果满足如下约束：

$$
(\boldsymbol{A}_{u[j,:]} \boldsymbol{Y}(\boldsymbol{p}(k)) \boldsymbol{G}^{-1} \boldsymbol{x}(k))^{\mathrm{T}} (\boldsymbol{A}_{u[j,:]} \boldsymbol{Y}(\boldsymbol{p}(k)) \boldsymbol{G}^{-1} \boldsymbol{x}(k)) \leqslant 1, \quad j = 1, \cdots, m_2 \tag{8.107}
$$

则硬约束(8.71)成立，即

$$
\boldsymbol{x}(k)^{\mathrm{T}} (\boldsymbol{A}_{u[j,:]} \boldsymbol{Y}(\boldsymbol{p}(k)) \boldsymbol{G}^{-1})^{\mathrm{T}} (\boldsymbol{A}_{u[j,:]} \boldsymbol{Y}(\boldsymbol{p}(k)) \boldsymbol{G}^{-1}) \boldsymbol{x}(k) \leqslant 1, \quad j = 1, \cdots, m_2 \tag{8.108}
$$

又因为椭圆不变集约束(8.81)，$\boldsymbol{x}(k)^{\mathrm{T}} \boldsymbol{P}(k) \boldsymbol{x}(k) \leqslant r$，则

$$
\frac{\boldsymbol{x}(k)^{\mathrm{T}} \boldsymbol{P}(k) \boldsymbol{x}(k)}{r} \leqslant 1 \tag{8.109}
$$

根据式(8.109)可知，如果

$$
(\boldsymbol{A}_{u[j,:]} \boldsymbol{Y}(\boldsymbol{p}(k)) \boldsymbol{G}^{-1})^{\mathrm{T}} (\boldsymbol{A}_{u[j,:]} \boldsymbol{Y}(\boldsymbol{p}(k)) \boldsymbol{G}^{-1}) \leqslant \frac{\boldsymbol{P}(k)}{r} \tag{8.110}
$$

等价于

$$
\frac{\boldsymbol{P}(k)}{r} - (\boldsymbol{A}_{u[j,:]} \boldsymbol{Y}(\boldsymbol{p}(k)) \boldsymbol{G}^{-1})^{\mathrm{T}} (\boldsymbol{A}_{u[j,:]} \boldsymbol{Y}(\boldsymbol{p}(k)) \boldsymbol{G}^{-1}) \geqslant 0 \tag{8.111}
$$

成立，则不等式(8.108)成立。根据 Schur 补，式(8.111)等价于

$$
\left[
\begin{array}{cc}
1/r & (\boldsymbol{A}_{u[j,:]} \boldsymbol{Y}(\boldsymbol{p}(k))) \boldsymbol{G}^{-1} \\
(\boldsymbol{G}^{-1})^{\mathrm{T}} (\boldsymbol{A}_{u[j,:]} \boldsymbol{Y}(\boldsymbol{p}(k)))^{\mathrm{T}} & \boldsymbol{P}(k)
\end{array}
\right] \geqslant 0 \tag{8.112}
$$

根据 $Y(p(k))$ 及 $P(k)$ 的表达式,可知

$$\begin{bmatrix} 1/r & (A_{u[j,:]}\bar{Y}_i)G^{-1} \\ (G^{-1})^T(A_{u[j,:]}\bar{Y}_i)^T & P_i \end{bmatrix} \geq 0, \quad i=1,\cdots,L \tag{8.113}$$

是式(8.112)成立的充分条件。利用 $\mathrm{diag}(I,G)$ 进行同余变换可得

$$\begin{bmatrix} 1/r & A_{u[j,:]}\bar{Y}_i \\ (A_{u[j,:]}\bar{Y}_i)^T & G^T\bar{Q}_i^{-1}G \end{bmatrix} \geq 0, \quad j=1,\cdots,m_2, \quad i=1,\cdots,L \tag{8.114}$$

由此可知,式(8.83d)可保证式(8.114)成立,因此优化问题满足系统硬约束。

通过求解 LMI 凸优化问题(8.82)得到的优化解满足优化的充分条件,因此采用状态反馈增益 $K(k)=\sum_{i=1}^{L}\lambda_i(p(k))K_i$ 设计控制输入能够在满足系统硬约束的条件下保证系统鲁棒渐近稳定,因此结论①②得证。

同理结论③④得证。

下面给出约束 LPV 系统的参数依赖滚动时域 H_∞ 控制算法(PD-RHHC)。具体算法实现如下。

① 在每个采样时刻 $k \geq 0$,选择一个适当的 r,给定当前时刻状态 $x(k)$ 和变参数 $p(k)$,求解优化问题,即

$$(\gamma(k),G^*(k),\bar{Q}_1^*(k),\cdots,\bar{Q}_L^*(k),\bar{Y}_1^*(k),\cdots,\bar{Y}_L^*(k)) \triangleq \arg \min_{\gamma,G,\bar{Q}_1,\cdots,\bar{Q}_L,\bar{Y}_1,\cdots,\bar{Y}_L} \gamma \tag{8.115}$$

满足约束 (8.83a),(8.83b),(8.83c),(8.83d),得到参数依赖状态反馈控制律为

$$K(k)=\sum_{i=0}^{L}\lambda_i(p(k))\bar{Y}_i^*(k)(G^*(k))^{-1}$$

② 将 $u(k)=K(k)x(k)$ 作用于系统。

③ 取 $k=k+1$,然后返回 1。

4. 基于 LPV-RHHC 的高超声速飞行器纵向控制器设计

本节将在上一节高超声速飞行器纵向多胞 LPV 模型的基础上,结合 PD-RHHC 策略,在考虑作动器饱和约束的条件下,设计高超声速飞行器纵向飞行控制器,为高超声速飞行器纵向动态提供鲁棒、可靠、稳定的飞行控制器。

对于具有作动器饱和约束的高超声速飞行器纵向动态,选择速度、迎角和高度作为变参数,将其非线性模型转化为多胞 LPV 模型。在速度变化范围为 $V_{min} \sim V_{max}$,高度变化范围为 $h_{min} \sim h_{max}$,迎角变化范围为 $\alpha_{min} \sim \alpha_{max}$ 的飞行空间中,将高超声速飞行器的纵向非线性模型转化为多胞 LPV 形式描述。考虑到高度相对于速度是慢变过程,兼顾计算量以及蕴含精度,按照等分原则进行区域划分,将系统状态空间划分为 $L_V \times L_h$ 个区域,即

$$X=\bigcup_{i=1}^{L_V}\bigcup_{j=1}^{L_h} X_{ij} \tag{8.116}$$

式中,X_{ij} 表示变参数 $p(t)$ 所划分的一个区域,并且 $X_{ij}=[V_{min}^i,V_{max}^i]\times[\alpha_{min},\alpha_{max}]\times[h_{min}^j,h_{max}^j]$。在每个区域采用基于奇异值分解的 LPV 模型转换方法即可得到对应 LPV 模型的多胞形式描述。

将多胞 LPV 模型进行离散化,并描述为

$$\begin{cases} \boldsymbol{x}(k+1) = \boldsymbol{A}(\boldsymbol{p})\boldsymbol{x}(k) + \boldsymbol{B}_1(\boldsymbol{p})\boldsymbol{w}(k) + \boldsymbol{B}_u(\boldsymbol{p})\boldsymbol{u}(k) \\ \boldsymbol{y}(k) = \boldsymbol{C}_1(\boldsymbol{p})\boldsymbol{x}(k) + \boldsymbol{D}_1(\boldsymbol{p})\boldsymbol{w}(k) + \boldsymbol{D}_{1u}(\boldsymbol{p})\boldsymbol{u}(k) \\ \boldsymbol{z}_2(k) = \boldsymbol{C}_2(\boldsymbol{p})\boldsymbol{x}(k) + \boldsymbol{D}_{2u}(\boldsymbol{p})\boldsymbol{u}(k) \end{cases} \tag{8.117}$$

上述 LPV 系统的系统矩阵满足多胞约束,属于多面体 $\boldsymbol{\Omega}_{\mathrm{org}}$,其中

$$\begin{bmatrix} \boldsymbol{A}_j & \boldsymbol{B}_{1,j} & \boldsymbol{B}_{u,j} \\ \boldsymbol{C}_{1,j} & \boldsymbol{D}_{1,j} & \boldsymbol{D}_{1u,j} \\ \boldsymbol{C}_{2,j} & \boldsymbol{0} & \boldsymbol{D}_{2u,j} \end{bmatrix} \in \boldsymbol{\Omega}_{\mathrm{org}}, \quad j=1,\cdots,L \tag{8.118}$$

表示凸多面体 $\boldsymbol{\Omega}_{\mathrm{org}}$ 的顶点。$\lambda(\boldsymbol{p}(k)) = [\lambda_1(\boldsymbol{p}(k)),\cdots,\lambda_n(\boldsymbol{p}(k))]$ 表示依赖于变参数 $\boldsymbol{p}(k)$ 的凸组合权系数。$\boldsymbol{x}(k) \in \mathbb{R}^n$ 为状态变量,$\boldsymbol{w}(k) \in \mathbb{R}^{m_1}$ 和 $\boldsymbol{u}(k) \in \mathbb{R}^{m_2}$ 分别表示干扰输入与控制输入(这里干扰,主要考虑系统的参数不确定),$\boldsymbol{y}(k) \in \mathbb{R}^{p_1}$ 和 $\boldsymbol{z}(k) \in \mathbb{R}^{m_2}$ 分别为控制输出和约束输出。高超声速飞行器控制输入包括发动机参数、升降舵和鸭翼偏角,满足输入约束

$$-u_{j,\mathrm{max}} \leqslant u_j(k) \leqslant u_{j,\mathrm{max}}, \quad \forall k \geqslant 0, \quad j=1,2,\cdots,m_2 \tag{8.119}$$

对于约束 LPV 系统,在每个采样时刻 k 按照 PD-RHHC 设计参数依赖状态控制器

$$\boldsymbol{K}(k) = \sum_{i=1}^{L} \lambda_i(\boldsymbol{p}(k))\boldsymbol{K}_i \tag{8.120}$$

根据上述高超声速飞行器纵向动态的多胞 LPV 模型,设计鲁棒模型预测控制器(简记为 LPV-RHHC)如下:

① 在每个采样时刻 k,给定系统状态 $x(k)$ 和变参数 $\boldsymbol{p}(k)$,求解 LMI 优化问题(8.82),从而得到参数依赖的状态反馈增益 $\boldsymbol{K}(k)$,并设计控制输入 $\boldsymbol{u}(k) = \boldsymbol{K}(k)\boldsymbol{x}(k)$ 作用于系统;

② 测量下一时刻系统状态,令 $k=k+1$,返回①。

基于 LPV 的高超声速飞行器纵向动态鲁棒模型预测控制器如图 8.10 所示。以高超声速飞行器的速度、高度以及迎角作为调度变参数,按照 PD‐RHHC 方法确定反馈控制输入,可保证高超声速飞行器纵向系统输出跟踪指令信号。

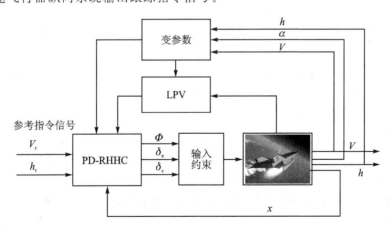

图 8.10　基于 LPV-RHHC 的高超声速飞行器纵向控制器框图

5. 高超声速飞行器纵向飞行控制仿真

为了检验基于 LPV-RHHC 的输入受限高超声速飞行器纵向状态反馈控制器的正确性，对高超声速飞行器纵向动态进行仿真计算。假设高超飞行器初始平衡条件为 $Ma=6.9, V_0=2347.6$ m/s, $h_0=25908$ m，从 0 时刻开始高超飞行器跟踪给定速度和高度参考指令 V_r, h_r 进行机动飞行。为了实现跟踪控制目标，在速度范围 $2200\sim 3000$ m/s，迎角范围 $-10°\sim 10°$，高度范围为 $25500\sim 32000$ m 的空间对高超声速飞行器的纵向动态进行 LPV 建模。

首先，采用改进函数替换方法建立非线性系统的准 LPV 模型，然后在调度参变量 2200 m/s$\leqslant V\leqslant 3000$ m/s, 25500 m$\leqslant h\leqslant 32000$ m 的范围内，将参数空间均匀划分为 5×6 个区域，进而利用奇异值分解模型转换方法建立多胞 LPV 模型。

控制输入满足作动器硬约束，发动机参数、升降舵以及鸭翼的变化范围为

$$0.1\leqslant \Phi \leqslant 1.4, \quad -30°\leqslant \delta_e \leqslant 30°, \quad -20°\leqslant \delta_c \leqslant 20°$$

假设给定的速度和高度参考指令信号分别由二阶滤波系统产生。其中，速度指令信号滤波系统自然频率 $\omega_V=0.0195$，阻尼系数 $\zeta_V=0.9$；高度指令信号滤波系统自然频率 $\omega_h=0.0219$，阻尼系数为 $\zeta_h=0.9$。

假设飞行器纵向动态的初始平衡状态为：刚体系统状态 $V_0=2347.6$ m/s, $h_0=25908$ m，$q_0=0$ °/s, $\alpha_0=1.5153°$, $\theta_0=1.5153°$, $Q=0$；弹性模态 $\eta_1=1.5122, \dot{\eta}=0, \eta_1=1.2114, \dot{\eta}_2=0$；控制输入：$\Phi=0.2514, \delta_e=11.4635°, \delta_c=-7.6433°$。其余气动参数可参见相关参考文献。

考虑到气动参数主要由 CFD 仿真或者吹风实验得到，气动参数可能存在严重的不确定性。假设模型惯性参数和气动参数的不确定性处于常值的 10% 之内，即

$$m=9375\times (1+\Delta m), \quad I_{yy}=7\times (1+\Delta I)\times 10^6,$$
$$\rho=0.24325\times (1+\Delta \rho), \quad s=3603\times (1+\Delta s),$$
$$\bar{c}=801\times (1+\Delta \bar{c}), \quad c_e=0.24325\times (1+\Delta c_e)$$

其中

$$\begin{cases} |\Delta m|\leqslant 0.07, & |\Delta I|\leqslant 0.05, & |\Delta s|\leqslant 0.06 \\ |\Delta \bar{c}|\leqslant 0.05, & |\Delta c_e|\leqslant 0.08, & |\Delta \rho|\leqslant 0.05 \end{cases}$$

当期望速度为 $V_e=2987.04$ m/s，期望高度为 $h_e=31699.86$ m 时，仿真结果如图 8.11~图 8.20 所示。

从图 8.11 和图 8.13 可知，采用基于 LPV-RHHC 的高超声速飞行器纵向控制器能够控制飞行器快速、准确地跟踪速度和高度指令信号，保证了在高超声速条件下实现大范围机动飞行，并且对系统参数不确定性具有较好的鲁棒性。

图 8.12 和图 8.14 给出的速度和高度跟踪误差曲线表明，速度和高度跟踪误差最终收敛到零，表明控制器保证了对速度和高度指令参考信号的无偏差响应跟踪，能够有效抑制飞行过程中严重的气动参数不确定性和弹性模态的影响。

图 8.15 和图 8.16 分别给出了整个过程中的迎角和航迹角的变化曲线。由图中可以看出，初始阶段配平航迹角为 0。为了实现爬升，控制器输出信号拉起升降舵，由于俯仰角动态响应相对于迎角属于慢变过程，所以航迹角拉大，直到再次达到平衡状态，航迹角恢复为 0。

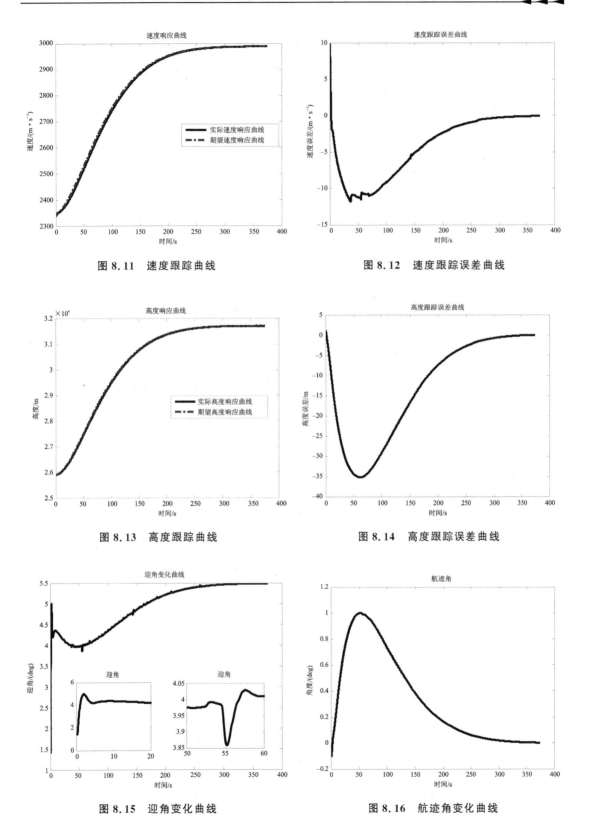

图 8.11　速度跟踪曲线

图 8.12　速度跟踪误差曲线

图 8.13　高度跟踪曲线

图 8.14　高度跟踪误差曲线

图 8.15　迎角变化曲线

图 8.16　航迹角变化曲线

　　图 8.17~图 8.19 给出的控制输入变化曲线表明,发动机参数、升降舵以及鸭翼的偏转均满足系统控制输入硬约束。需要指出的是,在控制输入变化的过程中,升降舵和鸭翼的变化相对平缓。图 8.20 给出了飞行过程中弹性模态的变化曲线,结果表明控制器能够抑制弹性模态的影响,保证飞行器对速度和高度指令的无偏差跟踪。考虑到机动过程中存在的过程干扰、参数不确定性和弹性模态耦合等因素的影响,设计的控制器具有较强的鲁棒性,保证了系统快速跟踪指令信号。

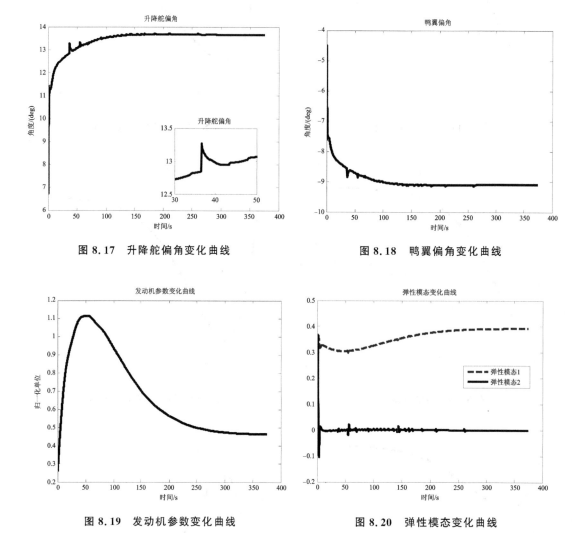

图 8.17　升降舵偏角变化曲线　　　　　　　图 8.18　鸭翼偏角变化曲线

图 8.19　发动机参数变化曲线　　　　　　　图 8.20　弹性模态变化曲线

　　综上可知,仿真结果表明,本章在非线性系统 LPV 化的基础上,针对具有输入约束的高超声速飞行器纵向动态,采用参数依赖滚动时域 H_∞ 控制策略设计的鲁棒模型预测控制器能够有效抑制参数不确定性和弹性模态的影响,实现高超声速飞行器大范围机动飞行。

　　本章针对一般形式的高超声速飞行器非线性纵向动态模型,采用 LPV 处理方法,研究了基于 LPV 的鲁棒非线性模型预测控制,具体研究内容包括:

　　① 对于具有不确定的约束 LPV 系统,提出了 PD-RHHC 策略。针对约束 LPV 系统的 RHHC 控制问题,结合基于 LMI 优化的参数依赖鲁棒 H_∞ 控制策略,引入松弛因子和参数依

赖的 Lyapunov 函数,给出了参数依赖滚动时域 H_∞ 控制算法(PD-RHHC)。

　　② 讨论了一般形式非线性系统的 LPV 化转换方法。研究了一种改进的函数替换方法将非线性系统转化为 LPV 模型,然后引入基于奇异值分解的多胞转换方法,给出了 LPV 模型的多胞形描述,为一般形式非线性系统的 LPV 控制器设计提供了建模基础。

　　③ 提出了具有输入约束的高超声速飞行器纵向控制器设计方法。首先建立纵向动态的 LPV 模型,然后按照 PD-RHHC 设计在线优化的滚动时域 H_∞ 控制器(LPV-RHHC),为具有输入约束的高性能飞行控制系统设计提供了一条行之有效的技术途径。

　　最后,对具有弹性模态的高超声速飞行器纵向动态进行了数值仿真。仿真结果验证了基于 LPV 鲁棒非线性模型预测控制策略的可行性。

参考文献

[1] 孙长银，穆朝絮，余瑶. 近空间高超声速飞行器控制的几个科学问题研究[J]. 自动化学报，2013，39 (11)：1901-1913.

[2] Wang Q，Robert F，Stengel. Robust Nonlinear Control of a Hypersonic aircraft[C]// AIAA Guidance, Navigation, and Control Conference and Exhibit, Porland, OR：AIAA，1999：413-423.

[3] 吴宏鑫，孟斌. 高超声速飞行器控制研究综述[J]. 力学进展，2009，39(6)：756-765.

[4] 黄琳，段志生，杨剑影. 近空间高超声速飞行器对控制科学的挑战[J]. 控制理论与应用，2011，28(10)：1496-1505.

[5] 唐硕，祝强军. 吸气式高超声速飞行器动力学建模研究进展[J]. 力学进展，2011，41(2)：187-200.

[6] 黄显林，葛东明. 吸气式高超声速飞行器纵向机动飞行的鲁棒线性变参数控制[J]. 宇航学报，2010，31 (7)：1789-1797.

[7] 唐志共，许晓斌，杨彦广，等. 高超声速风洞气动力试验技术进展[J]. 航空学报，2015，36(1)：86-97.

[8] Bolender M A，Doman D B. Nonlinear Longitudinal Dynamical Model of an Air-breathing Hypersonic Vehicle[J]. Journal of Spacecraft and Rockets，2007，44(2)：374-387.

[9] Clark A D，Mirmirani M D，Wu C，et al. An Aero-Propulsion Integrated Elastic Model of a Generic Air-Breathing Hypersonic Vehicle[C]. In：Proceedings of AIAA Guidance，Navigation and Control Conference and Exhibit，2006，AIAA 2006-6560.

[10] Parker J T，Serrani A，Yurkovich S，et al. Control-oriented Modeling of an Air-breathing Hypersonic Vehicle[J]. AIAA Journal of Guidance，Control，and Dynamics，2007，30(3)：856-869.

[11] Sigthorsson D O. Control-oriented Modeling and Output Feedback Control of Hypersonic Air-breathing Vehicles[D]. USA，Columbus：The Ohio State University，2008.

[12] 马辉，袁建平，方群. 吸气式高超声速飞行器动力学特性分析[J]. 宇航学报，2007，28(5)：1100-1104.

[13] 鲍文，姚照辉. 综合离心力/气动力的升力体高超声速飞行器纵向运动建模研究[J]. 宇航学报，2009，30(1)：128-133.

[14] 李海宁，雷虎民，翟岱亮，等. 面向跟踪的吸气式高超声速飞行器动力学建模[J]. 航空学报，2014，35 (6)：1651-1664.

[15] Wang Q，Stengel R F. Robust Nonlinear Control of a Hypersonic Aircraft[J]. AIAA Journal of Control，Guidance and Dynamic，2000，23(4)：577-585.

[16] Groves K P，Sigthorsson D O，Serrani A，et al. Reference Command Tracking for a Linearized Model of an Air-breathing Hypersonic Vehicle[C]. In：Proceedings of AIAA Guidance，Navigation，and Control Conference，2005，AIAA 2901-2914.

[17] Levin J，Ioannou P A，Mirmirani M D. Adaptive Mode Suppression Scheme for an Aero-elastic Air-breathing Hypersonic Cruise Vehicle[C]. In：Proceedings of AIAA Guidance，Navigation and Control Conference and Exhibit，2008，AIAA 2008-7137.

[18] 曲鑫，李菁菁，宋勋，等. 考虑推进和气动弹性影响的高超飞行器的建模与控制[J]. 宇航学报，2011，32(2)：303-309.

[19] Poonsuk L，Edmond J，Scott D. Eigenstructure vs. Constrained H_∞ Design[J]. AIAA Journal of Guidance，Control and Dynamic，2011，44 (2)：648-658.

[20] Pu Z Q，Yuan R Y，Tan X T，et al. Active Robust Control of Uncertainty and Flexibility Suppression for Air-breathing Hypersonic Vehicles[J]. Aerospace Science and Technology，2015，42(3)：429-441.

［21］李惠峰，李昭莹. 高超声速巡航飞行器在线自适应反馈控制设计［J］. 北京航空航天大学学报，2010，36（11）：1382-1386.

［22］谭毅伦，闫杰. 针对高超声速飞行器的非线性动态逆最优控制［J］. 飞行器与航天运载技术，2011，311（1）：36-39.

［23］Xu B，Sun F C，Yang C G，et al. Adaptive Discrete-time Controller Design with Neural Network for Hypersonic Flight Vehicle via Backstepping［J］. International Journal of Control，2011，84（9）：1543-1552.

［24］Ma G F，She Z Z. Time-varying Control via Nominal Trajectory Linearization for an Air-breathing Hypersonic Vehicle［J］. Journal of Control Theory and Control Engineering，2011，4（9）：535-540.

［25］Yang J，Li S H，Sun C Y，et al. Nonlinear-disturbance-observer-based Robust Flight Control for Air-Breathing Hypersonic Vehicles［J］. IEEE Transactions on Aerospace and Electronic Systems，2013，49（2）：1263-1275.

［26］Sun H B，Li S H，Yang J. Non-linear Disturbance Observer-based Backstepping Control for Air-breathing Hypersonic Vehicles with Mismatched Disturbances［J］. IET Control Theory & Applications，2014，8（17）：1852-1865.

［27］Xu H J，Mirmirani M. Adaptive Sliding Mode Control Design for a Hypersonic Flight Vehicle［J］. AIAA Journal of Guidance，Control，and Dynamic，2004，27（5）：829-838.

［28］Sigthorsson D O，Jankovsky P，Serrani A. Robust Linear Output Feedback Control of an Air-breathing Hypersonic Vehicle［J］. AIAA Journal of Guidance，Control，and Dynamics，2008，31（4）：1052-1066.

［29］高道祥，孙增圻，罗熊，等. 基于 Backstepping 的高超声速飞行器模糊自适应控制［J］. 控制理论与应用，2008，25（5）：805-810.

［30］黄喜元，王青，董朝阳. 基于动态逆的高超声速飞行器鲁棒自适应控制［J］. 北京航空航天大学学报，2011，37（5）：560-563.

［31］曾宪法，王小虎，张晶，等. 高超声速飞行器的干扰补偿 Terminal 滑模控制［J］. 北京航空航天大学学报，2012，38（11）：1454-1458.

［32］Hu X X，Wu L G，Hu C H，et al. Adaptive Sliding Mode Tracking Control for a Flexible Air-breathing Hypersonic Vehicle［J］. Journal of the Franklin Institute，2012，349（2）：559 577.

［33］张强，吴庆宪，姜长生，等. 基于 Backstepping 的近空间飞行器鲁棒自适应姿态控制［J］. 南京航空航天大学学报，2013，45（5）：590-598.

［34］Shao X L，Wang H L. Sliding Mode Based Trajectory Linearization Control for Hypersonic Reentry Vehicle via Extended Disturbance Observer［J］. ISA Transactions，2014，53（6）：1771-1786.

［35］肖地波，陆宇平，刘燕斌，等. 应用保护映射理论的高超声速飞行器自适应控制律设计［J］. 航空学报，2015，10.7527/S1000-6893.2015.0030.

［36］Shao X L，Wang H L. Active Disturbance Rejection Based Trajectory Linearization Control for Hypersonic Reentry Vehicle with Bounded Uncertainties［J］. ISA Transactions，2015，54（1）：27-38.

［37］秦伟伟，郑志强，刘刚，等. 高超声速飞行器的 LPV 鲁棒变增益控制［J］. 系统工程与电子技术，2011，33（6）：1327-1331.

［38］Ge D M，Huang X L，Gao H J. Multi-loop Gain-scheduling Control of Flexible Air-breathing Hypersonic Vehicle［C］. In：Proceedings of International Journal of Innovative Computing，Information and Control，2011，5865-5880.

［39］Cai G B，Duan G R，Hu C H. A Velocity-Based LPV Modeling and Control Framework for an Air-Breathing Hypersonic Vehicle［J］. International Journal of Innovative Computing，Information and Control，2011，7（5）：2269-2281.

[40] Su X F，Jia Y M. Self-scheduled Robust Decoupling Control with H∞ Performance of Hypersonic Vehicles[J]. Systems & Control Letters，2014，70 (1)：38-48.

[41] Vaddi S S，Sengupta P. Controller Design for Hypersonic Vehicles Accommodating Nonlinear State and Control Constraints[C]. In：Proceedings of AIAA Guidance，Navigation，and Control Conference，2009，AIAA 2009-6286.

[42] 黄显林，葛东明. 输入受限高超声速飞行器鲁棒变增益控制[J]. 系统工程与电子技术，2011，33(8)：1829-1836.

[43] 李静，左斌，段洣毅，等. 输入受限的吸气式高超声速飞行器自适应 Terminal 滑模控制[J]. 航空学报，2012，33(2)：220-233.

[44] Gao G，Wang J Z，Wang X H. Robust Tracking Control for an Air-breathing Hypersonic Vehicle with Input Constraints[J]. International Journal of Systems Science，2014，45(12)：2466-2479.

[45] Hu X X，Karimi H R，Wu L G，Guo Y. Model Predictive Control-based Nonlinear Fault Tolerant Control for Air-Breathing Hypersonic Vehicles[J]. IET Control Theory and Applications，2014，13(8)：1147-1153.

[46] Yildiz Y. Adaptive Control for Time Delay Systems Applied to Flight Control [C]. In：Proceedings of AIAA Guidance，Navigation，and Control Conference，2010，AIAA 2010-7576.

[47] 李传锋，王志燊，王永骥，等. 基于 LMI 的滑翔式飞行器鲁棒 H∞ 时滞控制[J]. 系统工程与电子技术，2011，33(9)：2060-2065.

[48] Li H Y，Cheng Y M，Si Y L，et al. Reference Tracking Control for Flexible Air-Breathing Hypersonic Vehicle with Actuator Delay and Uncertainty [J]. Journal of Systems Engineering and Electronics，2011，20(1)：141-145.

[49] Rollins E，Valasek J，Muse J A，et al. Nonlinear Adaptive Dynamic Inversion Applied to a Generic Hypersonic Vehicle[C]. In：Proceedings of AIAA Guidance，Navigation，and Control Conference，Boston，MA，2013，AIAA 2013-5234.

[50] Wiese D P，Annaswamy A M，Musez J A，et al. Adaptive Control of a Generic Hypersonic Vehicle[C]. In：Proceedings of AIAA Guidance，Navigation，and Control Conference，2013，AIAA 2013-4514.

[51] Mayne D Q，Rawlings J B，Rao C V. Constrained Model Predictive Control：Stability and Optimality [J]. Automatica，2000，36(6)：789-814.

[52] 席裕庚，李德伟，林姝. 模型预测控制现状与挑战[J]. 自动化学报，2013，39(3)：222- 236.

[53] Van Soest W R，Chu，Q P J. A Mulder. Combined Feedback Linearization and Constrained Model Predictive Control for Entry Flight[J]. AIAA Journal of Guidance，Control，and Dynamics，2006，29(2)：427-434.

[54] Alexis K，Nikolakopoulos G，Tzes A. Switching Model Predictive Attitude Control for a Quadrotor Helicopter Subject to Atmospheric Disturbances [J]. Control Engineering Practice，2011，19 (10)：1195-1207.

[55] 陈勇，董新民，薛建平，等. 执行器不确定系统鲁棒预测动态控制分配策略[J]. 控制理论与应用，2012，29(4)：447-456.

[56] Gavilan F，Vazquez R，Camacho E F. Chance-constrained Model Predictive Control for Spacecraft Rendezvous with Disturbance Estimation[J]. Control Engineering Practice，2012，20(2)：111-122.

[57] 高海燕，蔡远利. 高超声速飞行器的滑模预测控制方法[J]. 西安交通大学学报，2014，48(1)：67-72.

[58] 李惠峰. 高超声速飞行器制导与控制技术[M]. 北京：中国宇航出版社，2012.

[59] 蔡国飚，徐大军. 高超声速飞行器技术[M]. 北京：科学出版社，2012.

[60] 刘洁瑜，汪立新等. 导弹惯性制导技术[M]. 西安：西北工业大学出版社，2012.

［61］赵汉元. 飞行器再入动力学与制导［M］. 长沙：国防科技大学出版社，1997.

［62］Chen H，Scherer W C. Moving Horizon H_∞ Control with Performance Adaptation for Constrained Linear Systems［J］. Automatica，2006，42(6)：1033-1040.

［63］Chen H. A Feasible Moving Horizon H_∞ Control Scheme for Constrained Uncertain Linear Systems［J］. IEEE Transaction on Automatic Control，2007，52(7)：343-348.

［64］陈虹，韩光信，刘志远. 基于 LMI 的约束系统 H_∞ 控制及其滚动优化实现［J］. 控制理论与应用，2005，22(2)：189-195.

［65］李文强. LPV 系统鲁棒变增益控制研究及其应用［D］. 长沙：国防科学技术大学，2009.

［66］欧阳向京，陈树新. 临近空间通信平台及其军事应用［J］. 火力与指挥控制，2012，37(2)：163-166.

［67］闫杰，于云峰，凡永华. 吸气式高超声速飞行器控制技术［M］. 西安：西北工业大学出版社，2014.

［68］黄华，刘毅，赵增亮，等. 临近空间环境对高速飞行器影响分析与仿真研究［J］. 系统仿真学报，2013，25(9)：2230-2238.

［69］刘刚，秦伟伟，何兵，等. 巡航导弹智能攻击技术［M］. 北京：兵器工业出版社，2014.